Semiconductor Series
半導体シリーズ

CMOS回路はSPICEを使って
トランジスタでこうつくる

CMOS
アナログ/ディジタル
IC設計の基礎

泰地 増樹 著
Masuki Taiji

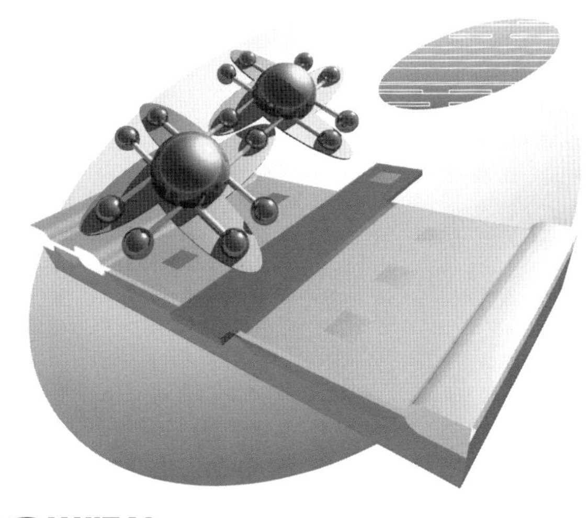

CQ出版社

まえがき

本書は，私が半導体の開発・製造会社に勤めていたころに，設計部署に配属されたばかりの人や，設計以外の部署の人に，CMOS回路の説明をする際に使っていた資料に，大幅に加筆したものです．

そのときの経験から，世に出ている半導体の回路設計のテキストの多くは，明らかなこととして説明を省略した部分が初心者には意外に難しかったり，数式を出して説明するのが正しいところでも数式を出すとやる気を削ぐような部分があったりすることが分かってきました．

そこで本書では，つまずきそうな部分は省略せずに説明し，最初の方では数式を最小限に留めるなどの工夫をしてあります．

読み進めるにあたって，SPICEの設計環境は必要ありませんが，本書に掲載された回路をPSpice，LTspiceなどでシミュレーションしてみようと思われる方もおられるかと思い，回路には可能な限りトランジスタ・サイズを入れてあります．

とくにLTspiceは，無償で使用が可能であり，かつノード数制限もないので，回路の動作を試してみようと思われる方には是非ともお勧めしたいと思います．

読者の方々が，本書を踏み台にして，さらに高度な内容へと進むことを願ってやみません．

2010年2月

泰地 増樹

目　次

序章
CMOSアナログ回路をSPICEを使って設計しよう

● 本書の読者ターゲット

本書がターゲットとしている読者は，一つには半導体の会社でCMOSアナログIC/LSIの設計にこれから携わろうとしている方々です．また一つには，同じく半導体の会社で，アナログ設計者と密にコミュニケーションをとることが必要な部署，たとえばプロセス，モデリング，品質保証，テスト，プロダクト，アプリケーションそしてマーケティングなどに携わっている人たちにも読んでいただきたいと思っています．また，半導体の会社にいなくても，トランジスタで動く回

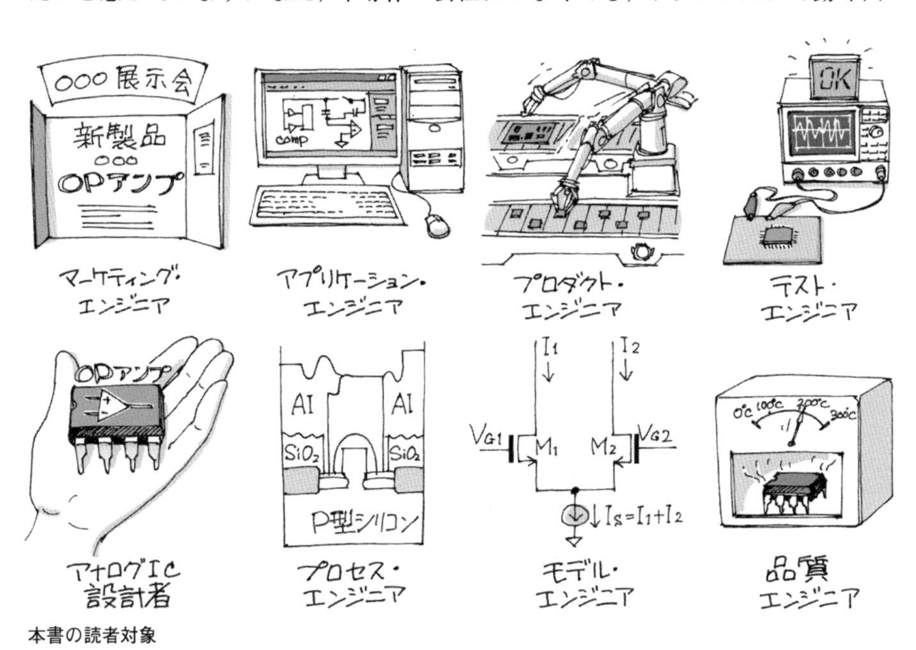

本書の読者対象

路がどうして作れるのか，大いに興味をもたれている方々も同様に歓迎します．

さて，アナログ回路として代表的なものには，OPアンプ回路，A-D/D-Aコンバータ回路，DC-DCコンバータ回路，Phase-Locked Loop（PLL）回路などがあります．これらの回路のうち純粋なアナログ回路はOPアンプ回路ぐらいで，そのほかの回路にはかならずカウンタやステート・マシンなどのディジタル回路が必要となります．

現実には，これらのアナログ回路の設計に携わっている人たちは，本書で説明しているディジタル回路の内容程度のことは理解していると考えてください．

● 半導体集積回路の作り方 ―― 精度の高い「比」を作ることが重要

アナログ回路の内部では，同じ電圧値をもつ部分を何か所も作ったり，同じ電流値の流れる枝を何本も作ったりすることで，**電圧や電流の比**をどこまで精度よく作れるかが半導体集積回路を設計するときのキー・ポイントです．

その意味で集積回路は，写真技術を応用したリソグラフィと呼ばれる**パターン生成技術**で作られるわけですから，同じ抵抗値の抵抗を何個も作ったり，同じサイズや特性をもったトランジスタを何個も作ったりすることは，得意中の得意といえます．つまりアナログ回路は**集積回路で**作ると，もっとも精度よく**比**が作れて，かつシンプルな設計が可能になります．

ただし，集積回路で回路設計をする際には，半導体特有の性質，つまりトランジスタの特性を基本とした**デバイス**の知識が必要になります．本書がデバイスの章を設けているのは，これが理由です．

● トランジスタ回路の設計に必要な「寄生容量」と「寄生抵抗」の計算をSPICEで行う

集積回路の設計に欠かせないのは，有名な回路シミュレーション・ツール**SPICE**です．回路設計を行うときには，SPICEの機能の一つであるDC解析で，回路が静止しているときの電圧と電流が妥当な値であるかどうかをチェックします．次にトランジェント（過渡：TR）解析で時間の経過につれて回路がどう動くか，そのようすを見ます．多くの回路の場合，設計にはトランジェント解析にもっとも多くの時間を割きます．最後に，AC（小信号）解析で回路が意図せ

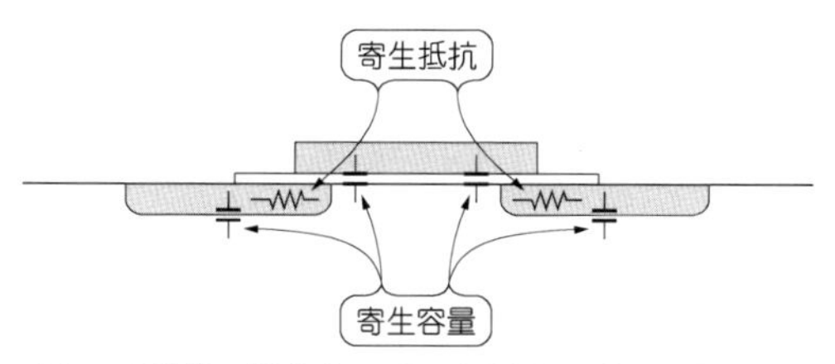

図1　半導体の製造時にできる寄生抵抗と寄生容量

ぬ発振をするリスクを負っていないか確認します．ここでSPICEを使用することがなぜ大切かというと，その一つの理由として，SPICEはトランジスタにかならず付いてくる**寄生容量**や**寄生抵抗**を正確に計算して，シミュレーションを実行してくれるからです．実際に経験すればすぐに分かることですが，回路の一つ一つのトランジスタについて，寄生容量や寄生抵抗を人が手計算で求めるのは，実にたいへんな仕事です（**図1**）．

最近では，PSpiceやLTspiceのように，個人が自宅のパソコンで使用できるSPICEも何種類か登場しています．LTspiceは米国リニアテクノロジー社が無償で提供しているSPICEです．これまで無償のSPICEはかならず回路規模に制限があったのですが，LTspiceはたいへんうれしいことにこの制限がありません．使用方法についてはCQ出版社からもテキストが出ています[7]．トランジスタのモデルも，最新のナノ・テクノロジのものでなければ，手に入れることは難しくありません．

じつはこのSPICEを使い慣れ，**SPICEを嫌いにならない**ことこそが，アナログ回路設計をする上では，最重要なことなのです．おおげさにいうと，**SPICE道**(どう)なるものがあるといっても過言ではありません．新しい回路のアイデアも，SPICEで繰り返しシミュレーションしながら考えるというのが実際に行われていることです．

● SPICEでアナログ回路とディジタル回路の両方をシミュレーションする

そこで本書では，アナログ回路とディジタル回路の両方について，SPICEでいろいろなシミュレーションの試行ができるようになるまでの最低限の知識を，なるべく分かりやすい形で提供するのが第一の目標です．大規模なディジタル回路のシミュレーションには，ロジック・シミュレータという専用のプログラムを使用するのが慣例ですが，ここで説明する程度の小規模なディジタル回路で

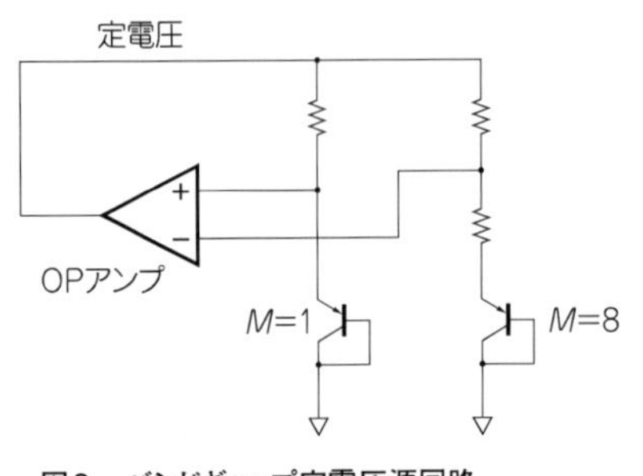

図2　バンドギャップ定電圧源回路

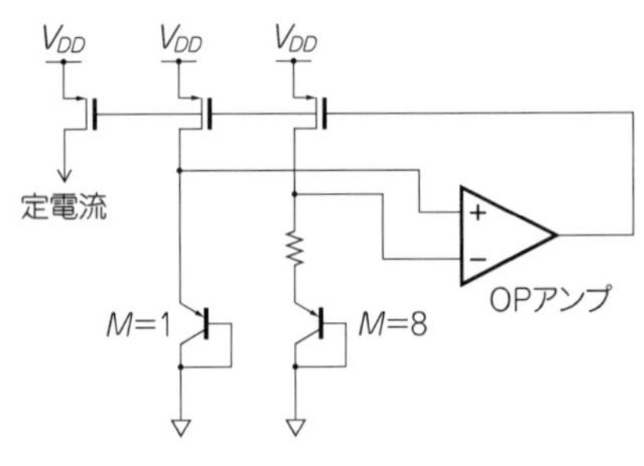

図3　定電流源回路

は，SPICEでも十分速く実行できます．

補足ですが，現在ではModelSim（メンター・グラフィックス社）などのように自宅のパソコンで試行できるようなロジック・シミュレータも出てきています．

● アナログ回路シミュレーションで面白いのは，バンドギャップ定電圧源回路や定電流源回路

アナログ回路をSPICEで実行する際にもっとも手ごろでしかも面白いのは，バンドギャップ定電圧源回路（**図2**）とか定電流源回路（**図3**）のように，**回路の目的が分かりやすく，トランジスタ数が少なく，しかも負帰還がかかった回路**であると，筆者は考えています．そこで，CMOSアナログ回路の基礎の章は，これらの回路をシミュレーションできるための近道をガイドするのが目標です．そのため，ほかのテキストでは細かく説明している部分も，ここでは省略したり簡単に済ませたりしている箇所が幾つかあります．

一般に，アナログ回路の説明は，その最初のほうで**小信号解析**を登場させて，ゲインや出力抵抗などを駆使しながら説明を進めるのが論理的には正しい方法です．しかし，本書では，小信号解析こそが**やる気を削いでいる張本人**であると考え，意図的に後ろの章（第3章）で説明することにしました．小信号解析は，負帰還のかかった回路が意図に反して発振することがないように，回路の安定性を調べるための方法です．SPICEの実行自体は簡単で，シミュレーションもあっという短い時間で終わってしまいます．その結果を考察しつつ，発振防止の最良策を得るのはかならずしも容易なことではありません．

しかしながら実際の設計の現場では，初心者でも，小信号解析を駆使して発

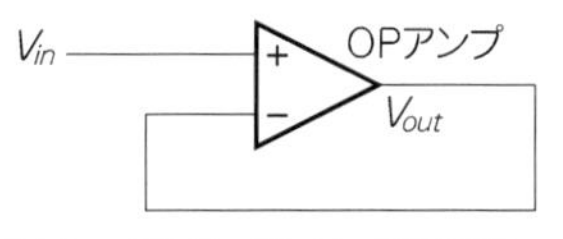

図4　ボルテージ・フォロワ回路

振防止対策を得るよう求められることが多々あります．その結果，よく分からないまま容量値や抵抗値を変更し，満足いく結果が出るまでシミュレーションをひたすら繰り返す場合が多いのです．

そこで本書では，シンプルなOPアンプに負帰還をかけたボルテージ・フォロワ回路（**図4**）に限定して，発振防止対策のアプローチを説明しています．

● 本書の構成

ここで，本書の構成を説明します．

第1章～第4章では可能な限り数式を省いた説明をしていますが，重要なものはAppendixに入れました．第1章，第2章，第4章は独立した章にしてあり，どこから読み始めることも可能です．第3章だけは第1章を先に読む必要があります．

第1章は，CMOSアナログ回路の基礎です（**図5**）．

まず，MOSトランジスタの特性を理解します．その後，NMOSトランジスタとPMOSトランジスタの違いを理解します．ミラー回路に理想電流源をつなぐと，電流源回路ができます．この電流を負荷としてアンプ回路を，「トランジスタ」+「負荷」で構成します．電流源を負荷とするアンプ回路を応用して，差動回路ができます．「差動回路」+「電流源負荷のアンプ回路」で2段のOPアンプ回路ができます．OPアンプを使用して，負帰還の概念を理解します．

OPアンプとダイオードを利用したバンドギャップ定電圧回路を作ります．次に，同様にOPアンプとダイオードを利用した定電流回路を作ります．さらにΔV_{GS}定電流回路を作り，スタートアップ回路を理解します．

第2章はCMOSディジタル回路の基礎です（**図6**）．

まずはAND，ORから始めます．正論理と負論理のシンボル（記号の意味）を理解します．CMOSゲートは，NMOSブロックとPMOSブロックで作ります．インバータをPMOSトランジスタとNMOSトランジスタで作り，NAND，NORをPMOSトランジスタとNMOSトランジスタで作ります．さらに，複合ゲート

図5　第1章「CMOSアナログ回路の基礎」の構成

図6　第2章「CMOSディジタル回路の基礎」の構成

を作ります．データを保持できる回路，「Dラッチ」を作ります．Dラッチを二つもってきて，Dフリップフロップを作ります．Dフリップフロップとゲートを使って，カウンタを作ります．

最後に，ステート・マシンを作り，フローチャートを回路でどう制御するのか理解します．

第3章は，小信号解析です（**図7**）．

NMOS，PMOS各トランジスタの小信号回路を理解します．トランスコンダクタンスg_mと出力抵抗r_oの求め方を理解し，電流源を負荷とするアンプ回路の小信号等価回路を作ります．さらにOPアンプ回路の小信号等価回路を作ります．

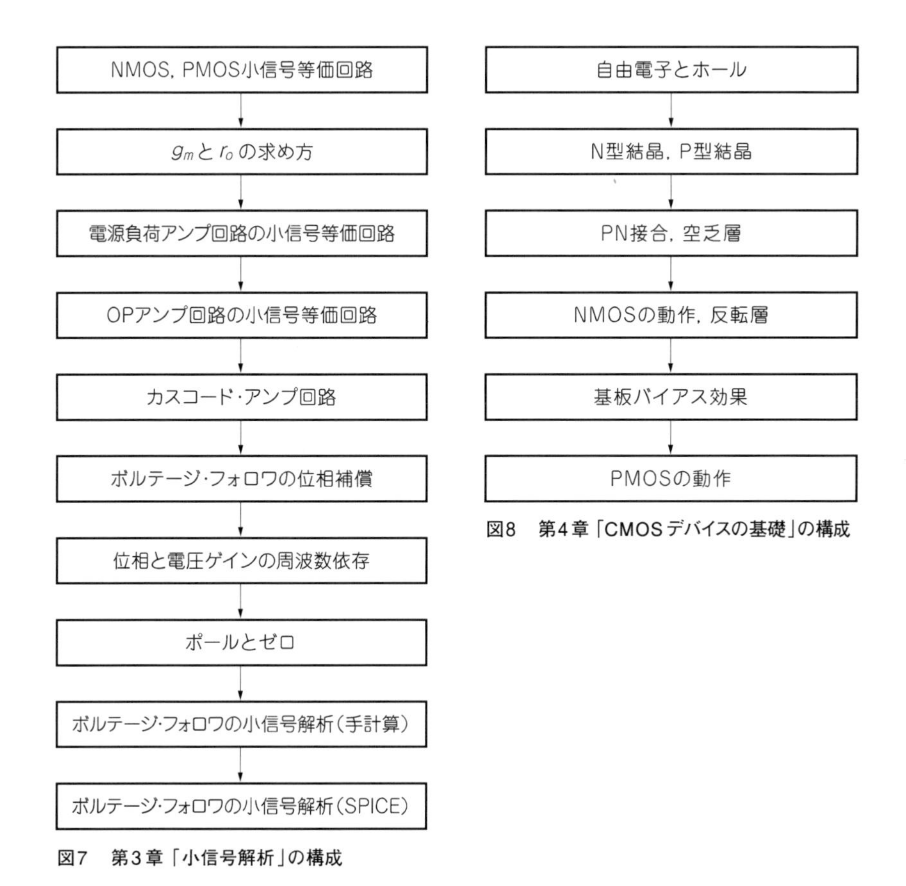

図7　第3章「小信号解析」の構成

図8　第4章「CMOSデバイスの基礎」の構成

カスコード・アンプ回路はよく用いられるので，ここで理解しておきます．次にボルテージ・フォロワの位相補償はどうするのか理解します．さらに位相と電圧ゲインが周波数に依存することを学びます．ポールとゼロを理解します．

手計算で，ボルテージ・フォロワの小信号解析をします．さらにSPICEでは，どうやるのか説明します．

第4章はCMOSデバイス基礎です（**図8**）．

シリコン結晶内には自由電子とホールが存在します．N型結晶とP型結晶，PN接合を理解します．NMOSトランジスタで，電流がどう流れるのか説明します．

基板バイアス効果について理解します．最後にPMOSトランジスタで，電流がどう流れるのか説明します．

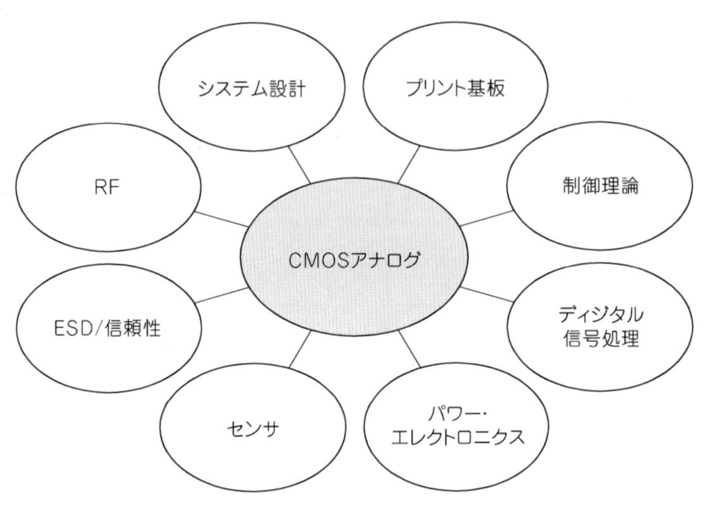

図9　CMOSアナログIC設計者に必要な知識

● CMOSアナログ回路設計者に要求される知識

CMOSアナログ設計に携わる人たちが，アナログ設計以外に，どのような勉強をしなければいけないのか図にしてみました（**図9**）．自分が担当するアナログ回路の種類に応じて，結構いろいろな分野の勉強が必要になってきます．

たとえば，A−D/D−A変換が担当になった場合には，**ディジタル信号処理**が必要になります．DC−DCコンバータなどの電源回路や，PLLなどの周波数シンセサイザが担当になった場合は，**制御理論**が必要です．

このように，CMOSアナログ回路設計者は，自分の専門である**CMOSアナログ回路**の勉強だけに専念することは許されないのが現実です．

しかしながら一方で，近年に刊行されているCMOS回路設計のテキストでは，いくつかのアプリケーションまで含めた広い分野をカバーすることで内容の完成度を高めようとしているように見受けられます．その結果テキストは辞書のように分厚くなり，通読するにはかなりの根気が必要になってきています．

実際に半導体設計・開発の会社に所属する人たちですら，電源向けIC設計グループ，PLL設計グループというように，アプリケーション別にグループ分けされており，彼らが必要としている知識の共通部分は，もっとコンパクトなテキストにできるのではないかと考えました．これが本書の第二の目標です．

第1章 CMOSアナログ回路の基礎

この章では，MOS（Metal Oxide Semiconductor）トランジスタの動作を説明したあと，基本的な回路をいくつか説明し，さらにOPアンプ（Operational Amplefier），電圧源，電流源に話を進めていきます．

温度が変化しても値の変わらない，電圧源や電流源を設計するところまでが本章の目的です．たいへんざっくりしたいい方ですが，OPアンプ，電圧源，電流源の三つの回路があれば，だいたいのアナログ回路は設計できます．

本章では，小信号等価回路を用いずに，回路の説明をしています．なお．本書では，以下のSPICE（スパイス）（Simulation Program with Integrated Circuit Emphasis）モデルを使用しています．

http://cmosedu.com/cmos1/cmosedu_models.txt

このWebページは，参考文献（5）のサポート・ホームページの一部で，チャネル長1μm（マイクロン）のCMOS（シーモス）（Complementary MOS）のSPICEモデル・ファイル（LEVEL＝3）です．

1.1 MOSトランジスタの基礎

1.1.1 MOSトランジスタ

まずはMOSトランジスタの特徴を3点まとめておきます（**図1.1**）．

① 現実には，CMOSという種類のトランジスタは存在せず，NMOSトランジスタとPMOSトランジスタの2種類のトランジスタがあるのみです．この二つをペアでCMOSと呼んでいます．その理由は1.2.1節で説明します．

② NMOSトランジスタとPMOSトランジスタは，どちらも四つの端子があり，そ

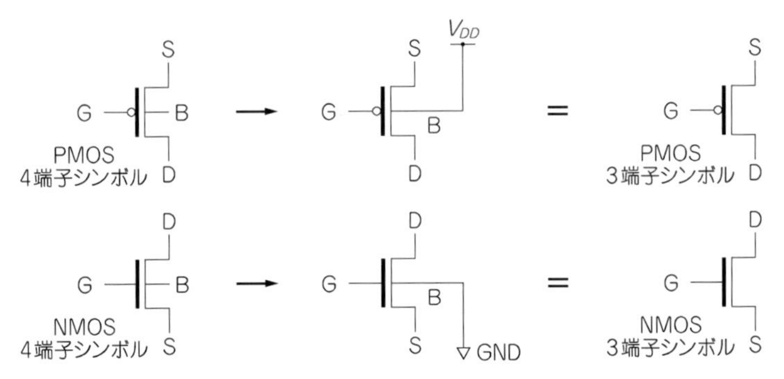

図1.1　PMOSシンボルとNMOSシンボル
3端子シンボルが使用される場合，NMOSトランジスタでは基板端子BはGNDに接続され，PMOSトランジスタでは基板端子BはV_{DD}に接続されているものとみなす．Gはゲート,Dはドレイン，Sはソース，Bはバルク．

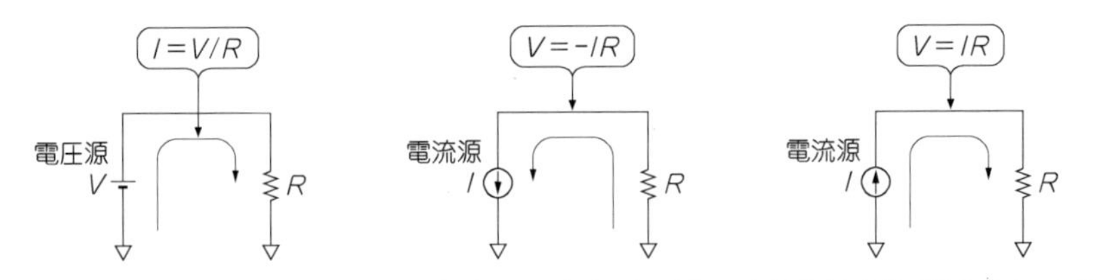

図1.2　電圧源と電流源
電圧源は，電圧を固定するが電流は他人まかせとなる．電流源は，電流を固定するが電圧は他人まかせとなる．

れぞれS（ソース），D（ドレイン），G（ゲート），B（バルク）と呼ばれています．

③ バルク端子は，多くの場合，NMOSトランジスタではGND（0V）に固定され，PMOSトランジスタでは電源（V_{DD}）に固定されています．特にディジタル回路ではかならずそのように接続されています．

1.1.2　電圧源と電流源

本題に入る前に，電圧源と電流源について確認しておきます．

電圧源は指定された電圧を出しますが，自分自身に流れる電流は，その電圧源の外（そと）に接続された回路によって決定されます．**図1.2(a)**の例では，抵抗Rに流れる電流V/Rが，そのまま電圧源にも流れます．

同様に**電流源**は指定された電流を流しますが，自分自身の両端電圧は，その電流源の外に接続された回路によって決定されます．**図1.2(b)**の例ではノード

コラムA ◆ NMOSトランジスタの構造

図1.Aの上半分はNMOSトランジスタをチップ表面側から見た場合を示します．長方形，「n⁺」と「ゲート・ポリ」が重なったところがチャネル（電流の通る道）です．

*L*が電流の流れる方向で「チャネル長」といいます．*W*は電流を「川」にたとえると「川幅」のことです．**図1.A**の下半分は，カッターの刃を紙面に垂直にAA'で立ててNMOSをカットした場合の断面を見たものです．

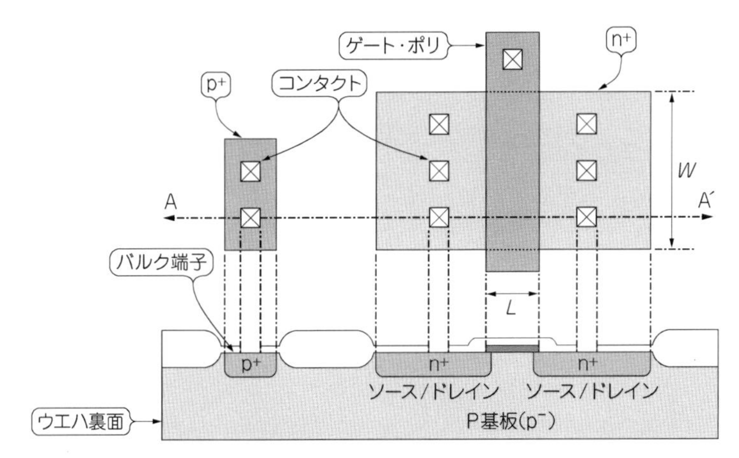

図1.A　NMOS構造．上から見たところ（上）断面図（下）

（接点：Node）の電圧は$-IR$となり，**図1.2(c)**ではIRとなります．抵抗では電位の高い方から低い方へ電流が流れるので，**図1.2(b)**ではマイナス電圧，**図1.2(c)**ではプラス電圧になります．

一般に，トランジスタや各種の電気回路を調べる際には，**電圧源**にて既知の電圧を加えて，そこに流れる電流を調べたり，また**電流源**にて既知の電流を流し込み，発生する電圧を調べたりします．

1.1.3　NMOSトランジスタの特性

NMOSトランジスタの特性を説明します（**図1.3**）．PMOSトランジスタの特性は，NMOSトランジスタと似ており，1.1.4節で簡単に説明します．

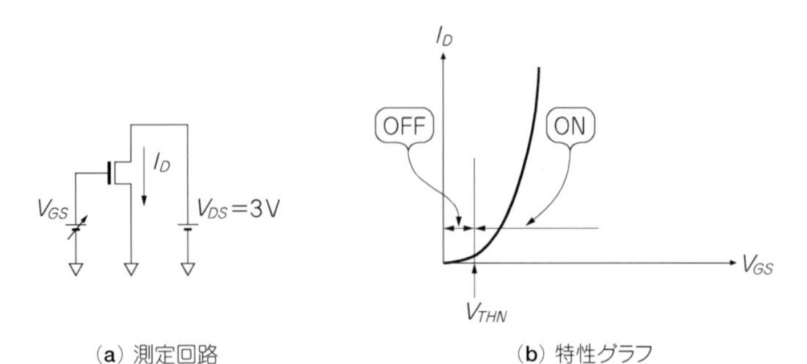

(a) 測定回路　(b) 特性グラフ

図1.3　ドレイン電流 I_D のゲート-ソース電圧 V_{GS} 依存性
NMOSトランジスタのドレイン電圧を固定して，ゲート-ソース電圧 V_{GS} を0Vから増加していくと，ドレイン電流 I_D は，V_{THN}（しきい値電圧）を越したあたりから，放物線状に増加する．

NMOSトランジスタのドレイン-ソース間に流れる電流は，
① ゲート-ソース間の電圧差，$V_{GS}=V_G-V_S$
と，
② ドレイン-ソース間の電圧差，$V_{DS}=V_D-V_S$
とでコントロールされています．
③ 電流の式は，

$$I_D=I_{D(\mathrm{sat})}\cdot(1+\lambda\cdot V_{DS}) \tag{1.1}$$

式(1.1)の中の $I_{D(\mathrm{sat})}$ は，さらに次の式で表せます．

$$I_{D(\mathrm{sat})}=\frac{1}{2}\cdot\mu_n\cdot C_{ox}\cdot\frac{W}{L}\cdot(V_{GS}-V_{THN})^2 \tag{1.2}$$

ここでは，$(V_{GS}-V_{THN})^2$ という2乗の項に特に注目してください．ここで，“sat”とは“Saturation（飽和）”という意味で次ページに説明します．ほかのパラメータは，名前のみ以下に列記します．

$I_{D(\mathrm{sat})}$：飽和領域と三極管領域の境界におけるドレイン電流
λ（ラムダ）：チャネル長変調パラメータ
V_{THN}：NMOSトランジスタスレッショルド電圧．しきい値電圧とも呼ぶ．約0.1～1.0V
μ_n：電子の移動度
C_{ox}：ゲート酸化膜容量（単位面積あたり）
W/L：トランジスタ・サイズ．W＝トランジスタの幅，L＝チャネル長

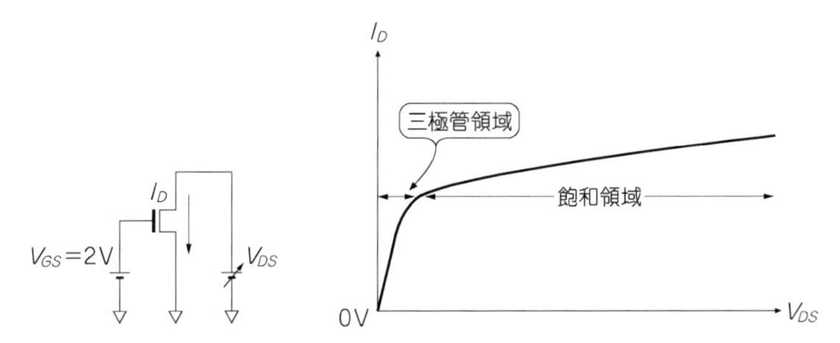

図1.4　ドレイン電流のV_{DS}依存性

NMOSトランジスタのゲート－ソース電圧V_{GS}を固定して，ドレイン電圧を0Vから増加していくと，ドレイン電流は最初は急に増加しますが，そのあとはゆっくりとした増加（飽和領域）に転じる．

④ トランジスタの動作を，以下（i）と（ii）の2種類の方法で説明します．

（i） たとえばドレイン－ソース電圧V_{DS}を3Vに固定し，V_{GS}を0Vから少しずつ上昇させます〔**図1.3**（**a**）〕．

ドレイン電流I_Dは**図1.3**（**b**）のように上昇します．縦軸はI_D，横軸はV_{GS}です．$V_{GS}=V_{THN}$のあたりから二次曲線$y=(x-a)^2$のように急激に電流は増加します．これは電流の式である式（1.2）に（$V_{GS}-V_{THN}$）^{2}の項があることから理解できると思います．ここで$V_{GS}>V_{THN}$の場合は，NMOSトランジスタはONであり，$V_{GS}<V_{THN}$の場合は，NMOSトランジスタはOFFです．

（ii） V_{GS}をトランジスタがONしている$\boldsymbol{V_{THN}}$**以上の適当な値**，たとえば2Vで固定し〔**図1.4**（**a**）〕，V_{DS}を上昇させます．ドレイン電流I_Dは**図1.4**（**b**）のようになります．縦軸はI_D，横軸はV_{DS}です．最初にV_{DS}が小さいときは，I_DはV_{DS}に対してほぼ直線状に急激に増加します．この部分を**三極管領域**（さんきょくかん）といいます．さらにV_{DS}を上げると波形はやや水平に近くなり**傾きをもった直線**のようになります．この部分を**飽和領域**（ほうわ）と呼びます．前ページに出てきた$I_{D(\mathrm{sat})}$は，三極管領域と飽和領域との**境界点**での電流です．

飽和領域でのI_Dの式は，この境界点から，傾き$I_{D(\mathrm{sat})}\cdot\lambda$（単位は$\Omega^{-1}$）の直線を延ばすことで，次のように求めます（**図1.5**）．

$$I_D = I_{D(\mathrm{sat})} + V_{DS}\cdot(I_{D(\mathrm{sat})}\cdot\lambda) = I_{D(\mathrm{sat})}\cdot(1+\lambda\cdot V_{DS}) \tag{1.3}$$

傾き$\boldsymbol{I_{D(\mathrm{sat})}\cdot\lambda}$**の直線**になる原因は**チャネル長変調**と呼ばれる現象（**図1.5**，第

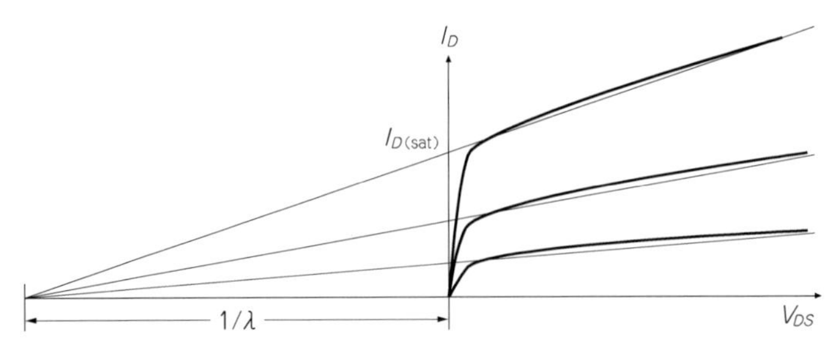

図1.5　チャネル長変調

チャネル長変調パラメータλは，ドレイン電流のグラフの飽和領域における接線が$X=-1/\lambda$に集まると仮定したパラメータである．

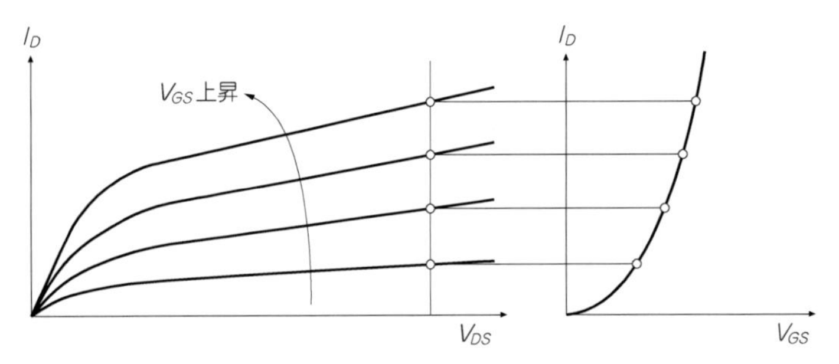

図1.6　I_D対V_{GS}のグラフとI_D対V_{DS}のグラフの関係

ドレイン電流I_D対ゲート−ソース電圧V_{DS}のグラフ(左)では，固定したゲート−ソース電圧V_{GS}が大きいほうが電流は大きくなる．

4章で説明する)です．λをチャネル長変調パラメータといいます．

ドレイン電流I_D対ゲート−ソース電圧V_{GS}の特性カーブと，ドレイン電流I_D対ドレイン−ソース電圧V_{DS}の特性カーブの関係は，**図1.6**のようになっています．

⑤ 短チャネル効果

本書では，チャネル長が1μm(マイクロン)以上の場合について記述します．サブマイクロンといわれる1マイクロンより十分小さいチャネル長では，短チャネル効果という現象が発生し，ドレイン電流I_Dはゲート−ソース電圧V_{GS}の一乗の式で表されます．本書では詳細は述べません．

⑥ MOSFETには上で述べた「チャネル長変調」に加えて，もう一つ重要な特性があります．

これまではNMOSトランジスタのソースを0Vに固定していましたが，実はソース電位が上昇すると，スレッショルド電圧V_{THN}は若干増加します．これを

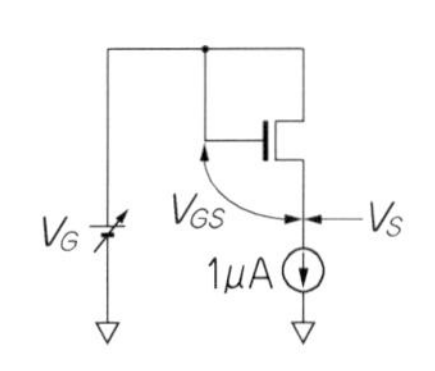

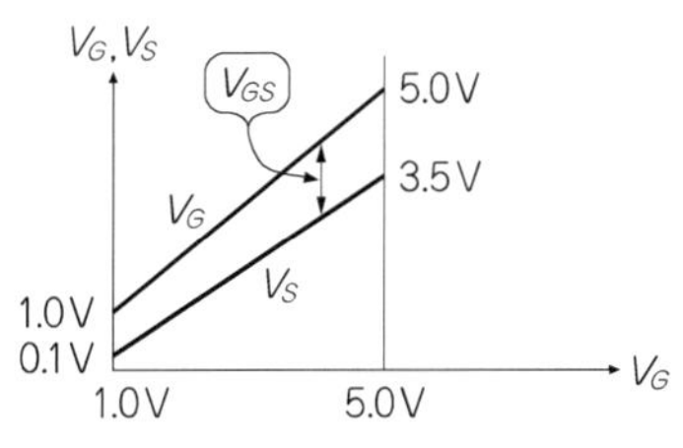

(**a**) SPICE用シミュレーション回路　(**b**) SPICEシミュレーション結果

図1.7　基板バイアス効果
SPICEで，ソース電流(=ドレイン電流)を一定にしてゲート電位(=ドレイン電位)を上昇させると，ゲート-ソース電圧V_{GS}は一定にならずに，少しずつ増加する．これはスレッショルド電圧V_{THN}が増加している証拠である．

基板バイアス効果と呼びます．詳しい説明はAppendixのA.3節に示しますが，ここではそれがどのようなものなのか，SPICEで調べてみます．

図1.7(**a**)のように，ダイオード接続した(=ゲートとドレインをつなぐこと)NMOSトランジスタのソース側に，定電流(ここでは1μA)の電流源を入れます．そして，ゲート(=ドレイン)電圧V_Gを上昇させながら，ゲート電位V_Gとソース電位V_Sの両方をプロットします〔**図1.7**(**b**)〕．するとゲート電圧の上昇のしかたにくらべてソース電圧の上昇のしかたが小さく，その差であるゲート-ソース電圧V_{GS}は次第に増加していきます．ダイオード接続をしたトランジスタの電流は，式(1.2)を変形した式(1.4)で表すことができ，電流値I_Dが一定ならばV_{GS}も一定のはずです．となると，V_{GS}が増加する理由は，式(1.4)の第二項のV_{THN}が増加しているからです．

$$V_{GS} = \sqrt{\frac{I_D}{\frac{1}{2} \cdot \mu_n \cdot C_{ox} \cdot \frac{W}{L}}} + V_{THN} \qquad (1.4)$$

1.1.4.　PMOSトランジスタの動作

PMOSトランジスタの動作は，以下の三点に注意すれば，あとはNMOSトランジスタとまったく同じです(**図1.8**)．

① ソースとドレインの区別は，「高い」電圧のほうがソース
② 多くの場合，ソースとバルクは，電源電圧V_{DD}に固定されている
③ $V_{GS} = V_G - V_S$，$V_{DS} = V_D - V_S$，V_{THP}はいずれも負の数値となる

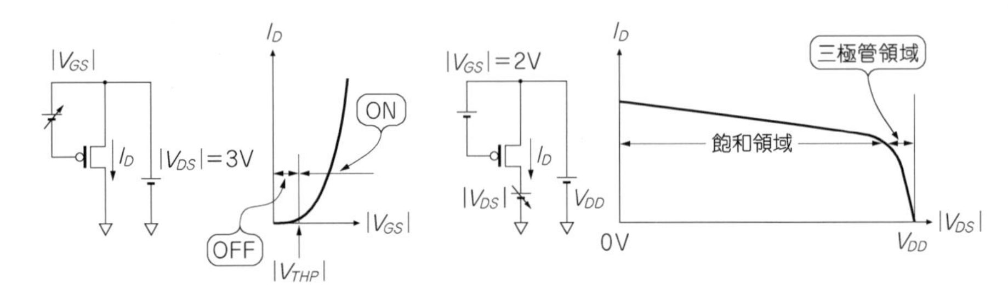

(a) PMOSトランジスタの I_D 対 $|V_{GS}|$ 特性　(b) PMOSトランジスタの I_D 対 V_{DS} 特性

図1.8　PMOSトランジスタの電流のグラフ
PMOSトランジスタでは，上側がソース，下側がドレインとなるので，電流のグラフの形はゲート–ソース電圧 V_{GS} とドレイン–ソース電圧 V_{DS} を絶対値にすれば，NMOSトランジスタの電流のグラフとほぼ同じ．

MOSトランジスタの基礎は，これで終了です．これから先は，回路ブロックを簡単なものから順に説明していきます．

1.2　トランジスタを使った簡単な回路ブロック

1.2.1　トランスミッション・ゲート

トランスミッション・ゲート（Transmission Gate）は**図1.9(a)**のように，NMOSトランジスタとPMOSトランジスタを一個ずつ接続した簡単な回路です．NMOSトランジスタのゲートとPMOSトランジスタのゲートにはH/L逆の電圧レベルをかならず入れる約束になっています．

この回路は，ON/OFFする**スイッチ**の役割をします．

NMOSトランジスタとPMOSトランジスタがともにONのときは，**図1.9(b)**のようにA，Bの端子間は導通して左右で電圧は等しくなります．逆にNMOSトランジスタもPMOSトランジスタもOFFのときは，A–B間は切り離されます〔**図1.9(c)**〕.

ところでNMOSトランジスタだけ，あるいはPMOSトランジスタだけでも，スイッチの役目はできるはずなのに，なぜNMOSトランジスタとPMOSトランジスタの両方を使うのでしょうか．

まず，なぜNMOSトランジスタだけではだめなのかを，**図1.10(a)**，**(b)**で説明します．

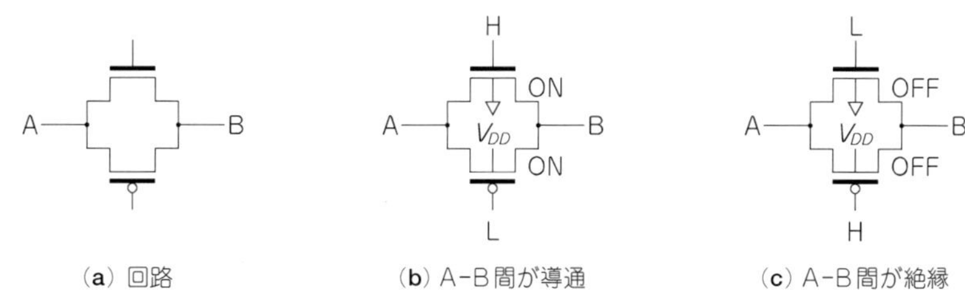

図1.9　トランスミッション・ゲート

トランスミッション・ゲートは，NMOSトランジスタとPMOSトランジスタのペアで作る．NMOSトランジスタのゲートのH/LとPMOSトランジスタのゲートのH/Lはいつも逆にする．A側とB側が導通した状態(**b**)と絶縁した状態(**c**)がある．

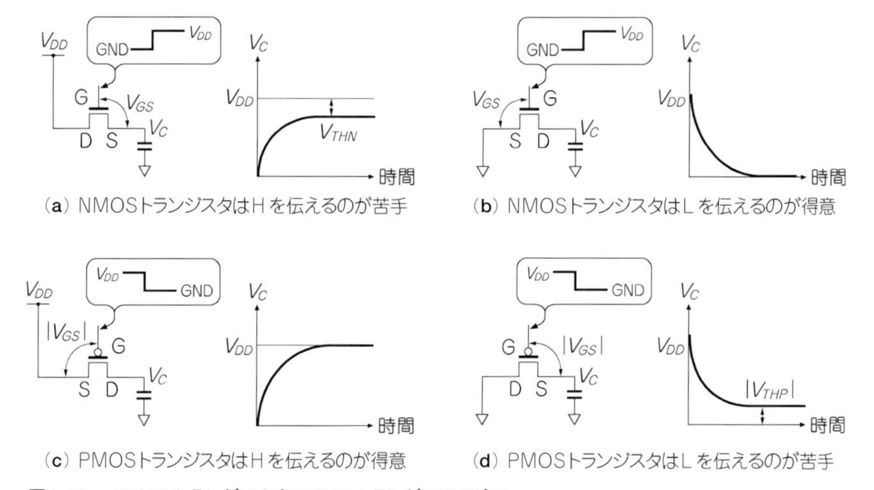

図1.10　NMOSトランジスタとPMOSトランジスタの違い

NMOSトランジスタとPMOSトランジスタは，互いに自分の得意は相手の苦手，自分の苦手は相手の得意という関係にある．NMOSトランジスタはLレベルの電圧を伝えるのが得意だがPMOSトランジスタはそれが苦手．PMOSトランジスタはHレベルの電圧を伝えるのが得意だが，NMOSトランジスタはそれが苦手である．

(1) **図1.10**(**a**)に示すように，最初にNMOSトランジスタをOFFしておき，ドレインをV_{DD}に固定し，ソースを**0Vに放電したコンデンサ**に接続します．この状態からゲートをHにしてONさせると,その瞬間,$V_{GS}=V_{DD}$となりNMOSトランジスタはコンデンサを充電し始めます．コンデンサ電圧をV_Cとすると，$V_{GS}=V_{DD}-V_C$ですから，V_Cが増加するにつれV_{GS}は減少します．注意してほしいのは，このあとV_CはV_{DD}までは上昇せず$V_{DD}-V_{THN}$で停止してしまうことです．このときの$V_{GS}=V_{DD}-(V_{DD}-V_{THN})=V_{THN}$ですから，電流の式(1.2)からNMOSトランジスタはOFFであり，これ以上電流を流すことはできないわけです．

(2) **図1.10(b)**に示すように，ソースを今度はGNDに固定し，ドレインを$\boldsymbol{V_{DD}}$**まで充電したコンデンサ**に接続してからONさせると，今度はGND固定側がソースとなり，$V_{GS}=V_{DD}$固定で変化はなく，NMOSトランジスタはV_Cが0Vになるまで電流を流し続けます．

まとめると，NMOSトランジスタは，

① ドレインをV_{DD}にすると，ソースは$V_{DD}-V_{THN}$までしか上昇できない

② ソースをGNDにすると，ドレインはGNDまで下降できる．言い換えると，NMOSトランジスタはLレベルの電圧を伝達するのは得意だが，Hレベルの電圧を伝達するのは苦手．PMOSトランジスタはこれと逆で,Hレベルを伝達するのは得意だが，Lレベルを伝達するのは苦手．

③ **図1.10(c)**に示すように，ソースをV_{DD}にすると，$|V_{GS}|=V_{DD}$固定となるので，ドレインはV_{DD}まで上昇できる

④**図1.10(d)**に示すように，ドレインをGNDにすると，ソースは$|V_{THP}|$までしか下降することはできない

すなわち，NMOSトランジスタとPMOSトランジスタは，**自分の得意は相手の苦手，相手の得意は自分の苦手**という関係にあります．そこでトランスミッション・ゲートは，NMOSトランジスタとPMOSトランジスタの両方をもつことで，0VからV_{DD}までの「すべての電圧範囲」で，片側の電圧を反対側へ伝えることができるのです．これが，この回路が**アナログ・スイッチ**とも呼ばれる理由です．

CMOSのCは“Complementary”「補足的な，互いに助ける」という意味です．

1.2.2　ミラー回路

ミラー回路(**図1.11**)は，理想電流源から標準電流I_1を受けて，それをコピーした電流I_2を作り,そのI_2をまたほかの回路へ電流源として供給する回路です．どこまで精度よく電流I_1をコピーできるかがポイントとなります．

まず標準電流I_1を**ダイオード接続されたM1**で受け，I_1に対応したV_{GS1}を作ります．V_{GS1}は，式(1.4)とまったく同じ式(1.5)で，I_1から求められます．

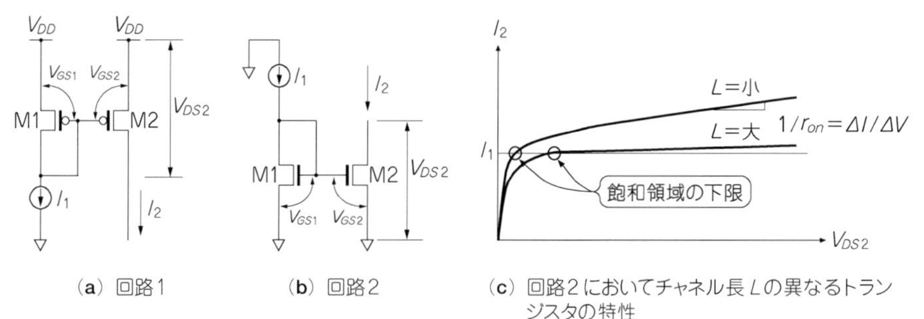

(a) 回路1　(b) 回路2　(c) 回路2においてチャネル長 L の異なるトランジスタの特性

図1.11　ミラー回路

ミラー回路は，ある枝の電流を別の枝へそっくりコピーするのが目的である．L/W の値が大きいほうが出力抵抗 r_{on} が大きくなり，ミラー回路に適している．

$$V_{GS1}=\sqrt{\frac{I_1}{\frac{1}{2}\cdot\mu_n\cdot C_{ox}\cdot\frac{W}{L}}}+V_{THN} \tag{1.5}$$

図1.11 の回路は，M1と同じトランジスタ・サイズ W/L のM2を使い $V_{GS2}=V_{GS1}$ として，I_1 をそっくりコピーした I_2 を作ります．

I_2 は電流源として働かせたいため，**飽和領域**で使用します．するとチャネル長変調のため，V_{DS2} の増加とともに I_2 は上昇し，$|V_{DS2}|$ が上昇するに従い標準電流 I_1 よりも大きくなってしまいます．これは問題です．

その対応策は，M1，M2ともにチャネル長 L を大きくして，チャネル長変調の効果を弱めることです．ただしこれはデメリットが一点あり，チャネル長 L を大きくしすぎると式（1.5）から分かるように V_{GS1}（$=V_{GS2}$）も大きくなるため，**M2の飽和領域の下限ポイント** $=V_{GS2}-V_{THN}$ の電圧も高くなってしまいます〔**図1.11**(**c**)〕．言い換えると，M2が電流源として働くことのできる V_{DS2} の電圧範囲が狭くなってしまいます．

「飽和領域の下限ポイント」について，もう少し詳しく説明すると，

① 電流 I_1 を決める

② 電流 I_1 に対応した V_{GS1} が式（1.5）から求まる

③ $V_{GS1}-V_{THN}$ で飽和領域の下限ポイントが決まる

④ 飽和領域より下の電圧ではドレイン電流が急激に低下してしまうので，電流源としては使えない

図1.11(**c**)のように飽和領域での I_2 の電流波形の傾きは $\Delta I/\Delta V$ です．ここで，

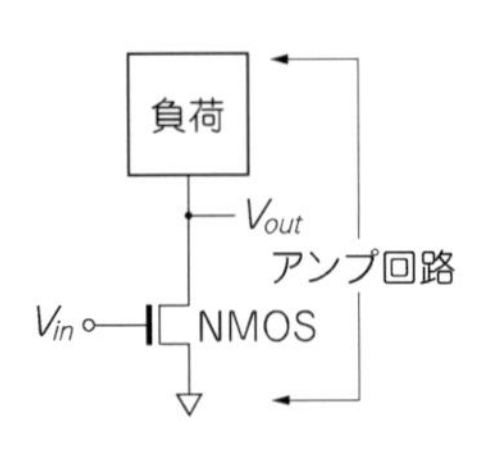

(a) NMOSトランジスタ・アンプ回路

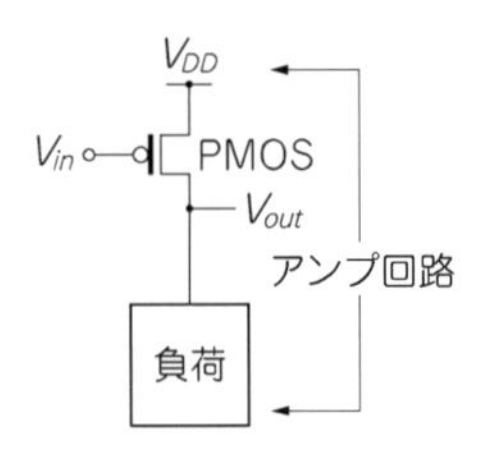

(b) PMOSトランジスタ・アンプ回路

図1.12　アンプ回路
アンプ回路は,「トランジスタ」+「負荷」の回路である. 負荷には電流源, 抵抗, トランジスタなどがある.

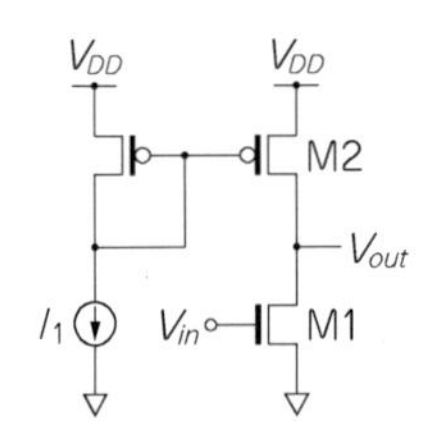

(a) NMOSトランジスタ・アンプ回路

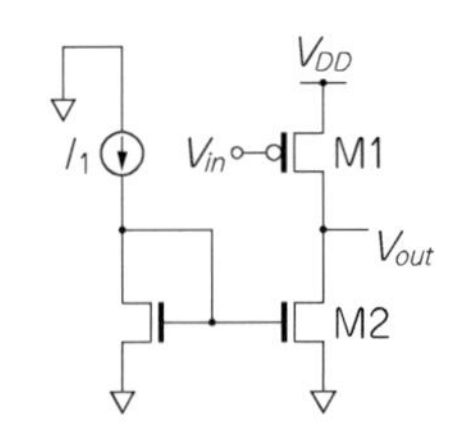

(b) PMOSトランジスタ・アンプ回路

図1.13　電流源を負荷とするアンプ回路
電流源を負荷とするアンプ回路の例を二つ示す.

その逆数である $\Delta V/\Delta I = r_{on}$ を**出力抵抗**と呼び，これは重要なパラメータです．

電流源として働く上では，I_2 カーブが水平に近付き，傾き $\Delta I/\Delta V$ が小さくなることが望ましく，言い換えると，逆数である**出力抵抗 r_{on} は大きい方が理想的**です．

1.2.3　アンプ回路

さてここから，アンプ回路を説明します．本書では，いちばんシンプルなアンプ回路を**図1.12**のように,「トランジスタ」+「負荷回路」と定義します．

負荷には，電流源，抵抗，トランジスタなどの種類があります．この回路では，トランジスタと負荷とが**電流駆動能力**で競争をしており，**電流駆動能力の強弱で V_{out} の電圧が決まり**ます．

1.2.4　電流源を負荷とするアンプ回路

図1.13(a),(b)に,「電流源を負荷とするアンプ回路」を示します．いずれもミ

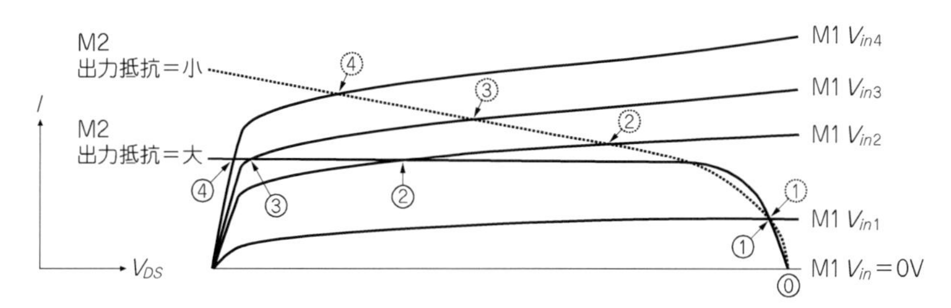

図1.14　電流源負荷アンプ回路の特性
電流源負荷M2の出力抵抗は大きい方がよく，アンプのV_{in}のわずかな変化で，V_{out}はシャープに変化する．

ラー回路で作った電流源M2にアンプM1を追加したものです．V_{in}とはM$_1$のゲート電圧で，V_{out}はM1，M2のドレイン電圧です．

図1.13(**a**)の回路動作を説明します．

$V_{in}=0$Vのときは，M1はOFFで，その電流駆動能力はゼロです．ここで「電流駆動能力」とは，「電流を流す力」のことです．M2はミラー回路ですから，I_1の電流を流す分だけ電流駆動能力があります．しかしM1がOFFしているときはM2は電流を流すことができず，M2は仕方なくドレイン電圧V_{out}をソース電位と同じV_{DD}にすることで($V_{DS2}=0$V)電流の流れない状態をとります．

$V_{in}=V_{GS1}>V_{THN}$となると，M1の電流駆動能力は，電流の式の$(V_{GS1}-V_{THN})^2$によって加速的に増加します．そしてM1の電流駆動能力が，M2の電流駆動能力$=I_1$に打ち勝つと，V_{out}は低下し始め，最後には0V近くまで低下します．

要するに，アンプM1と電流源M2の**電流駆動能力の強弱関係で**V_{out}電圧が決まるわけです．

M1とM2の両方についての，電流とドレイン電圧の関係を同じグラフに表すと，**図1.14**のようになります．PMOSトランジスタM2は，出力抵抗が小さい電流源の場合(＝点線)と出力抵抗の大きな電流源の場合(＝太線)の2種類をのせています．NMOSトランジスタM1は，いくつかのV_{in}値についての特性を示します．M1の電流カーブとM2の電流カーブの「交点」がV_{out}になります．V_{in}の増加に伴って⓪→①→②→③→④の順にV_{out}が変化します．M2が出力抵抗の大きな電流源(太線)の方が，V_{in}の増加に対してのV_{out}の変化がすばやいことが分かります．このように，V_{in}の変化に対してV_{out}がいかに敏感に変化できるかどうかが**電圧ゲイン**であり，アンプ回路のもっとも重要なポイントです．

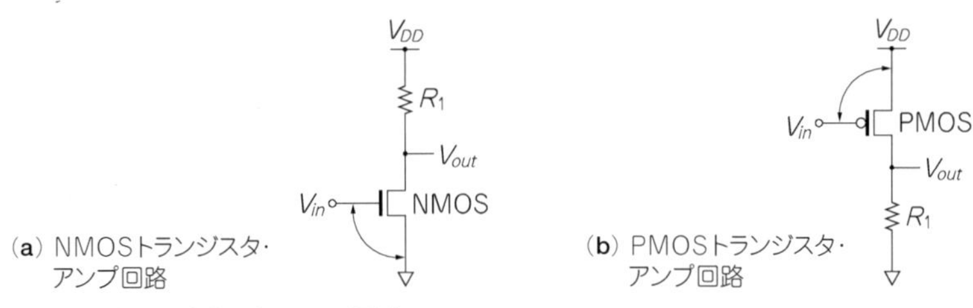

図1.15　抵抗を負荷とするアンプ回路
負荷は抵抗なので，V_{out} の変化に伴って，抵抗の電流駆動能力は変化する．

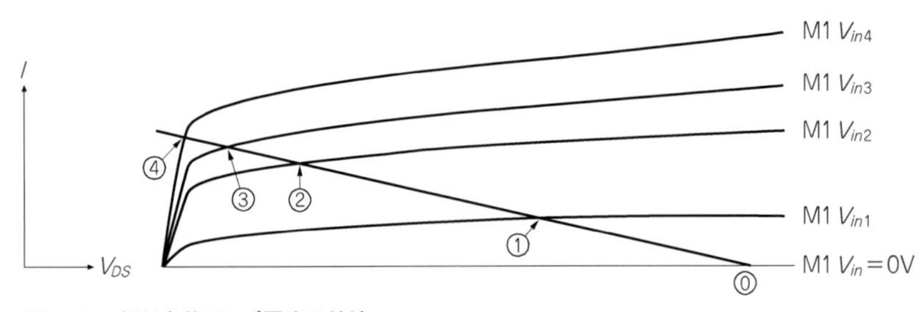

図1.16　抵抗負荷アンプ回路の特性
V_{in} の変化に伴って，V_{out} は直線上を移動する．

1.2.5　抵抗を負荷とするアンプ回路

図1.15のように，抵抗を負荷とするアンプ回路の場合には，**図1.16**のように，V_{in} の増加に伴って，⓪→①→②→③→④の順に直線上を V_{out} が変化します．この直線の方程式は，抵抗 R_1 に流れる電流 I をオームの式で表して，

$$(V_{DD} - V_{out}) = I \times R_1 \tag{1.6}$$

変形して，

$$I = (V_{DD}/R_1) - (V_{out}/R_1) \tag{1.7}$$

となります．これが抵抗 R_1 の電流駆動能力です．

1.2.6　インバータ回路

インバータ回路は**図1.17(a)**のようにNMOSトランジスタとPMOSトランジスタを接続した回路で，ディジタル回路のもっとも基本的な回路です．NMOS

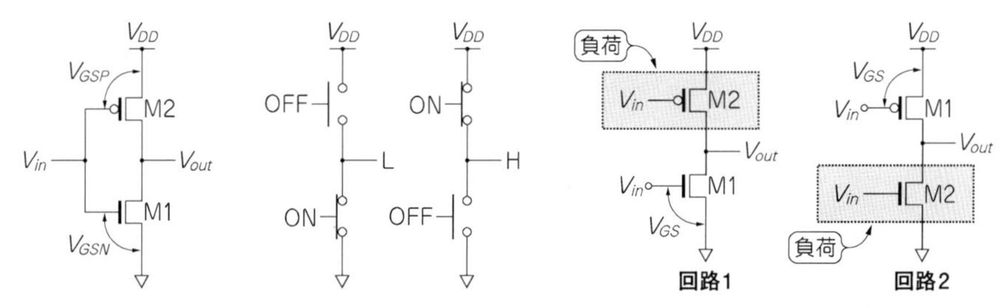

図1.17　インバータ回路
インバータ回路は, V_{DD} 側にPMOSトランジスタを，GND側にNMOSトランジスタを配置した回路である．NMOSトランジスタとPMOSトランジスタをスイッチとして考えた場合は，ONしている側の電圧が V_{out} に出てくる．

トランジスタのゲートとPMOSトランジスタのゲートを接続して，インバータの入力 V_{in} とします．PMOSトランジスタのソースは V_{DD} へ固定し，NMOSトランジスタのソースはGNDへ固定します．PMOSトランジスタはHレベルを伝えるのが得意なので V_{DD} 側，NMOSトランジスタはLレベルを伝えるのが得意なのでGND側です．インバータの仕事は V_{in} のH/Lレベルを逆転して，V_{out} に出す回路で，その動作を，以下2通りで説明します．

第一の方法はディジタル的な考え方で，NMOSトランジスタとPMOSトランジスタを**スイッチ**として考え，そのON/OFFで動作を理解する方法です．**図1.17**(**b**)に示すように，

V_{in} = H ➡ NMOSトランジスタはON，PMOSトランジスタはOFF ➡ V_{out} はL

V_{in} = L ➡ PMOSトランジスタはON，NMOSトランジスタはOFF ➡ V_{out} はH

第二の方法は，電流駆動能力に着目した動作説明です．**図1.17**(**c**)のように**トランジスタを負荷とするアンプ回路**を考えます．インバータは「NMOSトランジスタの V_{GS}」+「PMOSトランジスタの $|V_{GS}|$」$= V_{GSN} + |V_{GSP}| =$ 一定 $= V_{DD}$ という関係があるので，NMOSトランジスタのM1側が $V_{GS} = 0$ V で電流駆動能力ゼロのときに，PMOSトランジスタのM2は $|V_{GS}| = V_{DD}$ で電流駆動能力が最大になっています．このときはPMOSトランジスタの電流駆動能力が打ち勝って，出力抵抗 r_{out} は**図1.18**の⓪，すなわち $V_{out} = V_{DD}$ のところにいます．

NMOSトランジスタの V_{GS} が V_{GS1}, V_{GS2} と増加してM1の電流駆動能力が加速度的に増加するにしたがって，PMOSトランジスタのM2のほうは $|V_{GS}|$ が減少

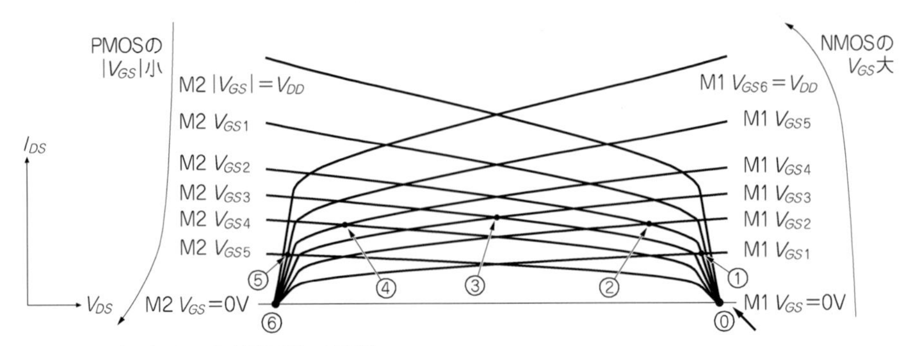

図1.18　インバータの出力電圧V_{out}の変遷
V_{DS}対I_{DS}のカーブを，いくつかのV_{GS}に対して，NMOSトランジスタとPMOSトランジスタの両方について描くとこのようになる．V_{out}はNMOSトランジスタのカーブとPMOSトランジスタのカーブの交点になる．

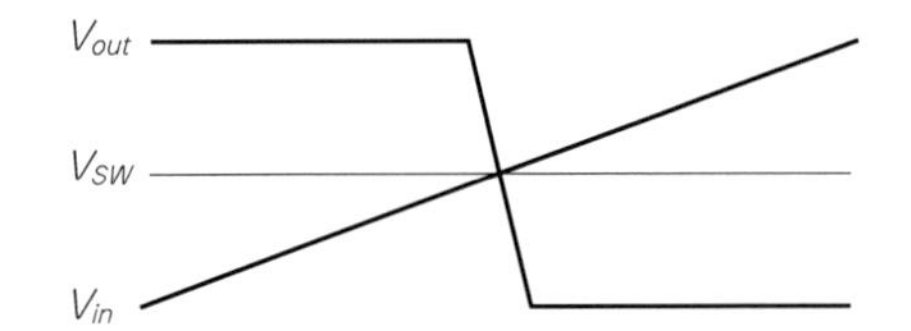

図1.19　V_{in}とV_{out}の関係
SPICEのDC解析の場合,V_{in}とV_{out}の交点は，$V_{in}=V_{out}=V_{SW}$となる．

して電流駆動能力が，逆に加速度的に低下していきます．その結果，**図1.18**のように，M1とM2の交点であるV_{out}は①～⑥のように低下していきます．動作の説明は以上で終了です．

今，インバータの入力にGNDからV_{DD}へゆっくり「直線的」に変化する電圧を与えたとします．**図1.19**のように，ある電圧V_{in}で，V_{out}はHからLへとすばやく変化しますが，その変化ポイントでのV_{in}を**スイッチング電圧V_{SW}**と呼びます．V_{SW}はPMOSトランジスタとNMOSトランジスタの幅Wの比に依存します（ただしチャネル長Lが等しい場合）．

$V_{SW}=V_{DD}/2$のインバータである**図1.20**(**a**)と，V_{SW}が$V_{DD}/2$から上へはずれたインバータである**図1.20**(**b**)の両方に対し，デューティ（Duty）50%のクロック信号を入れた場合，V_{out}の波形がどうなるかを示し，V_{SW}の重要性を示します．

V_{out}に接続した容量（Cap）が小の場合(上)と大の場合(下)の両方について波形が示してあります．デューティ50%とは，Hの期間とLの期間が等しいことをいいます．

Cap小のときを比べると，**図1.20**(**a**)では，V_{in}と同じようにほぼデューティ

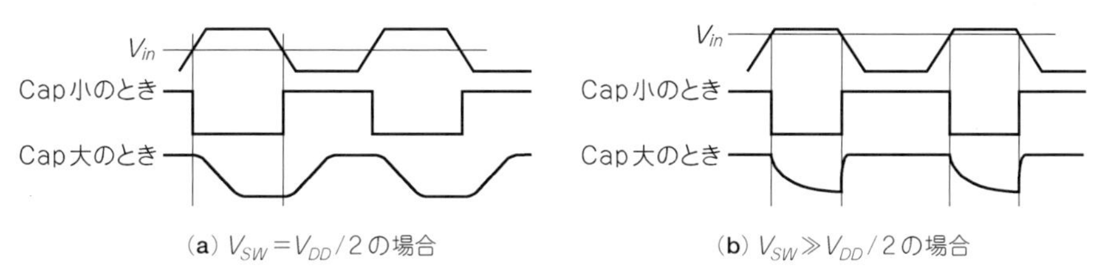

図1.20　V_{SW}電圧レベルとV_{out}波形
V_{in}にクロック・パルスを入れる場合，$V_{in}=V_{DD}/2$のときは，V_{out}は上下対称な波形になるが，V_{SW}が$V_{DD}/2$からずれている場合は，V_{out}波形は上下対称にならない問題のある波形となる．

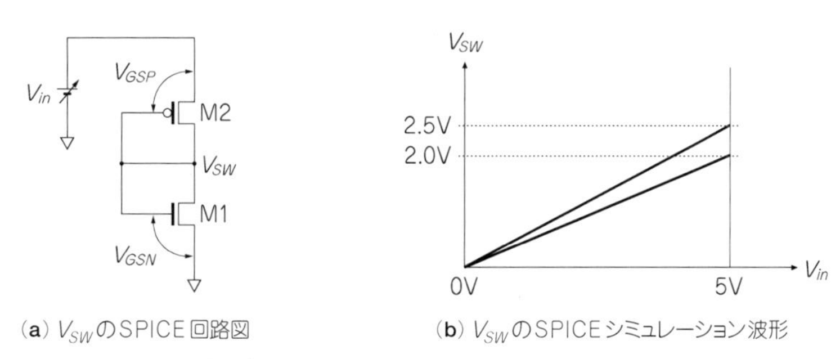

図1.21　V_{SW}のSPICEでの求め方
V_{SW}のSPICEでの求め方は，V_{in}とV_{out}を接続して，ドレイン電圧を0VからV_{DD}まで変化させ，$V_{in}=V_{out}$をプロットする．

50%の出力信号が得られますが，**図1.20**(**b**)では，デューティが50%からずれた出力信号となっています．加えてCap大の場合は，**図1.20**(**b**)の波形はかなりひずんでしまい，ディジタル信号としては問題です．

インバータのスイッチング電圧V_{SW}を設計するには，**図1.21**(**a**)のようにインバータの入力と出力を接続します．すると電圧は，あるところで静止します．それがV_{SW}に相当します．

図1.21(**b**)のようにDC解析で，V_{in}を0Vから5Vまで変化させ，V_{SW}がどう変化するかを見ます．$V_{in}=5$V時に$V_{SW}=2$V～2.5V，すなわち約$V_{DD}/2$になるように，PMOSトランジスタの幅WとNMOSトランジスタの幅Wの比を調整します．比を調整して$V_{SW}=V_{DD}/2$になったとすると，**図1.21**(**a**)から

$$|V_{GSP}| = V_{GSN} = V_{SW} = V_{DD}/2 \tag{1.8}$$

となり，式(1.5)から，

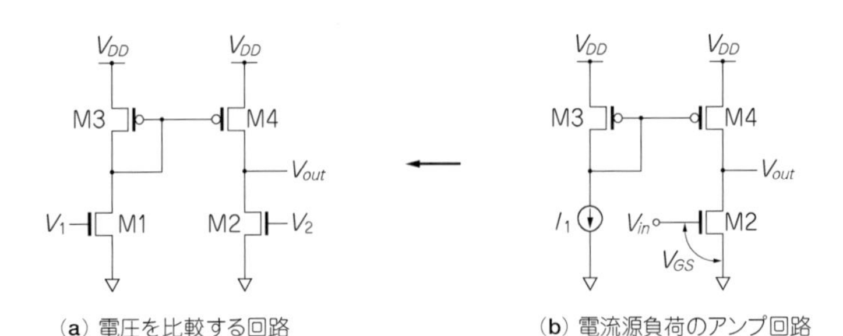

図1.22　電圧を比較する回路
電流源を負荷とするアンプ回路を応用すると，電圧を比較する回路ができる．

$$\sqrt{\frac{I_1}{\frac{1}{2}\cdot\mu_n\cdot C_{ox}\cdot\frac{W_n}{L_n}}}+V_{THN}=\sqrt{\frac{I_1}{\frac{1}{2}\cdot\mu_p\cdot C_{ox}\cdot\frac{W_p}{L_p}}}+|V_{THP}| \tag{1.9}$$

ここで，

$$V_{THN}\cong|V_{THP}|,\ L_n=L_p$$

と仮定し，式(1.9)に代入します．

電子の移動度μ_nはホールの移動度μ_pの約3倍ですから，

$$\frac{\mu_n}{\mu_p}\cong 3=\frac{W_p}{W_n} \tag{1.10}$$

つまりインバータで，V_{SW}＝約$V_{DD}/2$に設計するには，W_pをW_nの2倍から3倍の範囲に設定します．つまりPMOSトランジスタのサイズはNMOSトランジスタの約2倍から3倍になります．V_{SW}が$V_{DD}/2$からはずれても回路的に問題ない場合は，PMOSトランジスタのレイアウト面積をNMOSトランジスタと同程度に小さくすることを優先して，$W_p=W_n$とします．

1.2.7　差動アンプ回路

図1.22(**b**)の電流源を負荷とするアンプ回路にて，理想電流源I_1のかわりにNMOSトランジスタM1をもってきて，**図1.22**(**a**)の回路を作ります．

M1のゲート電圧をV_1，M2のゲート電圧をV_2とします．

この回路は，実は電圧V_1とV_2を比較する差動アンプ回路になっています．

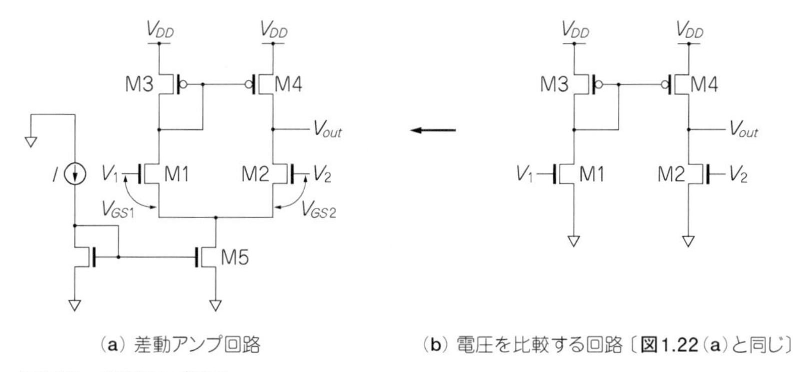

(a) 差動アンプ回路　　(b) 電圧を比較する回路〔**図1.22**(**a**)と同じ〕

図1.23　差動アンプ回路
差動アンプ回路は，電流源負荷のアンプ回路の応用である．

図1.22(**a**)のM1を，$V_{GS}=V_1$から式（1.2）で計算される電流を流す電流源I_1と考えます．この電流源I_1はM3とM4でミラーされています．いま$V_2=0$Vとすると，M2の電流駆動能力が，M4の電流駆動能力$=I_1$よりも小さいため，$V_{out}=V_{DD}$となります．次にV_2の電圧を大きくして，$V_2>V_1$となるとM2の電流駆動能力が，I_1よりも強くなり，$V_{out}=0$Vとなります．このように，V_1とV_2の電圧を比較してV_{out}に結果を出す回路になっています．

しかしながら，この回路には一点大きな問題があります．それは，**電流が大きすぎる**ことです．たとえば，$V_{DD}=5$VでV_1を3V程度にすると，M1とM3のW/Lにもよりますが数百μAの電流が流れます．

では，電流が適度な範囲に収まるような差動回路はどう作ればよいのでしょうか．その正解が，**図1.23**(**a**)の回路です．**図1.23**(**b**)ではGNDに接続されていたM1とM2のソースをつないで，電流源として働くM5のドレインにつなぎます．

この差動アンプ回路ではM1とM3は縦に同じ電流が流れ，さらにM3とM4はミラーですから，結果的にM1とM4の電流駆動能力は等しくなります．つまりM2とM1の電流駆動能力の強弱関係は，M2とM4の強弱関係に変換され，「電流源M4負荷のアンプ回路」と等しくなります．

$V_{DD}=5$V，$I=2\mu$A，$V_1=V_2=2$Vで，SPICEの「DC解析」をしたときは**図1.24**(**a**)のようになり，$V_{out}=3.94$Vになります（注意；トランジェント解析ではこうならない）．V_2を少し上げて2.01Vにしたのが**図1.24**(**b**)で，V_{out}は0.94Vまでストンと低下します．これはなぜかというと，M2のほうがM1よりもV_{GS}が

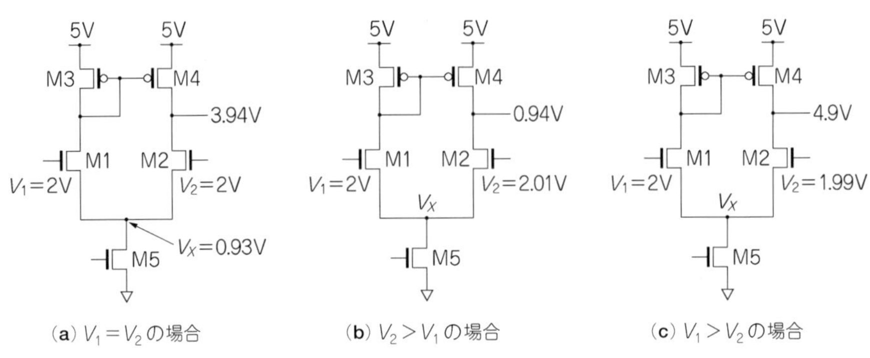

図1.24　差動アンプ回路のDC釣り合いポイント
差動アンプ回路をSPICEでDC解析した場合の結果を示す.

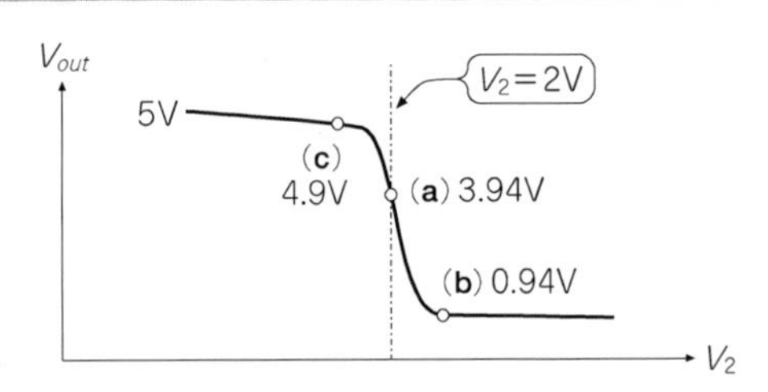

図1.25　V_2とV_{out}の関係
DC解析で, V_2とV_{out}の関係をプロットしたもの.

大きいので, 電流駆動能力も大きくなります. そして, M1の電流駆動能力はM4と同じですから, 結局M2の駆動能力がM4の駆動能力よりも大きいのでV_{out}はM5のドレイン電圧近くまで低下します.

V_2を逆に少し下げて1.99Vにしたのが**図1.24**(**c**)で, V_{out}=4.9Vまで上昇します. M2のほうがM1よりもV_{GS}が小さいので, 電流駆動能力も小さくなります. そして, M1の電流駆動能力はM4と同じですから, 結局M2の駆動能力がM4の駆動能力よりも小さいのでV_{out}は上昇します.

以上説明したV_2とV_{out}の関係をグラフにしたものが**図1.25**です.

1.3　OPアンプ回路の設計

1.3.1　OPアンプの2段目(電流源負荷のアンプ)の設計

1.2.7節で説明した差動アンプ回路のV_{out}のLレベルは, 0.94V止まりで0Vまでは低下しません. これはさまざまな用途に利用する上では不便です. また,

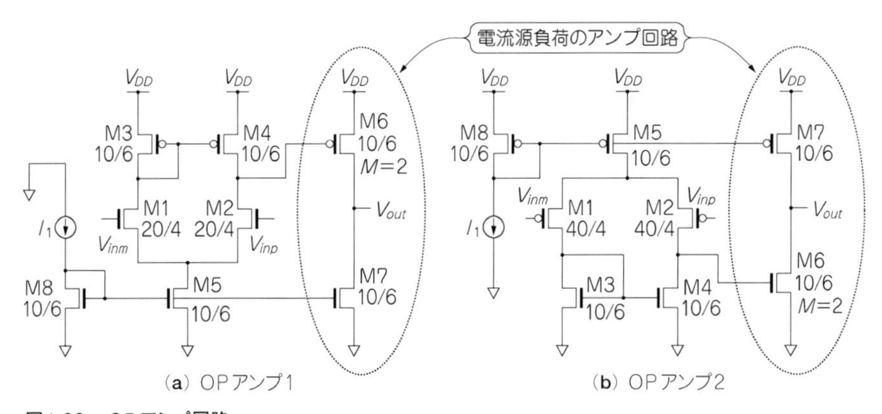

図1.26　OPアンプ回路
OPアンプ回路は，差動アンプ回路の後ろに，電流源負荷のアンプ回路を足したもの（*M*はトランジスタの個数）．

V_{out}から電流を引き出したり，流入させたりすると，差動アンプ回路は左右の電流バランスが崩れてしまうという弱点があります．そこで差動アンプの後に，**図1.26**の点線で囲んだ回路のようにM6，M7にて構成される**電流源負荷のアンプ回路**を追加します．NMOSトランジスタ受けのタイプ〔**図1.26(a)**〕とPMOSトランジスタ受けのタイプ〔**図1.26(b)**〕の両方を示します．

これからは，2段目のアンプ回路の出力を新たにV_{out}と呼びます．V_{out}は差動アンプとは異なり，Lレベルは0Vまで下げることができます．**図1.26(a)**では，下側のM7が電流源で，上側のPMOS（M6）のV_{GS}が入力です．M7とM5，M8はミラーになっています．

さてM6のトランジスタ・サイズW/L決めには注意が必要です．1段目の差動回路で，$V_1 = V_2$となった瞬間に〔**図1.24(a)**の場合〕2段目のアンプでは，M6の電流駆動能力が，M7の電流駆動能力（$= I_1$）と等しくなることが必要です．

まずは以下の2式は回路の状態に関係なく常に成立しています．

$$V_{GS3} = V_{GS4}$$

$$V_{GS6} = V_{DS4}$$

加えて，差動回路の左右が釣り合ったときは$V_{GS4} = V_{DS4}$ですから，結果として，$V_{GS3} = V_{GS4} = V_{GS6}$となります．M6はM3，M4とミラーのような関係にあるわけです．

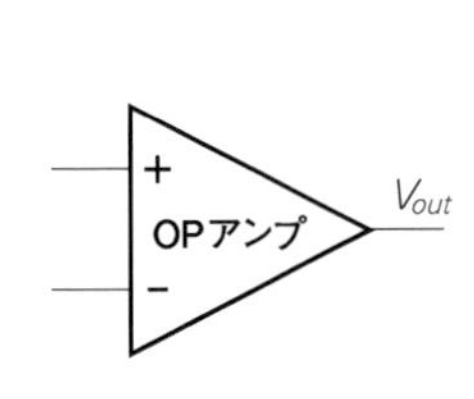

図1.27　OPアンプのシンボル
+入力と−入力，V_{out}の三つのピンをもつ．

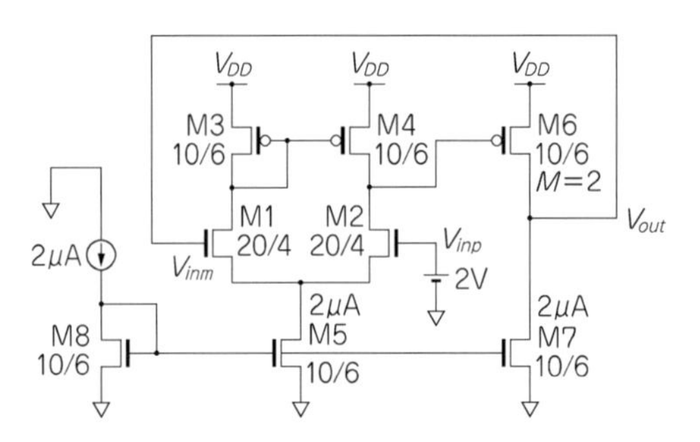

図1.28　ボルテージ・フォロワ回路
OPアンプのV_{out}を−入力(V_{inm})に接続したもの．

いま仮に$I_1 = 2\mu$Aとすると，M3，M4がどちらも1μAのときに，M6はM3，M4と同じV_{GS}値で2倍の電流の2μAを流す必要があります．なぜならM7が2μA流すからです．すなわちM6のトランジスタ・サイズW/Lは，M3，M4の2倍にする必要があります．

M3，M4はW/L=10/6なので，M6はW/L=20/6で良いように思えますが，実際はW/L=10/6を2個並列に接続します（M=2のこと）．その理由はM3，M4と同じ寸法，同じ形のW/L=10/6を2個もつほうが，M3，M4，M6間の電流の比，1対1対2を正確に実現できるからです．

さてこれで，OPアンプの回路全体が決まりました．これまでV_1，V_2と呼んでいた差動回路の入力ピンの名前を，V_{inm}，V_{inp}と変更することにします．

$V_{inm} > V_{inp}$のとき，V_{out}がH「プラス方向」へと変化することから，**プラス**(plus)の意味でpを足して，V_{inp}と名付けます．逆に$V_{inm} < V_{inp}$のとき，V_{out}はL「マイナス方向」へ変化するので，**マイナス**(minus)の意味でmを足してV_{inm}と名付けます．

OPアンプ回路全体は，**図1.27**のような三角のシンボルで簡略化して表します．V_{inp}とV_{inm}のピン名は簡略化して+と−の記号で表し，+入力，−入力と呼びます．

1.3.2　負帰還，ボルテージ・フォロワ

さて基準となるOPアンプが完成したので，いよいよアナログ回路が本領を発揮する負帰還について，いちばん簡単な回路のボルテージ・フォロワ（Voltage Follower）を例に説明します（**図1.28**）．

まずV_{inp}を2Vに固定します．そして，V_{inm}とV_{out}を接続します．

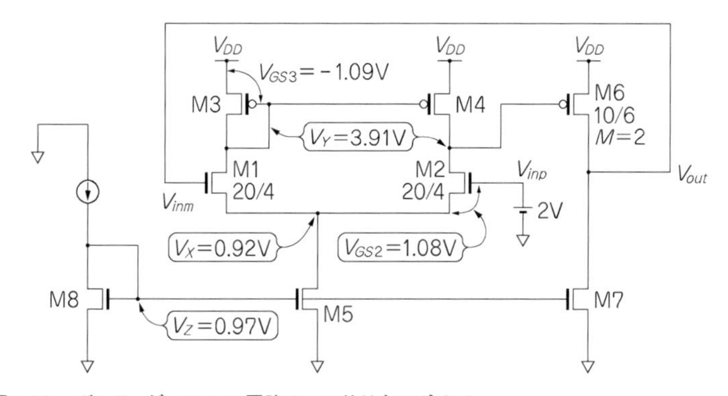

図1.29　ボルテージ・フォロワ回路のDC釣り合いポイント
ボルテージ・フォロワ回路をSPICEでV_{DD} = 0V～5Vと変化させてDC解析した結果．

もともと，V_{inm}はV_{out}とは逆の動きをするので，「マイナス」と名付けられているのです．V_{inm}とV_{out}というお互いに逆の方向に動く二つのノードをつなげると，どうなるでしょうか．

結果は，V_{out}（= V_{inm}）ピンはV_{inp}と同じ2Vになり静止します．言い換えると，「V_{inp}とV_{inm}の電圧が等しくなるように，OPアンプがV_{out}を調整した」ということになります．

さらにこの状態で，V_{inp}の電圧を2Vから変化させてみると，実はV_{out}も，V_{inp}と同じ電圧になるように追随します．この動作から，**Voltage（電圧に）Follower（従うもの）**という名前が付いています．

たいへんざっくりしたいい方ですが，この簡単な例のように，アンプ回路にて，ある入力信号と出力信号が互いに逆方向へ動く場合に，その入力と出力をつなぐことを，**負帰還（Negative Feedback）をかける**といいます．

新しいOPアンプを設計する場合には，このように負帰還をかけた状態でSPICEを実行していくつかの簡単なチェックをします．そのチェックのうちの一つが，**OPアンプの入力電圧範囲**です．**図1.29**でのSPICEによるDC解析の結果は，V_X = 0.92V，V_Y = 3.91V，V_Z = 0.97Vでした．M1，M2はV_{inp} = V_{inm} = 2Vですから，V_{GS1} = V_{GS2} = 2V−0.92V = 1.08Vであることが分かります．

以上の結果と，NMOSトランジスタ，PMOSトランジスタのしきい値電圧V_{THN} = 0.8V，$|V_{THP}|$ = 0.9Vから，入力電圧の下限と上限を求めます．ただし，次の計算では基板バイアス効果を無視しています．

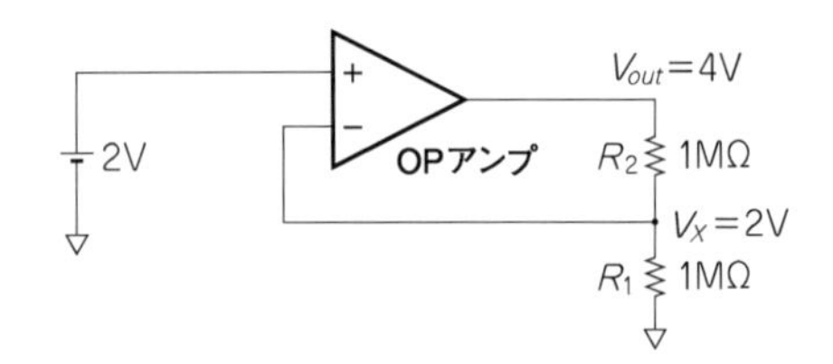

図1.30　非反転アンプ
V_{out}とGND間の電圧を抵抗で分割して，−入力に戻した回路．

入力電圧の下限，つまりM5が飽和領域の下限にあるときのV_Xを求めます．$V_Z - V_{THN} = 0.97\text{V} - 0.8\text{V} = 0.17\text{V}$，これに$V_{GS1} = V_{GS2} = 1.08\text{V}$を加えると，$0.17 + 1.08 = 1.25\text{V}$，これが$V_{inp}$，$V_{inm}$の入力電圧の下限です．下限は0Vでないことに注意してください．

入力電圧の上限は，M1，M2が飽和領域の下限にあるときのV_{inp}，V_{inm}から求められます．$V_Y + |V_{THN}| = 3.91\text{V} + 0.8\text{V} = 4.71\text{V}$これが入力電圧の上限です．上限が5Vでないことに注意してください．

1.4　OPアンプの応用回路

さてここでOPアンプの応用回路例を二つ紹介します．いずれも負帰還を応用しています．

1.4.1　非反転アンプ

図1.30のように，+入力を定電圧2Vにつなぎ，V_{out}には抵抗R_1とR_2をつなぎ，二つの抵抗の真ん中の電圧V_Xを−入力につなぎます．R_1，R_2はいずれも1MΩとします．

$R_1 = R_2$ですから，$V_X = V_{out}/2$です．

すると−入力＝+入力となるようにアンプが出力V_{out}を調整し，V_{out}は4Vになります．このアンプが**非反転アンプ**という理由は，+入力の電圧を低下させて，たとえば1.5Vにした場合には，出力も3Vに低下するというように，入力の電圧を動かすと，「同じ方向」に出力電圧も動くからです．

1.4.2　反転アンプ

反転アンプという名前から，「入力の電圧を動かすと，それとは逆の方向に出

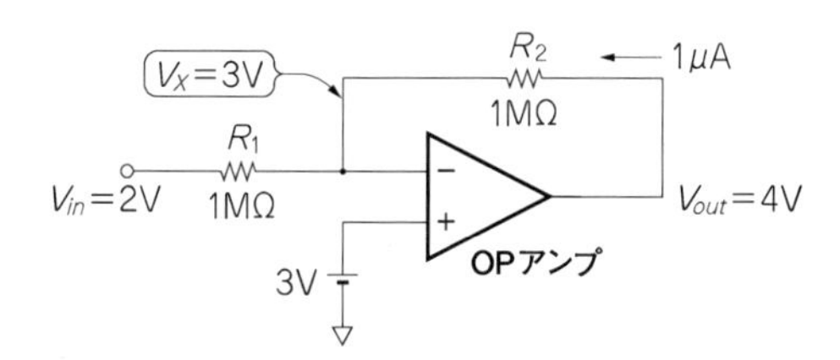

図1.31　反転アンプ
V_{in}とV_{out}の関係は，－入力を支点とした，「てこ」のようになる．

力電圧が動く」回路であることが推測できます（**図1.31**）．

＋入力を3Vに固定し,これを基準電圧と名付けます．$R_1=R_2=1\,\mathrm{M}\Omega$とします．

電流はMOSトランジスタのゲートへはほとんど流入しません．ですから，抵抗R_1と抵抗R_2に流れる電流は等しくなります．

この回路の入力V_{in}はR_1の左端です．出力は前と同じくOPアンプの出力V_{out}です．

動作の例を示します．

① $V_{in}=3$Vの場合，$V_X=3$V，$V_{out}=3$V，R_1，R_2の電流＝ゼロ

② $V_{in}=2$Vの場合，$V_X=3$V，$V_{out}=4$V，R_1，R_2の電流＝：V_{out}➡V_{in} 1μA

③ $V_{in}=4$Vの場合，$V_X=3$V，$V_{out}=2$V，R_1，R_2の電流＝：V_{in}➡V_{out} 1μA

OPアンプの－入力V_Xが常に3Vになるので，V_{in}とV_{out}はまるでV_Xを支点とした「てこ」のような動きになります．つまり②のように入力ピンが3V以下ではV_{out}は3V以上になり，逆に③のように入力ピンが3V以上ではV_{out}は3V以下になります．

1.4.3　オフセット電圧(DC Offset)

これまで，OPアンプに負帰還をかけた場合には，＋入力と－入力の電圧は完全に等しくなると説明してきました．実際SPICEではそのような結果になります．

しかし現実の回路では，1mV～20mV程度の電圧差が生じる場合があり，その原因としては，以下に挙げるようなものがあります．

ウエハ・プロセスに起因するものとしては，

① トランジスタ間のサイズW/Lの微妙な差異

② トランジスタ間のV_{THN}の微妙な差異

マスク設計に起因するものとしては，差動アンプの2個の入力トランジスタの配置が，

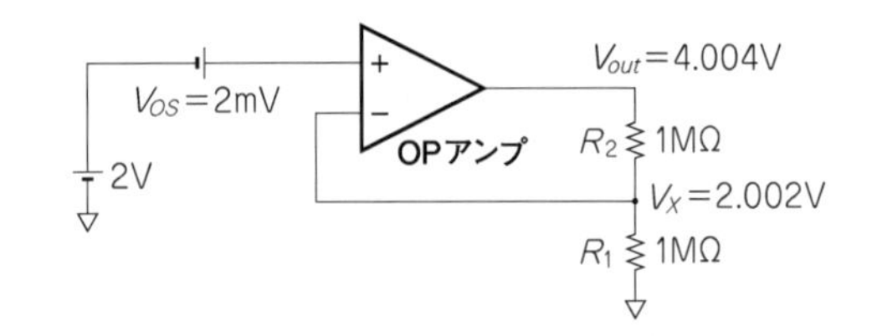

図1.32　オフセット電圧
SPICEでオフセット電圧を故意に入れる場合は，DC電源を用いる．

① 互いに90°回転した関係になっている
② 2個のトランジスタ間の距離が長いため，ウエハ上で温度差が生じる
などです．

SPICE実行時にオフセット電圧を考慮したい場合は，**図1.32**のように，電圧源V_{OS}を+入力か−入力のどちらか片方に入れます．この非反転アンプの例では，2mVのオフセット電圧が原因でV_{out}には4mVの誤差が出ています．

1.4.4　OPアンプのイネーブル(Enable)/ディスエーブル(Disable)

ICがリセット状態にあるとき，IC内部のOPアンプは，
① 消費電流を最小にしたリセット状態にあるべき
② 出力V_{out}をH/Lどちらかに固定する必要がある

このようにするためのインバータやトランジスタ(最小W/Lサイズの場合が多い)の例を**図1.33**の点線の丸印のように配置します．

以上でOPアンプの説明は終了です．このあと，OPアンプを応用した定電圧源と定電流源の話に入ります．

1.5　OPアンプを応用した定電圧源と定電流源

1.5.1　バンドギャップ定電圧回路

バンドギャップ定電圧回路は，−40℃から+120℃程度の広い温度範囲で，1.2V近辺の一定電圧をかなりの精度で維持する回路で広く用いられています．バンドギャップ電圧の絶対値は，ウエハ・プロセスなどにより微妙に異なりますが，おおよそ1.2V～1.3Vの間です．なぜ決まってこのような電圧値になるのかは，AppendixのA.6節を参照ください．

温度に依存しないといっても，現実はわずかですが上に凸の温度特性をしています．

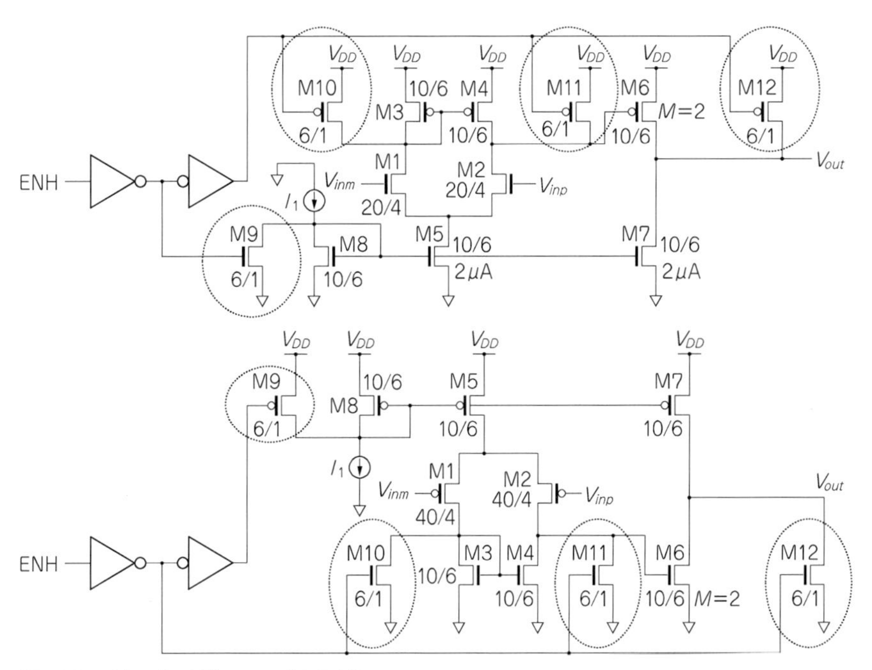

図1.33　イネーブル/ディスエーブルの方法

回路を有効にしたり(イネーブル)，無効にしたり(ディスエーブル)するには，回路の随所にNMOSトランジスタやPMOSトランジスタを入れる．

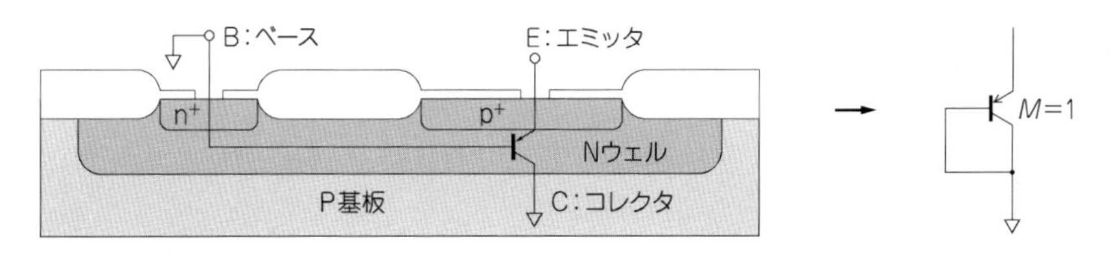

図1.34　縦型PNPトランジスタ

バンドギャップ回路で多用されるたて型PNPトランジスタは，p⁺拡散，Nウェル，P基板で構成されている．ベースとコレクタはどちらもGND電圧レベル．

バンドギャップ回路で使用するPNPトランジスタは，**図1.34**のように，PMOSトランジスタ構造を利用しています．PMOSトランジスタのソース-ドレインとなるp^+インプラ層がPNPトランジスタのエミッタ(E)になり，PMOSトランジスタの基板として使うNウェルがベース，P基板がコレクタです．ベース端子は，P基板とともにGNDへ接続するので，結局ベースとコレクタを短絡したダイオー

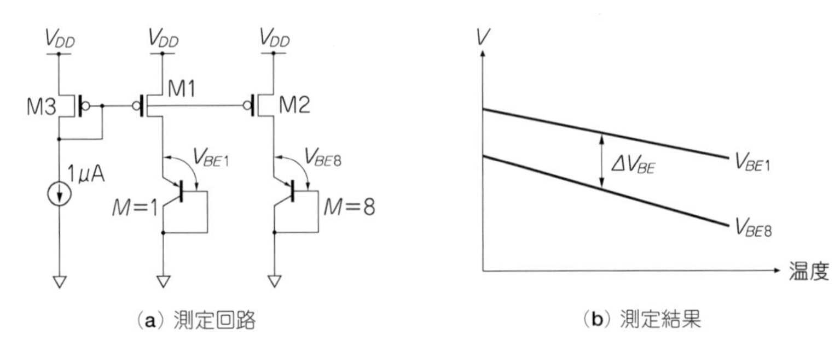

(a) 測定回路　(b) 測定結果

図1.35　ΔV_{BE}の特性

$\Delta V_{BE}=V_{BE1}-V_{BE8}$は，温度が上昇すると増加する（$M$はトランジスタの個数）．

ド（**図1.34**の右）と同じになります．ダイオードは第4章で説明します．

図1.35(**a**)は，ダイオードを8個並列につないだもの（$M=8$）と，1個だけのもの（$M=1$）の両方に，ミラー回路で1μAずつ流す回路です．

−40℃から+120℃の温度範囲で，V_{BE1}とV_{BE8}をプロットすると，**図1.35**(**b**)のようになります．この結果から分かることは，

① V_{BE1}とV_{BE8}のどちらも温度上昇につれて直線状に減少する

② V_{BE1}とV_{BE8}の差ΔV_{BE}は，温度上昇につれて増加する

ダイオードの電流の式$I_D=I_S\cdot[\exp(V_{BE}/V_t)-1]$は，電流が数pA以上流れているときは，$\exp(V_{BE}/V_t)\gg 1$なので，1を省略して$I_D\cong I_S\cdot\exp(V_{BE}/V_t)$のように式を簡単にして使用します．$I_S$を左辺に移動し，両辺の対数をとると，$V_{BE}=V_t\cdot\ln[I_D/I_S]$です．これを$V_{BE1}$，$V_{BE8}$に適用します．

$$V_{BE1}=V_t\cdot\ln[I_D/I_S] \tag{1.11}$$

$$V_{BE8}=V_t\cdot\ln[I_D/(8\cdot I_S)] \tag{1.12}$$

ここで，

$$V_t=\frac{k}{q}\cdot T \tag{1.13}$$

式(1.11)と式(1.12)のV_{BE1}とV_{BE8}の引き算をすると，I_DとI_Sは消去されて，ΔV_{BE}は絶対温度Tに比例した式(1.14)になります．

$$\Delta V_{BE}=V_{BE1}-V_{BE8}=V_t\cdot\ln 8=\frac{k}{q}\cdot\ln 8\cdot T \tag{1.14}$$

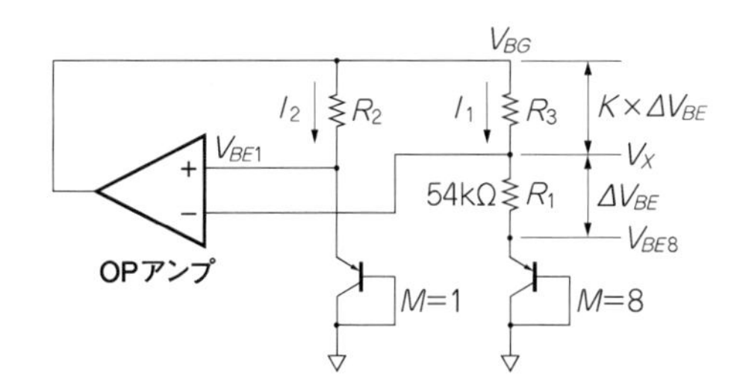

図1.36　バンドギャップ定電圧回路の仕組み
OPアンプの+入力と−入力の電位は同じになるので，ΔV_{BE}の電圧がR_1にかかることになる．すると，R_1とR_3の抵抗比をkとすると，$V_{BG}=V_{BE1}+K\times\Delta V_{BE}$となる．温度上昇で$V_{BE1}$は減少し，$\Delta V_{BE}$は増加するので，$K$を調整すれば，$V_{BG}$を温度に依存しない電圧にできる．

周囲温度27℃（300 K）では，$V_t=26\,\mathrm{mV}$なので$\Delta V_{BE}=26\,\mathrm{mV}\times 2.079(=\ln 8)=54.05\,\mathrm{mV}$となります．

温度に依存しないバンドギャップ電圧V_{BG}を作る方法は，温度上昇につれ減少するV_{BE1}と，増加するΔV_{BE}を，次の式（1.15）のように足し算し，式中のパラメータKを調整することで，温度変化を互いにキャンセルするようなベスト・ポイントを見つけるという方法です．

$$V_{BG}=V_{BE1}+K\cdot\Delta V_{BE} \tag{1.15}$$

これを回路では，どのように構成するのか説明します．**図1.36**でV_{BE1}とV_Xとを，OPアンプを使って常に等しくできると仮定すると，R_1に流れる電流は$I_1=\Delta V_{BE}/R_1$となります．$R_2=R_3$なので，$I_1=I_2$となります．するとR_3の両端電圧は，

$$I_1\times R_3=\Delta V_{BE}\times(R_3/R_1)$$

となります．つまり，式（1.16）の$K=(R_3/R_1)$となり，R_3を調整すればKを調整することができます．なお27℃では，$\Delta V_{BE}=54\,\mathrm{mV}$とすでに手計算で出ており，$I_1=1\,\mu\mathrm{A}$が設計目標ですから，$R_1=54\,\mathrm{mV}/1\,\mu\mathrm{A}=54\,\mathrm{k\Omega}$となります．

R_3は実際はSPICEで精密な値を求めますが，先にざっくりと手計算で出しておきます．

$$\Delta V_{BG}=V_{BE1}+K\cdot\Delta V_{BE}=V_{BE1}+(R_3/R_1)\cdot\Delta V_{BE} \tag{1.16}$$

$$V_{BG}=1.2\,\mathrm{V}$$

$$V_{BE1}=600\,\mathrm{mV}$$

$\Delta V_{BE}=54\,\mathrm{mV}$，$R_1=54\,\mathrm{k\Omega}$を式（1.16）に代入すると，$1200\,\mathrm{mV}=600\,\mathrm{mV}+$

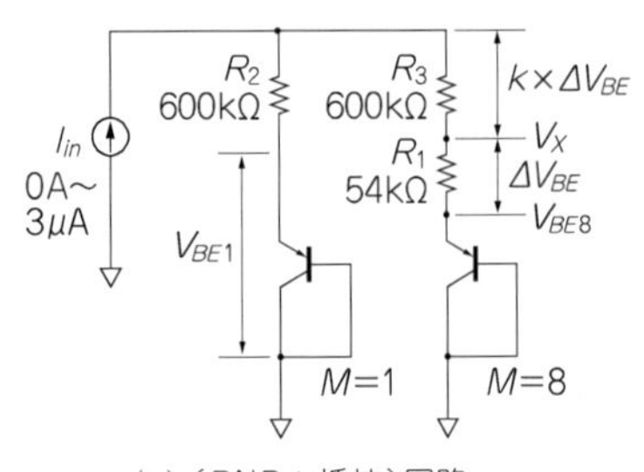

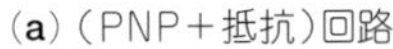
(a)(PNP＋抵抗)回路

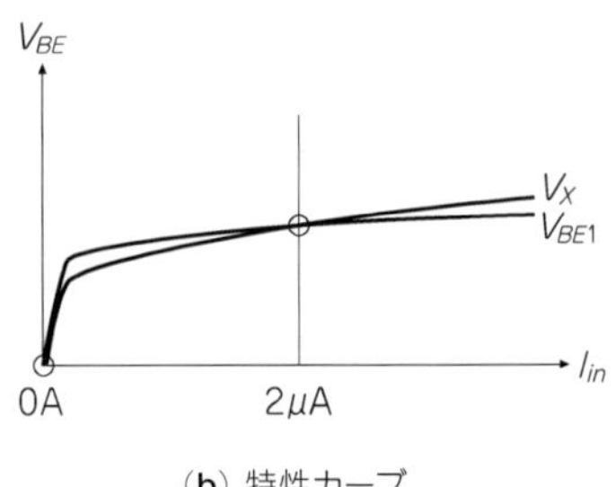

(b) 特性カーブ

図1.37　V_{BE1}とV_Xの関係

縦型PNPトランジスタ($M=1$, 8)と抵抗R_1, R_2, R_3からなる特殊な回路に，電流I_{in}を流し込んだときの，V_{BE1}とV_Xの関係は，電流が大きいときは$V_X > V_{BE1}$，小さいときは$V_X < V_{BE1}$となる．また，V_{BE1}とV_Xの交点は，$I_{in}=0$ Aと2μAの2か所にある．

$(R_3/54\,\text{k}\Omega)\,54\,\text{mV}$より，$R_3=600\,\text{k}\Omega$となります．

図1.37(a)の(PNP＋抵抗)回路にてI_{in}を0Aから3μAの範囲で変化させることをSPICEのDC解析で(defaultの27℃にて)実行すると，V_{BE1}とV_Xは**図1.37**(b)のような波形になります．

二つの波形は，電流がゼロのポイントと，2μAのポイントの2か所で交点をもちますが，設計の目的は後者の2μA，$V_{BE1}=V_X$のポイントで回路を止めることです．したがって，次のようになります．

① $V_X > V_{BE1}$の場合は，$I_{in} > 2\,\mu$Aだから，I_{in}が減る方向に回路は動く

② $V_X < V_{BE1}$の場合は，$I_{in} < 2\,\mu$Aだから，I_{in}が増える方向に回路は動く

ここで，当バンドギャップ定電圧回路全体を示します(**図1.38**)．

抵抗の部分の形が変更されている理由は**図1.39**で説明します．

• 負帰還の確認

上記の①の場合，つまりV_{BE1}がV_Xより小さく，電流I_{in}が2μAより多い場合は，M5の電流駆動能力はM7より大きくなり，M8のゲートはHとなり，M8の流す電流は増加します．

M3は定電流を流しているので，R_4へ行く電流は減少し，I_{in}は減少します．

これで回路の負帰還がうまく機能していることが確認できました．

• 回路の電流について

M1がダイオード接続の形で受ける電流$I_1=1\,\mu$Aは，同じIC上のほかの電流源回路が，温度補償された(＝温度が変化しても電流は変化しない)電流をここ

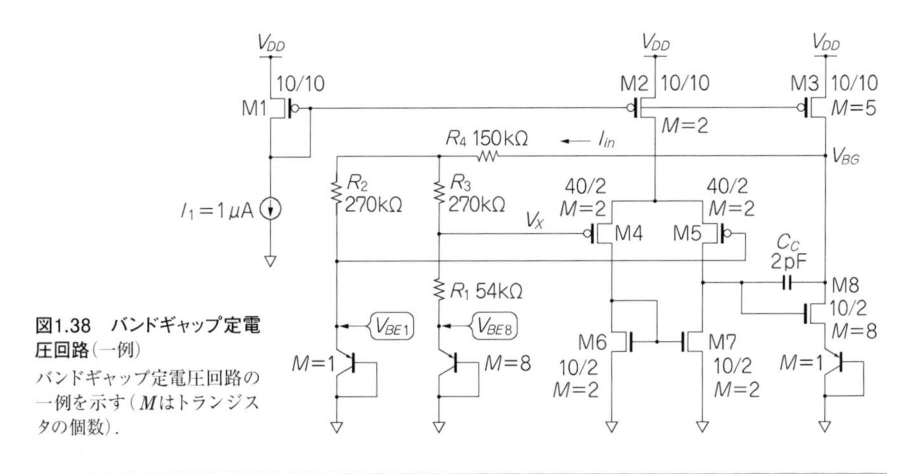

図1.38　バンドギャップ定電圧回路（一例）
バンドギャップ定電圧回路の一例を示す（Mはトランジスタの個数）．

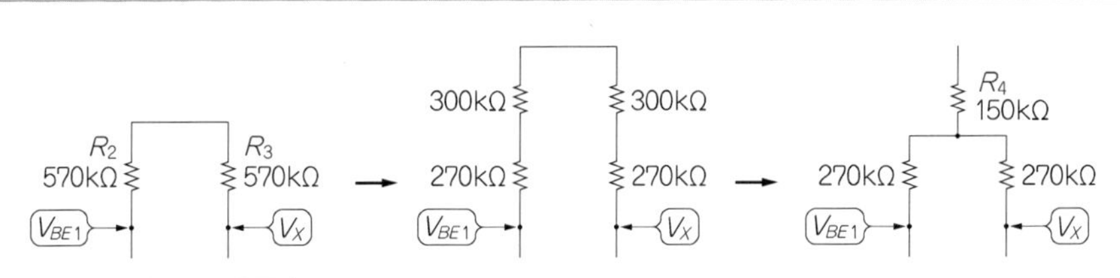

図1.39　抵抗部の変更方法
集積回路では，抵抗は面積の比較的大きな部品なので，なるべく抵抗値は抑えたいのが実情である．(**a**)では合計1140kΩだが，回路を工夫し(**c**)のようにすると690kΩまで小さくできる．

に供給してくれると仮定しています．

M2は$M=2$とし，差動段へは2μA供給します．

M8の下のダイオードの意味は最後に説明するので，とりあえず今は無視し，M8のソースが直接GNDへつながっていると考えてください．

（PNP＋抵抗）部分の電流I_{in}は温度により変化するので，**図1.37**(**a**)の回路をSPICEで調べます．SPICEシミュレーションの結果は1.6μA(−40℃)，2.6μA(120℃)です．

高温時に，最大で2.6μA近くあることが分かりました．

M3は（PNP＋抵抗）部分とOPアンプ2段目のM8との両方へ電流を供給しますが，高温では（PNP＋抵抗）部分が最大2.6μA必要なので，余裕をもたせて，ざっくりその2倍近い5μAの電流供給能力をM3にもたせることにし，M3を$M=5$にしました．

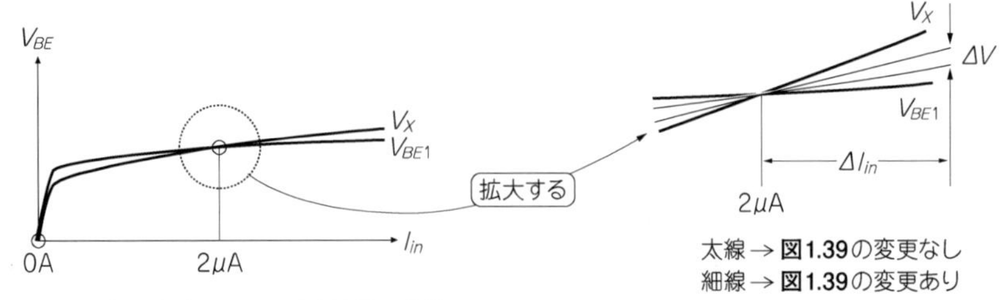

図1.40　抵抗部変更による回路特性の変化
図1.39の変更を行うと，**図1.34**の回路の特性は若干変化する．抵抗部を変更した場合，I_{in}が交点の2μAの左右に変位したときのV_XとV_{BE1}の差は前より小さくなる．

すると，M8の最大電流は，抵抗部の電流の最小値1.6μA（−40℃）から計算して，5μA − 1.6μA = 3.4μAと判明します．

差動段のNMOSトランジスタのM7は左右が釣り合っている状態では1μAですから，3.4μA / 1μA = 3.4から，少し余裕を見てM8のサイズは，M7の4倍に決めます．

M8のゲートとドレイン間には，発振防止のためコンデンサC_C = 2pFを入れます．発振対策については，第3章で詳しく述べます．

• M8の下のダイオードの意味

図1.37でV_{BE1}とV_Xの波形を示し，2か所ある交点のうち片方は電流ゼロのポイントであると示しました．実はこのダイオードは，電流ゼロのポイントで回路が停止してしまうのを回避するためにあります．ダイオードにわずかでも電流が流れる限り，少なくともV_{BE1}に近い電圧が発生します．するとV_{BG}はV_{BE1}よりも低下しないため，（PNP＋抵抗）回路にはかならずいくばくかの電流が流れ，V_{BE1}とV_Xが0Vのポイントまで低下することはありません．

• 抵抗R_2，R_3の導出

抵抗R_2, R_3を変化させつつ，SPICEでのシミュレーションを繰り返して，R_2，R_3の抵抗は570kΩとなり，合計は1140kΩになります．しかし，R_2，R_3部分を**図1.39**のように変更すれば，合計は690kΩになり約60%の抵抗値で済みます．これはマスク設計上，面積的に有利です．

ただし，この変更で**図1.40(b)**のように，電流の変化ΔI_{in}に伴うV_{BE1}とV_Xの差ΔVが小さくなりますから，R_4を大きくし過ぎると精度の低下を招きます．

本書では，抵抗R_1，R_2，R_3の温度係数をゼロにしてSPICEを実行しています

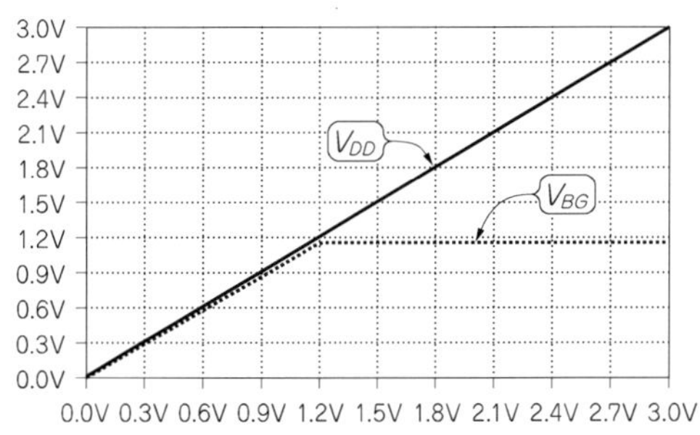

(a) SPICEシミュレーション結果

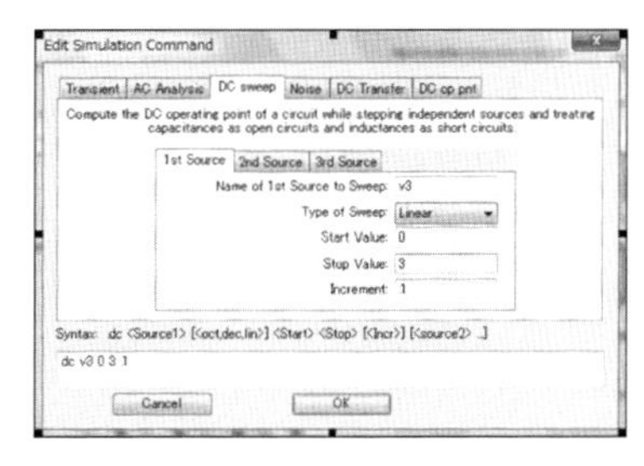

(b) LTspice設定

図1.41　V_{DD}を0Vから3Vまで上昇させた場合のV_{BG}波形
バンドギャップ回路をSPICEでDC解析した結果.

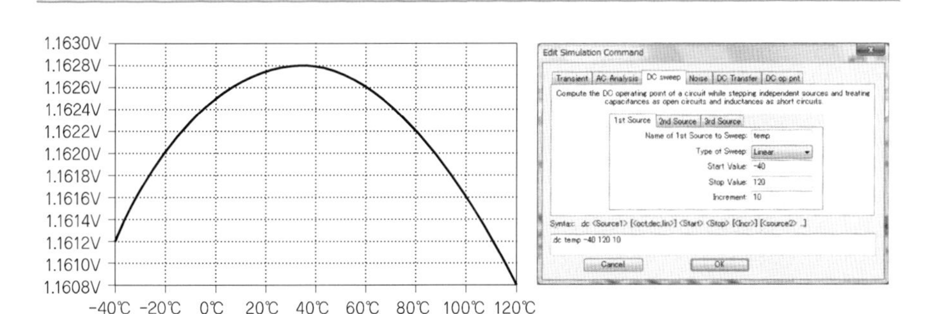

(a) SPICEシミュレーション結果　　(b) LTspice設定

図1.42　温度を-40℃から+120℃まで上昇させた場合のV_{BG}波形
バンドギャップ回路をSPICEでDC解析した結果. パラメータはTEMP.

が, 本来は実際に使用する抵抗の種類(ポリ, Nウェルなど)に合わせた温度係数を使用してシミュレーションを行う必要があります.

- **SPICEでのシミュレーション結果**

最後にSPICEでシミュレーションをした結果を二つ示しておきます.

① V_{DD}を0Vから3Vまで上昇させた場合のV_{BG}波形〔27℃時, **図1.41**(**a**)〕.

② 温度を−40℃から+120℃まで変化させた場合のV_{BG}波形〔**図1.42**(**a**)〕.

1.5.2　ΔV_{BE}定電流回路

バンドギャップ定電圧源と同様にΔV_{BE}を利用した定電流回路(**図1.43**)を紹介します. まずはその原理から説明します.

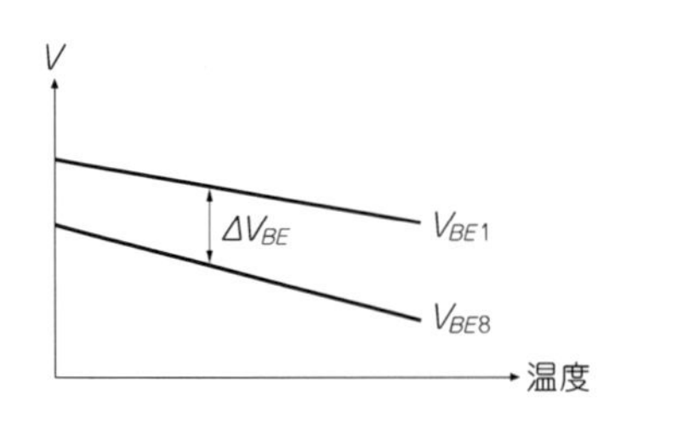

(a) 温度依存性グラフ

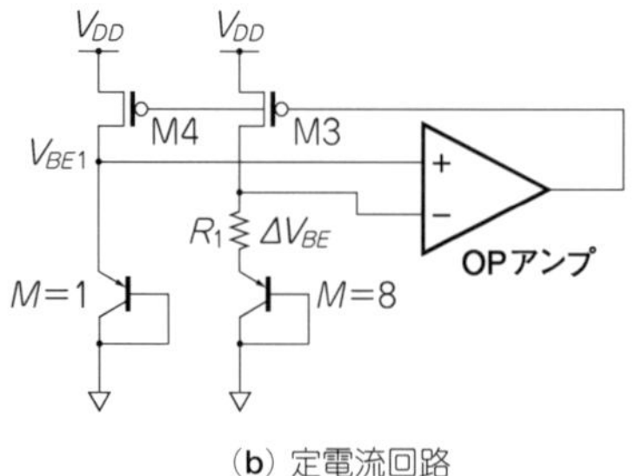

(b) 定電流回路

図1.43　ΔV_{BE}"定電流"回路の仕組み
R_1の温度係数をΔV_{BE}の温度係数と同じにすると，温度に関係なく一定電流の回路を作ることができる．

図1.43(**a**)ではV_{BE1}とV_{BE8}の差ΔV_{BE}は温度上昇につれて増加しています．前のバンドギャップ定電圧源では，このΔV_{BE}に相当する部分に$R_1 = 54\,\mathrm{k}\Omega$を挿入し，27℃で1μAの電流を作成していますが，温度が変化すると，この電流も変化してしまいます．さて今回の定電流回路の考え方は，**図1.43**(**b**)のような回路にして「**R_1(54kΩ)の温度係数をΔV_{BE}の温度係数と等しくすれば，温度で変化しない電流値1μAが作れる**」というものです．温度係数を含んだ抵抗の式を式(1.17)に示します．

$$R_t = R_0 \cdot \{1 + TC_1 \cdot (t - 27) + TC_2 \cdot (t - 27)^2\} \tag{1.17}$$

R_0は27℃のときの抵抗値です．

ここでポイントとなるのは，「**R_1の温度係数をΔV_{BE}の温度係数と等しくできるかどうか**」です．まずは，ΔV_{BE}の温度係数を求めます．式(1.14)を再度示します．

$$\Delta V_{BE} = \frac{k}{q} \cdot \ln 8 \cdot T \tag{1.18}$$

$$(\partial \Delta V_{BE} / \partial T) = \frac{k}{q} \cdot \ln 8 \tag{1.19}$$

式(1.18)を代入して，

$$(\partial \Delta V_{BE} / \partial T) / \Delta V_{BE} = \frac{1}{T} \tag{1.20}$$

したがって27℃におけるΔV_{BE}の温度係数は$1/300\mathrm{K} = 3.3 \times 10^{-3}\mathrm{deg}^{-1} = TC_0$

となります．

ΔV_{BE}と同じ温度係数TC_0をもつ抵抗を作る方法は，まず使用するプロセスで，温度係数が$TC_0 = 3.3 \times 10^{-3}\mathrm{deg}^{-1}$よりも大きな抵抗と，小さな抵抗を選びます．$R_1$の温度係数は，それら2種類の抵抗値の「比」を変化させることで目的の値を得ることができます．当然ながら2種類の抵抗の合計は54kΩでなければなりません．

多くのCMOSプロセスの場合，温度係数が正のいちばん大きな数値をとるのはNウェル抵抗で，本書では$5 \times 10^{-3}\mathrm{deg}^{-1}$という数値を使用します．もし$3.3 \times 10^{-3}\mathrm{deg}^{-1}$よりも大きな温度係数の抵抗が使用できないプロセスの場合には，残念ですが当回路は使用できないことになります．

本書で用いるもう一つの抵抗はN^+ソース-ドレイン抵抗で，温度係数は$2 \times 10^{-3}\mathrm{deg}^{-1}$です．

$$TC_{NW} = 5 \times 10^{-3}\mathrm{deg}^{-1}$$
$$TC_{ND} = 2 \times 10^{-3}\mathrm{deg}^{-1}$$

Nウェル抵抗の値をR_{NW}とし，N^+ソース-ドレイン抵抗をR_{ND}とすると，

$$R_{ND} = 54\,\mathrm{k\Omega} - R_{NW} \qquad (1.21)$$

R_{NW}とR_{ND}を直列につないだ抵抗R_1の，温度が1度上昇した場合の抵抗値の上昇値は，$R_{NW} \cdot TC_{NW} + R_{ND} \cdot TC_{ND}$で求まります．一方$\Delta V_{BE}$と同じ温度係数$TC_0$をもつ54kΩの抵抗の，1度あたりの上昇値は，$54\,\mathrm{k\Omega} \times TC_0$です．これらを等しいと置くと，

$$R_{NW} \cdot TC_{NW} + R_{ND} \cdot TC_{ND} = 54\,\mathrm{k\Omega} \times TC_0 \qquad (1.22)$$

式(1.21)を代入して，

$$R_{NW} \cdot TC_{NW} + (54\,\mathrm{k\Omega} - R_{NW}) \cdot TC_{ND} = 54\,\mathrm{k\Omega} \times TC_0 \qquad (1.23)$$

変形して，

$$R_{NW} \cdot (TC_{NW} - TC_{ND}) = 54\,\mathrm{k\Omega} \times (TC_0 - TC_{ND}) \qquad (1.24)$$

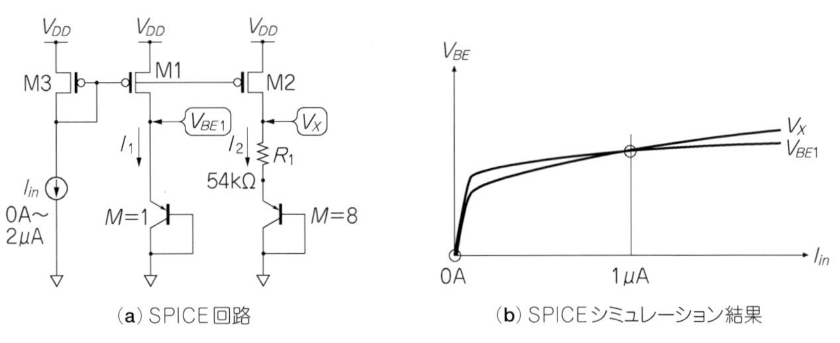

(a) SPICE回路　(b) SPICEシミュレーション結果

図1.44　V_{BE1}とV_Xの関係

縦型PNPトランジスタ(M=1，8)，抵抗R_1(=54kΩ)およびPMOSトランジスタ(M1，M2，M3)からなるミラー回路に，電流I_{in}を流したときの，V_{BE1}とV_Xの関係は，電流が大きいときは，$V_X > V_{BE1}$，小さいときは，$V_X < V_{BE1}$となる．また，V_{BE1}とV_Xの交点は，I_{in}=0Aと1μAの2か所にある．

数値を代入して，

$$\left.\begin{aligned} &R_{NW}\times(3\times10^{-3}) = 54\mathrm{k\Omega}\times(1.3\times10^{-3}) \\ &R_{NW} = 23.4\mathrm{k\Omega} \\ &R_{ND} = 54\mathrm{k\Omega} - 23.4\mathrm{k\Omega} = 30.6\mathrm{k\Omega} \end{aligned}\right\} \qquad (1.25)$$

と抵抗値が求まります．

図1.44(**a**)の回路でSPICEにて0Aから2μA程度までDC解析(デフォルトの27℃にて)を実行すると，V_{BE1}とV_Xは**図1.44**(**b**)のような波形になり，二つの波形は，電流ゼロのポイントと，1μAのポイントの2か所で交点をもちます．このうち1μAのポイントで釣り合う回路を作るのが目的です．ここでは，電流の値によりV_{BE1}とV_Xの大小関係がどうなっているかあらかじめ調べておきます．

(1) I_1，I_2どちらも1μA以上の場合は，$V_{BE1} < V_X$　(1.26)

(2) I_1，I_2どちらも1μA以下の場合は，$V_{BE1} > V_X$　(1.27)

ここで回路の全体を**図1.45**に示しておきます．

1.5.3　負帰還の確認

式(1.26)において，I_1，I_2の電流が1μAより多いと仮定した場合，**図1.44**(**b**)のようにV_XがV_{BE1}より大きくなり，**図1.45**にてM8のドレイン電圧＝M9のゲー

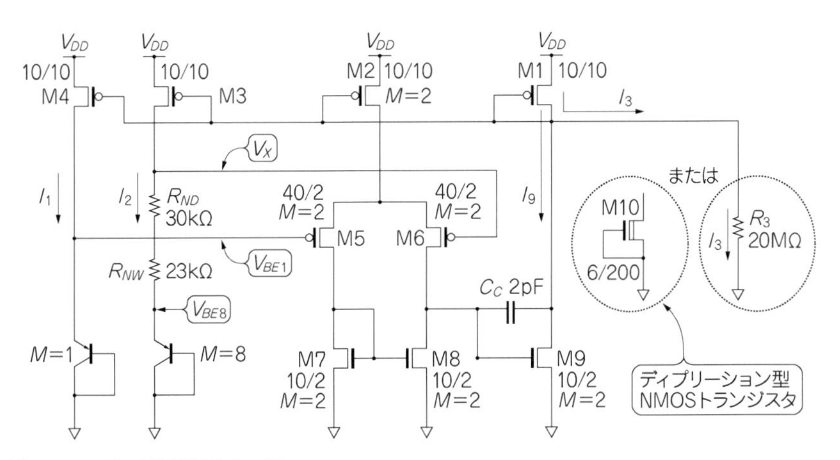

図1.45　ΔV_{BE}定電流回路（一例）
OPアンプの出力には，R_3（20MΩ）またはディプリーション型NMOSトランジスタ（$W/L=6/200$）を接続する．これらは，スタートアップの目的で入れてある．20MΩの抵抗は面積がかなり大きいので，ディプリーション型NMOSトランジスタのほうがお勧め．

ト電圧はLになり，M9に流れる電流は減少します．M1はダイオード接続されているので，M9に流れる電流が減少するとM1の電流も減少します．さらにミラーになっているM2，M3，M4のすべての電流が減少し，仮定とは逆の結果になったので，負帰還は確認できました．

M9のゲートとドレインの間には，発振防止のためコンデンサC_C（＝2pF）を入れます．

ここでR_3（またはM10）の意味について説明します．**図1.44**(**b**)で2か所ある交点のうち片方は電流ゼロのポイントであると示しました．R_3（またはM10）は，この電流ゼロ・ポイントへ電流が行かないように，M1，M2，M3，M4に常にいくばくかの電流を流しておくためにあります．電源（V_{DD}）が投入されて，ある程度の電圧まで上昇すると，たとえM9がOFFしていても，ダイオード接続のM1と抵抗R_3でM1～M4の電流を確保することができます．なお，R_3を流れる電流I_3が1μAより大きいと，M9は電流を制御することができなくなりますから，R_3の値を決定するには注意が必要です．ここでは，V_{DD}の最大値を5Vとして，5V/250nA＝20MΩ＝R_3としました．抵抗20MΩは，シート抵抗値が大きなポリ抵抗が使用できたとしてもかなりのチップ面積を占めます．一方ディプリーション型NMOSトランジスタであれば，$W/L=6\mu m/200\mu m$程度でR_3と

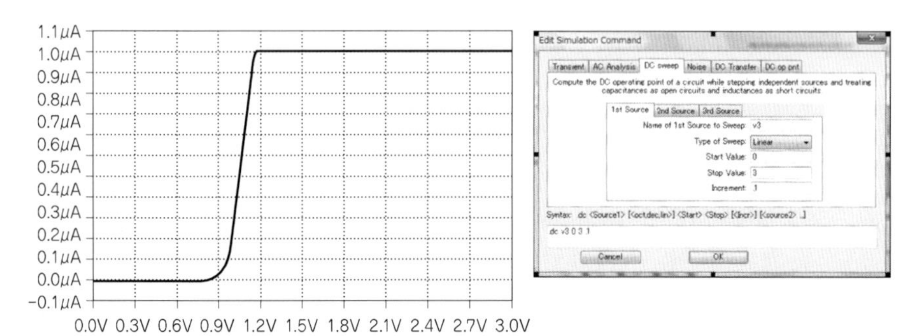

(a) SPICEシミュレーション結果　　(b) LTspice設定

図1.46　V_{DD}を0Vから3Vまで上昇させた場合のI_1波形
定電流回路をSPICEでDC解析した結果．

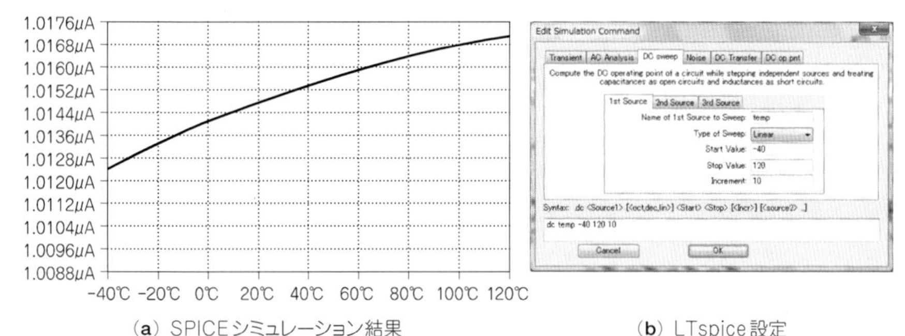

(a) SPICEシミュレーション結果　　(b) LTspice設定

図1.47　温度を−40℃から＋120℃まで上昇させた場合のI_1波形
定電流回路をSPICEでDC解析した結果．パラメータはTEMP．

同等のものが作れるのでおすすめです．ディプリーション型NMOSトランジスタは，V_{THN}がマイナスの特殊なNMOSトランジスタであり，ゲートとソースを短絡して$V_{GS}=0\mathrm{V}$とした状態で定電流源としてよく使用されます．たとえば$V_{THN}=-0.4\mathrm{V}$とすると，

$$V_{GS}-V_{THN}=0\mathrm{V}-(-0.4\mathrm{V})=0.4\mathrm{V}=\text{一定} \tag{1.28}$$

となります．これが定電流になる理由です．

以上で，定電流回路の説明は終了です．最後にSPICEでのシミュレーション結果を二つ示します（**図1.46，図1.47**）．

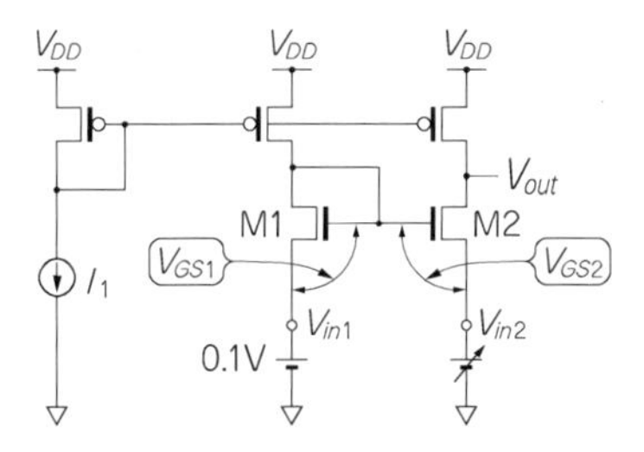

(a) GNDに近い電圧どうしを比較する回路

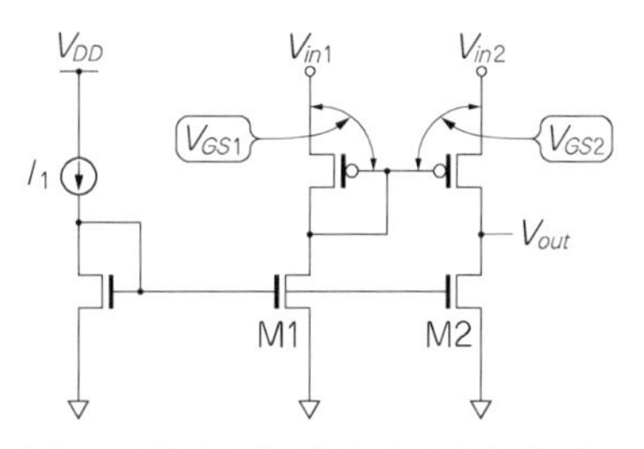

(b) V_{DD}に近い電圧どうしを比較する回路

図1.48 GND（V_{DD}）に近い電圧どうしを比較する回路
差動入力回路の変形版の回路．ソース電圧どうしを比較する．(a)はGNDに近い電圧どうしを比較，(b)はV_{DD}に近い電圧どうしを比較している．

1.6 GND（またはV_{DD}）に近い電圧どうしを比較する差動アンプ回路

図1.48(a)はGNDレベルに近い電圧どうしを比較する差動回路で，**図1.48**(b)はV_{DD}に近い電圧どうしを比較する差動回路です．前の差動アンプ回路は，比較すべき電圧を「ゲート」に入力しましたが，今回の回路は「ソース」へ入力します．

図1.48(a)でダイオード接続されたM1のゲート-ソース電圧V_{GS1}は電流駆動能力$=I_1$に相当する値になります．このV_{GS1}はM1のソース電圧を変化させても一定値を維持します．一方M2の電流駆動能力はV_{GS2}とともに変化して，それがI_1より大きいか小さいかでV_{out}のH/Lは決まります．すなわち，V_{GS1}とV_{GS2}の大小関係は，電流駆動能力$=I_1$と，M2の電流駆動能力の大小関係に等しいのです．つまり$V_{GS2}>V_{GS1}$ならば$V_{out}=\mathrm{L}$になります．ここでいうLレベルは0Vではないので注意してください．逆に$V_{GS2}<V_{GS1}$では$V_{out}=\mathrm{H}=V_{DD}$になります．

M1のソースに定電圧0.1Vを入れ，M2のソース電圧を0Vから少しずつ上昇させる場合を考えます．M1とM2のゲートはつながっているため，M2のソース電圧が0Vのときは$V_{GS2}>V_{GS1}$なので$V_{out}=\mathrm{L}$です．そしてM1のソースが0.1Vを超すと，$V_{GS2}<V_{GS1}$となり，$V_{out}=\mathrm{H}=V_{DD}$になります．

1.7 ΔV_{GS}電流源回路（バイアス回路）

縦型のPNPトランジスタを使用しない電流源も紹介しておきます（**図1.49**）．

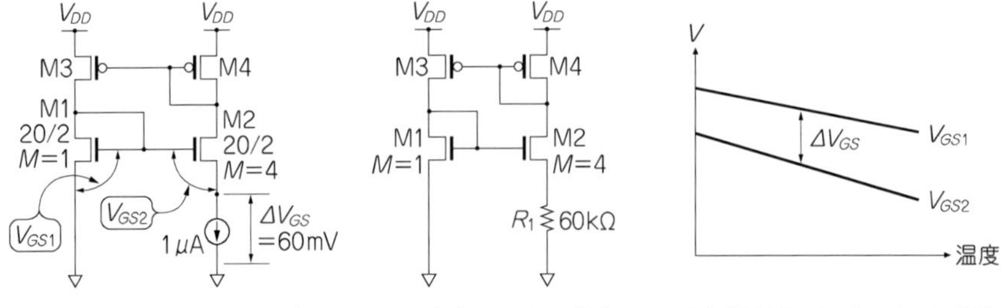

図1.49　ΔV_{GS}回路の抵抗R_1を求める方法

(a) 1μAの電流源をソース側に挿入してDC解析を実行し，電流源の両端の電圧を(この例では60mV)求める．
(b) R_1の抵抗値は，60mV/1μA=60kΩと求め，電流源の代わりに60kΩの抵抗を挿入して再度DC解析を実行し，もし電流値が1μAより微妙にずれていたら，抵抗値を微調整する．

なお「ΔV_{GS}電流源」は一般的な呼び方ではなく，本書がそう呼んでいるだけですのでご注意ください．**バイアス回路**と呼んでいるテキストもあります．

この回路は，1.6節で説明した**GNDに近い電圧を比較する差動アンプ回路**を応用しています．ただしM2のW/LをM1の4倍にしています．M1，M2に同じ電流（この場合1μA）を流すと，W/Lの大きいM2のほうがV_{GS}は小さくなります．そこで，M2のソースとGND間に抵抗R_1を挿入して，$\Delta V_{GS1} = V_{GS1} - V_{GS2}$とおけば，

$$I_0 = 1\,\mu\mathrm{A} = \Delta V_{GS}/R_1 \tag{1.29}$$

ΔV_{GS}が温度上昇に伴って増加することを次式に示しておきます．式（1.31）中のMはこの例では整数の4です．M2が$M=4$だからです．

$$V_{GS1} = \sqrt{\frac{I_1}{\frac{1}{2}\cdot\mu_n\cdot C_{ox}\cdot\frac{W}{L}}} + V_{THN} \tag{1.30}$$

$$V_{GS2} = \sqrt{\frac{I_1}{\frac{1}{2}\cdot\mu_n\cdot C_{ox}\cdot\frac{W}{L}}}\cdot\frac{1}{\sqrt{M}} + V_{THN} \tag{1.31}$$

$$\Delta V_{GS} = V_{GS1} - V_{GS2} = \sqrt{\frac{I_1}{\frac{1}{2}\cdot\mu_n\cdot C_{ox}\cdot\frac{W}{L}}}\cdot\left(1-\frac{1}{\sqrt{M}}\right) \tag{1.32}$$

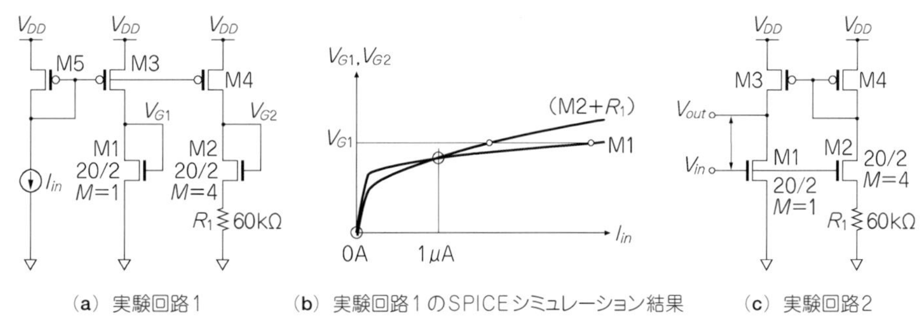

図1.50　ΔV_{GS}回路の仕組み

(a), (b) M1, M2の左右それぞれでゲートをドレインに接続して，ミラー電流I_{in}を変化させつつV_{G1}（M1），V_{G2}（M2+R_1）をモニタする．二つの曲線は$I_{in}=1\mu$Aで交差する．$I_{in}>1\mu$Aの場合，ゲート電圧が左右で等しい値V_{G1}であるときは，電流は左側（M1）のほうが大きくなる．

(c) 再びM1, M2のゲートを接続してV_{in}とすると，M1が1μA以上の電流駆動能力があるときには，右側（M2+R_1）の電流駆動能力はそれ以下となる．M2+R_1の電流駆動はミラーされてM3の電流駆動能力と等しくなるので，V_{out}はLになる．V_{in}とV_{out}を接続すると負帰還が働いて，図1.48(b)の回路になる．

C_{ox}は温度依存はなく，μ_nは温度上昇に伴って「減少」するので，ΔV_{GS}は温度上昇に伴い「増加」します．

設計方法としては，まず**図1.49**(a)の回路でΔV_{GS}を求め，さらに温度を変化させて，ΔV_{GS}の温度係数も求めます．$R_1=\Delta V_{GS}/1\mu$AからR_1が求まります．ΔV_{GS}の温度係数とR_1の温度係数を一致させれば，この電流源の温度依存をなくすことができます．前に「ΔV_{BE}定電流回路」で実施したように，R_1については，2種類の温度係数の抵抗を組み合わせれば，希望の温度係数の抵抗を作成できます．

さて**図1.49**(b)の回路では，どう負帰還がかかっているか説明します．

図1.50(a)のように，M1とM2のそれぞれをダイオードに接続し，ミラー回路で同じ電流を流して，V_{G1}，V_{G2}と，それらを流れる電流との関係をSPICEのシミュレーションで求めた結果が**図1.50**(b)です．**1μAより電流が大きいところ**では，任意の電圧，たとえばV_{G1}でみると，**M1のほうが(M2＋R_1)より電流が多いことが分かります**．

ここで**図1.50**(c)の回路に移動し，V_{in}を0Vから上昇させる場合を考えると，1μAを超えたところで，M1の電流駆動能力が（M2＋R_1）の電流駆動能力＝M3の電流駆動能力より大きくなるので，V_{out}はLになることが分かります．言い換えると，V_{in}が1μAに相当する電圧よりHになると，V_{out}はLになるわけですから，V_{in}とV_{out}をつなぐと1μAで釣り合う負帰還回路ができることが分かります．

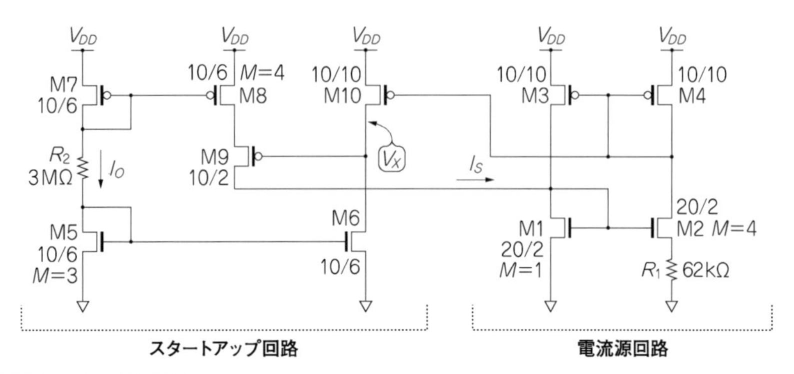

図1.51　ΔV_{GS}電流源回路
当電流源回路は，1μA流れる所望の動作モード以外に，M1，M2，M3，M4の$|V_{GS}|$がすべて0Vになる OFF モードが存在する．OFF モードで安定してしまうのを回避するために，スタートアップ回路が必要になる．

ただし，**図1.50**(**b**)のようにこの回路は0Aと1μAの二つの安定ポイントがあるので，V_{DD}を入れたとき確実に1μAで安定させるために，**スタートアップ回路**というものが必要になります．

スタートアップ回路を追加したものが**図1.51**です．ダイオード接続したM5，M7と$R_2 = 3$MΩで基準電流I_0($V_{DD} = 5$Vで約1μA)を作ります．M5の1/3倍のミラーであるM6は，I_0の1/3(約300nA)の電流駆動能力をもっています．一方，M10はM3，M4と同じトランジスタ・サイズW/Lですから，電流源のM3，M4と同じ電流駆動能力をもちます．

電源投入直後で，電流源回路(**図1.51**の右側)がまだ立ち上がっていないときは，M10の電流駆動能力はほぼゼロであるため，電流駆動能力が300nAあるM6のほうが勝って，V_Xはほぼ0Vまで下がります．するとM9がONして，M8からM1へ約4μA強制的に電流を流します．この電流で電流源が起動してM10の電流駆動能力が300nA以上へ上昇すると，M6に勝ってV_XはHになってM9はOFFし，M1に電流を供給するのを停止します．スタートアップはこれで終了です．

1.8　三角波生成回路(オシレータ回路)

これまで説明してきた回路を使用して，三角波生成回路を作ります．この回路は，正確な周波数，正確なデューティのクロックも生成できます．それゆえ，DC−DC

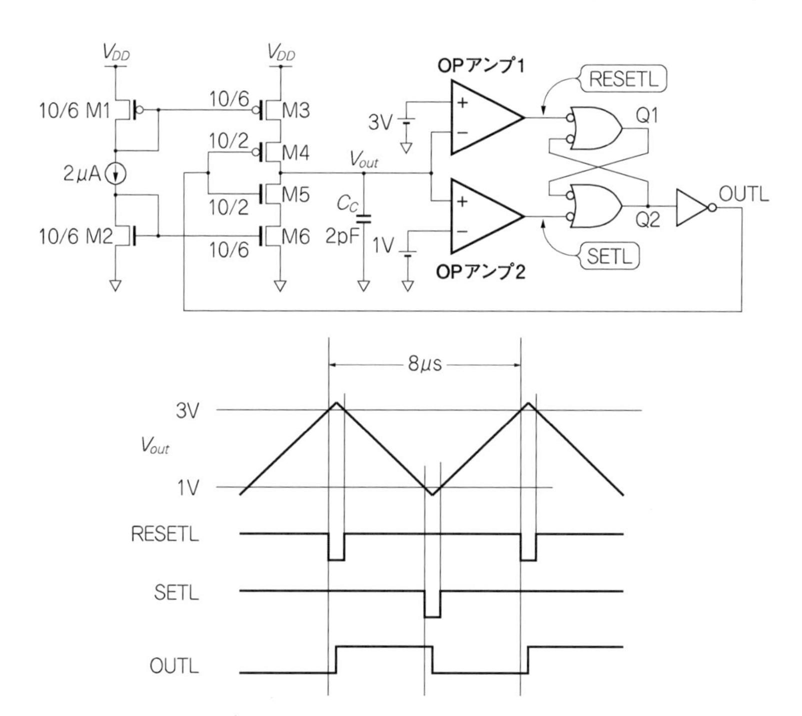

図1.52　三角波生成回路とタイミング・チャート
コンデンサC_Cを充放電することで三角波生成回路を作ることができる．充放電の切り替えは，OPアンプ2個とRSフリップフロップからなる回路で制御する．

コンバータなど，三角波とクロックの両方が必要な回路でよく用いられます．

RSラッチについては，第2章を参照してください．**図1.52**のタイミング・チャートで動作を説明します．

まず，V_{out}が1Vと3Vの間にあり，上昇している状態を考えます．このときRSラッチはセット状態にあり，入力のRESETL，SETLはどちらも1で，OUTLは0とします．このとき，M4はONでM5はOFFなので，一定電流2μAが，M3，M4を通ってコンデンサC_Cを充電します．

V_{out}が3Vを越えると，OPアンプ1の出力RESETLは0になり，OUTLは1になります．

するとM4はOFFしM5はONするので，一定電流2μAがコンデンサC_Cから，M5，M6を通ってGNDへと放電されるので，V_{out}は上昇から下降へと転じます．そして，V_{out}が3V以下になると，RESETLは1に戻りますが，RSラッチの状態は変わりません．

V_{out}が1V以下になると，OPアンプ2の出力SETLは0になり，OUTLは0になります．するとコンデンサC_Cは放電から充電へ変わり，V_{out}は下降から上昇へ転じます．そして，V_{out}が1V以上になると，SETLは1に戻りますが，RSラッチの状態は変わりません．

OPアンプ1の+入力には現在3Vを入力していますが，多くの場合，三角波の上限はV_{DD}に近い電圧に設定するので，OPアンプ1はNMOSトランジスタで電圧を受けるタイプが望ましいです．

同様に，OPアンプ2の−入力には現在1Vを入力していますが，多くの場合，三角波の下限はGNDに近い電圧に設定するので，OPアンプ2はPMOSトランジスタで電圧を受けるタイプが望ましいです．

周波数の計算は，次のように行います．充電電流をI，一周期をT[sec]，三角波の振幅をV_Aとします．

$$I = 2\mu\mathrm{A} = C_c \cdot \frac{V_A}{T/2} = 2\,\mathrm{pF} \cdot \frac{3\mathrm{V}-1\mathrm{V}}{T/2} \tag{1.33}$$

$$T = 4\left[\frac{\mathrm{pF}\cdot\mathrm{V}}{\mu\mathrm{A}}\right] = 4\,\mu\mathrm{s} \tag{1.34}$$

$$f = \frac{1}{T} = 0.25\,\mathrm{MHz} = 250\,\mathrm{kHz} \tag{1.35}$$

1.9　カレント・ミラー回路

ミラー回路は，シンプルな回路について紹介済み(1.2.2節)ですが，ここでは別のタイプの回路を紹介します．

1.9.1　カスコード・カレント・ミラー回路

出力抵抗r_{on}を大きくする別の方法として，**図1.53**のようにトランジスタを縦に二つ積んだ形のカスコード回路があります．**図1.53(a)**の左側の回路は，ダイオード接続のNMOSトランジスタM3，M4を縦に積んでおり，これで標準電流を受けます．右側の回路のM1，M2は左側のM3，M4からそれぞれゲート電

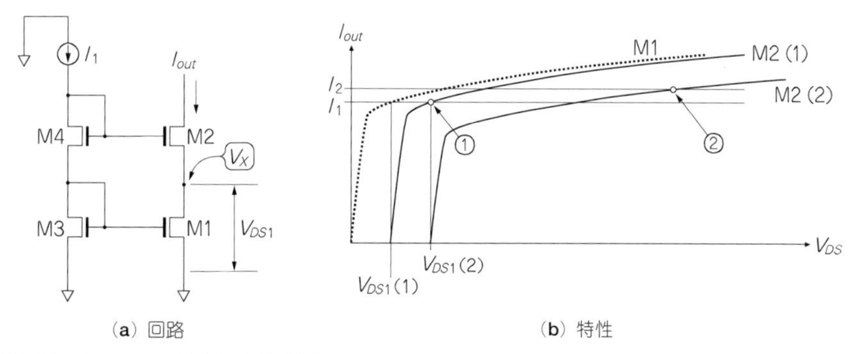

(a) 回路　　(b) 特性

図1.53　カスコード・カレント・ミラー回路

M2のドレイン電圧が変化しても，電流I_{out}がほとんど変化しない回路．仮に電流がI_1からI_2へわずかに増加すると，V_{DS1}もわずかに増加してV_{DS1}(1)からV_{DS1}(2)となり，この電圧の増加した分だけV_{DS2}は減少して，M2のカーブはM2(1)からM2(2)へと変化する．するとM2のドレイン電圧は，①から②へと大幅に変化する．

圧をもらっています．

この回路の長所は，M1，M3のドレイン電圧がほぼ等しいので，電流のマッチングがよく，かつ出力抵抗r_{on}がたいへん大きいことです．言い換えると電流カーブがほぼ水平になります．

最初に，M1，M2について**図1.53**(**b**)で定性的に説明します．M1のドレイン電圧V_Xは，M2のソース電圧でもあります．仮にM1，M2の電流がI_1からI_2へわずかに増加したとすると，チャネル長変調によりM1のドレイン電圧V_{DS1}は$V_{DS1}+\Delta V$へと増大します．M2は，ゲート電圧が固定されている状態でのソース電圧が増大します．そのためV_{GS2}が低下し，電流のカーブは**図1.53**(**b**)の①から②へと移動し，M2のドレイン電圧は②へと大幅に増加します．電流の変化分に対しての電圧の変化分が大きいことは，出力抵抗$r_{on}=\Delta V/\Delta I$が大きいことを意味します．言い換えると，電圧の変化に対して，電流の変化がたいへん小さいということなので，電流源としては好ましい特性です．

1.9.2　ワイド・スイング・カレント・ミラー回路

すでに説明したカスコード・カレント・ミラー回路は，出力抵抗が大きい長所がある一方，最小出力電圧が大きいのが難点です．この欠点をカバーしているのが，**図1.54**に示すワイド・スイング・カレント・ミラー回路です．

M1，M2，M3，M4はトランジスタ・サイズW/Lが等しく，M5はWのみM1

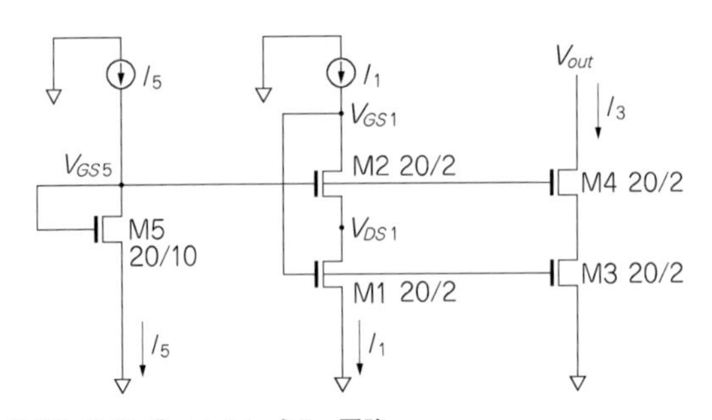

図1.54　ワイド・スイング・カレント・ミラー回路
V_{out}の最低電圧を，前のカスコード・カレント・ミラー回路よりも小さくなるように改善した回路．

～M4と同じで，Lは4～5倍にします．電流$I_5 = I_1 = I_3$はすべて等しくします．

最小出力電圧を小さくするためには，M1，M3，M4のドレイン-ソース電圧を最小値にします．つまりを飽和領域の下限に置きます．$V_{DS1(sat)} = V_{DS3(sat)} = V_{DS4(sat)}$とすると出力電圧$V_{out}$の最小値を，トランジスタを縦に二つ積んだ場合の最小値に設定できます．

$$V_{out(\min)} = 2 \cdot V_{DS1(sat)} \qquad (1.36)$$

このようになる理由を以下に示します．

式(1.37)から，M5の(L/W)をM1，M2の(L/W)の4倍にすれば，

$$V_{DS(sat)} = V_{GS} - V_{THN} = \sqrt{\frac{I_{DS}}{\frac{1}{2} \cdot \mu_n \cdot C_{ox}} \cdot \frac{L}{W}} \qquad (1.37)$$

とできることが分かります．

$$V_{DS5(sat)} = 2 \cdot V_{DS1(sat)} \qquad (1.38)$$

式(1.38)より，

$$V_{out(\min)} = V_{GS5} - V_{THN} = V_{DS5(sat)} = 2 \cdot V_{DS1(sat)} \qquad (1.39)$$

原理はこれだけの簡単なものですが，この回路はV_{GS5}に注意する必要があります．それは，I_1に対するI_5のマッチング的な変動や，M5のW/Lを考慮する際に重要です．

以下に，V_{GS5}の上限と下限について説明します．

仮にV_{GS1}とV_{GS2}が一定のまま，V_{GS5}が高くなると，V_{DS1}が増加するので，V_{DS2}が減少し，最後にはM2は飽和領域から三極管領域に入ってしまいます．

M2が飽和領域にあるための条件は，

$$V_{GS2} - V_{THN} \leqq V_{DS2(\mathrm{sat})} \tag{1.40}$$

M2のゲート電位がV_{GS5}と等しいことから，さらに変形して，

$$(V_{GS5} - V_{DS1}) - V_{THN} \leqq V_{DS2(\mathrm{sat})} \leqq V_{DS2} = V_{GS1} - V_{DS1} \tag{1.41}$$

両辺からV_{DS1}を消去して，

$$V_{GS5} - V_{GS1} \leqq V_{THN} \tag{1.42}$$

$$V_{GS5} \leqq V_{THN} + V_{GS1} \tag{1.43}$$

これはV_{GS5}の上限を示しています．

逆に，V_{GS5}が低くなると，V_{DS1}が減少し，最後にはM1は飽和領域から三極管領域に入ってしまいます．M1が飽和領域にあるための条件は，

$$V_{GS1} - V_{THN} \leqq V_{DS1(\mathrm{sat})} \leqq V_{DS1} = V_{GS1} - V_{DS2} \tag{1.44}$$

両辺からV_{GS1}を消去して，

$$V_{DS2} \leqq V_{THN} \tag{1.45}$$

このようにV_{GS5}の下限を考えると「**V_{DS2}の上限はV_{THN}**」という条件が求まります．

さらに，以下の2式を用いると，

$$V_{DS2} = V_{GS1} - V_{DS1} \tag{1.46}$$

$$V_{DS1} = V_{GS5} - V_{GS2} \tag{1.47}$$

式(1.45)は次式のようになり，

$$V_{GS1} + V_{GS2} - V_{THN} \leqq V_{GS5} \tag{1.48}$$

V_{GS5}の下限が求まります．

第2章 CMOSディジタル回路

本章では，最初にディジタル回路の基本回路であるインバータ（INVと略す），NAND，NOR，Dラッチ，フリップフロップなどの“論理ゲート”がMOSトランジスタでどのように設計されているかを説明し，そのあと，それら論理ゲートを応用して，各種の回路ブロックを作っていきます．

カウンタ，レジスタ，ステート・マシンがあれば，かなりの種類のディジタル回路を設計することができます．

本題に入る前に“1”と“0”あるいはHとLの意味を確認しておきます．

これらはディジタル回路が扱う“電圧レベル”のことで，正論理では高い方の電圧レベルが“1”またはH，低い方の電圧レベルが“0”またはLです．正論理については次節で解説します．

すべてのIC，LSIには，かならず電源ピンとグラウンド（GND）ピンがあり，電源ピンはV_{DD}，V_{CC}，V_{in}などと呼ばれ，GNDピンはGND，V_{SS}などと呼ばれています．どの名前で呼ぶかは，ICメーカ各社によって異なり，またIC，LSIの種類によっても異なりますが，本書では一貫して，電源電圧をV_{DD}，グラウンドをGNDと呼びます．V_{DD}が1またはH，GNDが0またはLです（正論理）．

2.1 インバータ，NAND，NOR

CMOSディジタル回路の基本回路であるINV，NAND，NORにつき，それぞれ正論理，負論理のシンボルを**図2.1**に示します．

シンボルの左側に「入力ピン」，右側に「出力ピン」があり，入力されるディジタル信号に対して処理をし，その結果を出力します．「ピン」とは，短い棒のこ

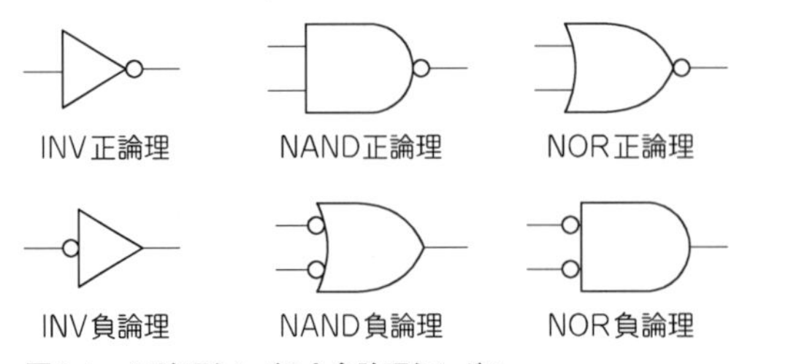

図2.1　正論理シンボルと負論理シンボル
INV(インバータ)，NAND，NORのそれぞれについての正論理シンボルと負論理シンボル．

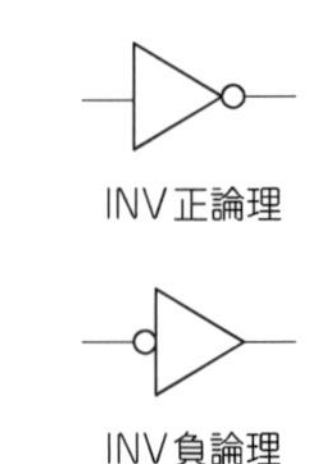

図2.2　INV 正論理／負論理シンボル

とです．

本書では“正論理のシンボル”(上段)とは，入力ピンに○印が付かないシンボルのことをいい，“負論理のシンボル”(下段)とは入力ピンに○印が付くシンボルのこととします(**図2.1**)．

○印は「ゼロ」，「負」の意味です．○印のないピンは「1」，「正」の意味です．

2.1.1　インバータ(INV)とは

インバータとは，英語の動詞INVERT(逆にする)からきており，名前のとおり入力信号の電圧レベルを**逆にして**出力します．

① 入力＝1のとき出力＝0

② 入力＝0のとき出力＝1

正論理のシンボルは“入力＝1のとき出力＝0”を強調したいときに用い，負論理のシンボルは“入力＝0のとき出力＝1”を強調したいときに用います(**図2.2**)．

2.1.2　ANDタイプとORタイプのシンボル

論理シンボルの形には，**図2.3**のように2種類あります．ここで××や△△には，1または0が入ります．「すべて」と「少なくとも一つが」の違いで，シンボルの形が異なることに注意してください．

最初にANDシンボルとORシンボルを作ります．入力側，出力側の両方に，棒だけのピンをつけると，正論理のANDと正論理のORができます(**図2.4**)．

さて次は，正論理のANDとORに対して，“出力側にのみ”○印をつけます．

図2.3　**「すべてが××ならば」と「少なくとも一つが××ならば」**
ANDのシンボルとORのシンボルは異なる意味がある．

図2.4　**AND正論理シンボルとOR正論理シンボル**

図2.5　**NAND正論理シンボルとNOR正論理シンボル**

すると，正論理の「NAND」と「NOR」ができます（**図2.5**）．

2.1.3　負論理のシンボル（本書に限定した呼び方）

負論理のシンボルを考えるとき，何でこんな面倒なものを作ったのかと不思議に思われるかもしれません．しかし，実は回路図の論理を読みやすくする上でたいへん重宝します．また，NAND，NORなどをMOSトランジスタで作る場合，理解の助けになります．

さて，正論理から負論理へシンボルを変換する方法を**図2.6**で説明します．

まずピンを切り離し，入力側のピンには○印を足し，出力側のピンからは○印を消します．そしてシンボルのタイプ（形）を逆にします．つまり今がANDならばORに変え，今がORならばANDに変えます．そして最後に，シンボルとピンを再びつなぐと，負論理のシンボルができ上がります．

結果としてNAND，NORの負論理シンボルは，**図2.7**のようになります．

ANDとORの負論理シンボルも，あまり目にすることはありませんが，**図2.8**

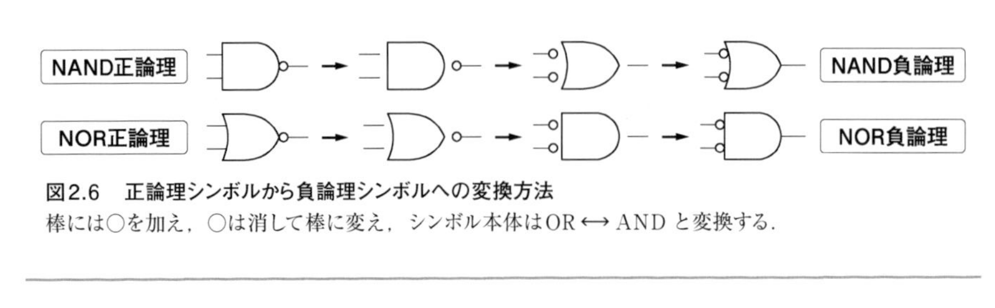

図2.6　正論理シンボルから負論理シンボルへの変換方法
棒には○を加え，○は消して棒に変え，シンボル本体はOR ⟷ ANDと変換する．

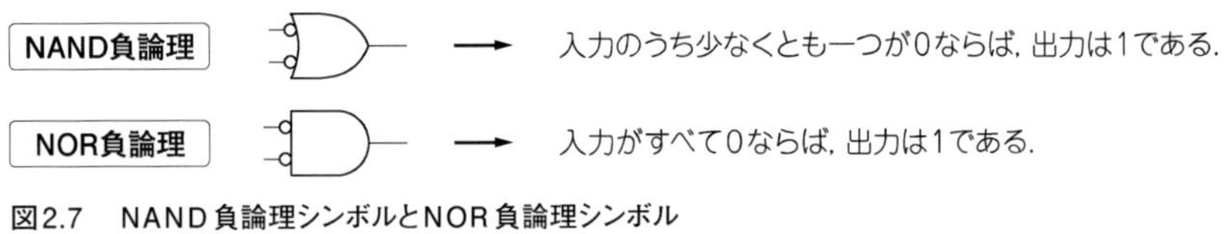

図2.7　NAND負論理シンボルとNOR負論理シンボル

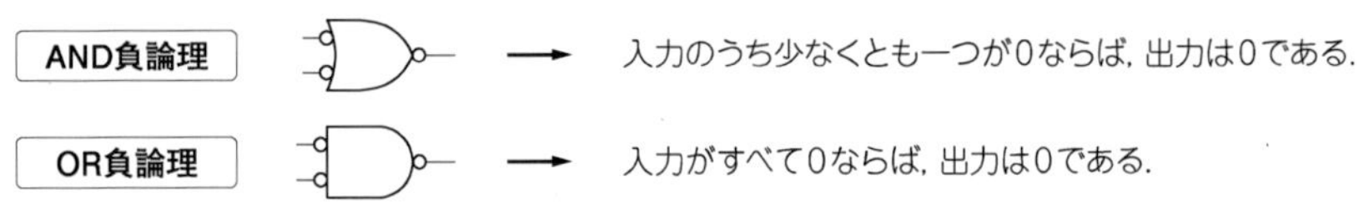

図2.8　AND負論理シンボルとOR負論理シンボル

に示しておきます．

2.1.4　NANDの論理

まずはNANDです．正論理と負論理のシンボルを**図2.9**に示します．AとB，2入力の組み合わせを表にしました（**表2.1**）．Aが1と0，Bも1と0の二つの場合があるので，(1)，(2)，(3)，(4)の合計で4種類の組み合わせがあります．

(1)の場合のみ，OUT = 0，(2)，(3)，(4)ではOUT = 1となります．

正論理のNANDの意味は"入力のすべてが1ならば，つまり**表2.1**の(1)ならば，OUTが0，それ以外の場合は，OUTは1になる"となります．

一方，負論理のNANDは，"入力のうち少なくとも一つが0ならば，つまり**表2.1**の(2)，(3)，(4)の場合ならば，OUTが1になる．それ以外の場合(1)では，OUTは0になる"となります．

つまり正論理と負論理は，表現の仕方が違うだけで，同じ一つの表を表しています．

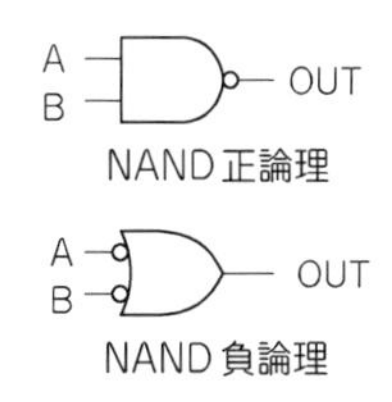

図2.9　NAND 正論理／負論理シンボル

表2.1　2入力NANDの真理値表

NAND	A	B	OUT
(1)	1	1	0
(2)	1	0	1
(3)	0	1	1
(4)	0	0	1

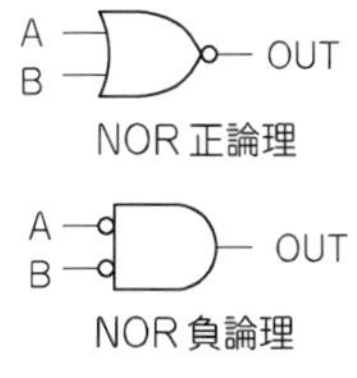

図2.10　NOR正論理／負論理シンボル

表2.2　2入力NORの真理値表

NOR	A	B	OUT
(1)	1	1	0
(2)	1	0	0
(3)	0	1	0
(4)	0	0	1

2.1.5　NORの論理

NORの正論理と負論理のシンボルを**図2.10**に示します．NORの論理は，**表2.2**の（4）の場合のみ，OUT＝1となり，**表2.2**の（1），（2），（3）ではすべてOUT＝0となります．NORの場合も，正論理と負論理では表現の仕方が異なるだけです．

正論理NORは“入力のうち少なくとも一つが1ならば，OUTは0，それ以外では，OUTは0”です．

負論理NORは“入力のすべてが0，つまり（4）ならば，OUTが1，それ以外の（1），（2），（3）の場合は，OUTは0になる”です．

以上で，NANDとNORの正論理，負論理のシンボルの説明は終わりです．ここからは，これらのゲートをMOSトランジスタでどう作るのか説明します．

2.1.6　NMOSトランジスタとPMOSトランジスタ

NMOSトランジスタとPMOSトランジスタは，**図2.11**のようなシンボルで表します．左端は，ソース（Source），ドレイン（Drain），ゲート（Gate），バルク（Bulk）の合計四つの端子をもつ，いわゆる4端子のシンボルです．

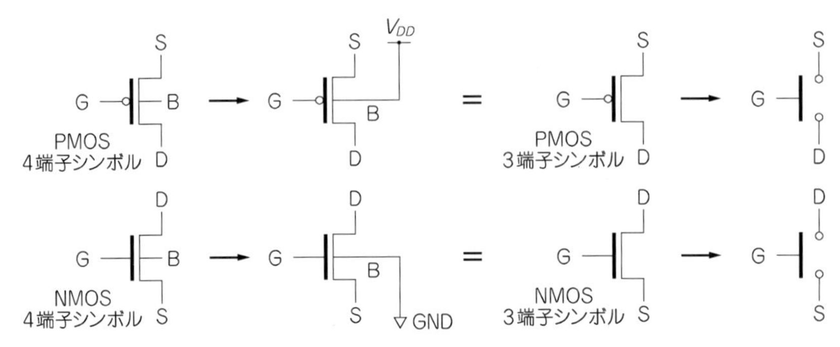

図2.11　NMOSトランジスタとPMOSトランジスタの4端子シンボルと3端子シンボル

バルク端子（B）は，NMOSトランジスタではGNDへ，PMOSトランジスタではV_{DD}へ接続する場合が多く，特にディジタル回路の場合は「かならず接続する」といっても過言ではありません．回路図を簡素化するため，バルク端子を省略した3端子のシンボルを用いることも多く，本書でも第1章からすべて3端子のシンボルを使用します．

MOSトランジスタは，ドレインとソース間が「スイッチ」になっていて，そのON/OFFはゲートの1/0でコントロールします．

ただし，NMOSトランジスタとPMOSトランジスタでは，ON/OFFさせるゲートの1と0が逆になっています．

NMOSトランジスタ	ゲート=1のときON，ゲート=0のときOFF.
PMOSトランジスタ	ゲート=0のときON，ゲート=1のときOFF.

さて，具体的にNANDやNORなどをNMOSトランジスタとPMOSトランジスタでどう作るのか説明します（**図2.12**）．

V_{DD}側にPMOSトランジスタだけで構成される“PMOSブロック”を作り，GND側にはNMOSトランジスタだけで構成される“NMOSブロック”を作ります．

二つのブロックをつないだ接点が出力となります．

2.1.7　インバータをトランジスタで作る

図2.13（a）に示すように，インバータはPMOSブロックにPMOSトランジスタを1個，NMOSブロックにNMOSトランジスタを1個置いただけの構成です．入

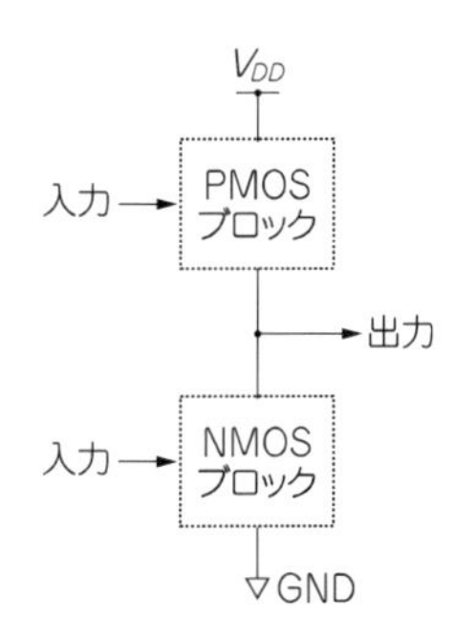

図2.12　NMOSトランジスタとPMOSトランジスタで作る回路
V_{DD} 側にPMOS回路ブロックを，GND側にNMOS回路ブロックを配置する．

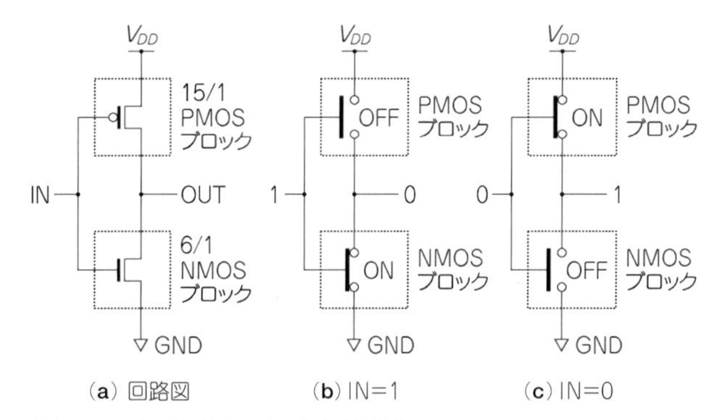

図2.13　インバータのスイッチ回路と動作
インバータのPMOSトランジスタ/NMOSトランジスタをスイッチに変えると，OUTはスイッチがONしている方の電圧レベル(1/0)になる．

力INはPMOSトランジスタのゲートとNMOSトランジスタのゲートの両方につなぎます．参考までに，本書で使用しているトランジスタのW/Lサイズを示してあります．

動作をスイッチとして使う場合で説明します．

IN＝1のとき，NMOSトランジスタはON，PMOSトランジスタはOFFすると，OUT＝0となります〔**図2.13(b)**〕．

IN＝0のとき，PMOSトランジスタはON，NMOSトランジスタはOFFすると，OUT＝1となります〔**図2.13(c)**〕．

2.1.8　入力がAとBの二つあるNANDをトランジスタで作る

NANDは，いちばん簡単な例として入力が二つ，出力が一つの回路を想定します(**図2.14**)．

最初にPMOSブロックを作ります．PMOSブロックの役目はOUTを1にする，もしくはOFFにすることです．OUTを1にするので，出力側に○のついていない**負論理のNANDシンボル**に注目します．AとBのうち少なくとも一つが0のときOUT＝1ですから，スイッチを並列に2個つなげば目的の回路になります．AもBも1の場合はOFFです．

次にNMOSブロックを作ります．NMOSブロックはOUTを0にする，もしく

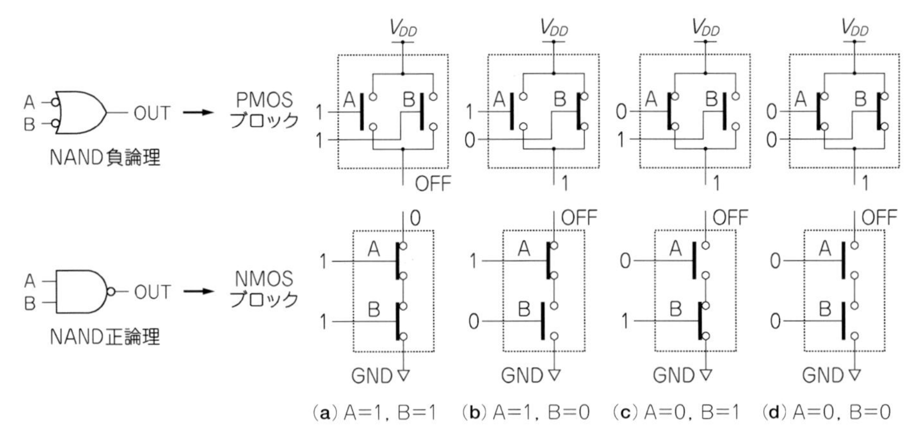

図2.14　NANDのスイッチ回路と動作
PMOSブロックはNAND負論理シンボルで考え，A，BどちらかがLならOUTは1.
NMOSブロックはNAND正論理シンボルで考え，A，BどちらもHならOUTは0.

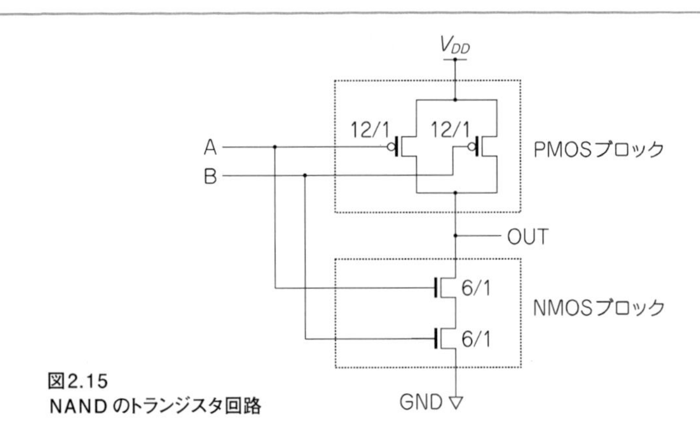

図2.15
NANDのトランジスタ回路

はOFFにします．OUTを0にするので，出力側に○のついている**正論理のNANDシンボル**に注目します．AとBが両方とも1のときだけOUT＝0ですから，スイッチを直列に2個つなげば，目的の回路になります．AまたはBが0の場合はOFFです．

図2.14のように，PMOSブロックの1とNMOSブロックの0がぶつかることはありません．最後にNMOSブロックとPMOSブロックを接続し，NANDができ上がります．

ポイントは，PMOSブロックは負論理のシンボルで中味を考え，NMOSブロ

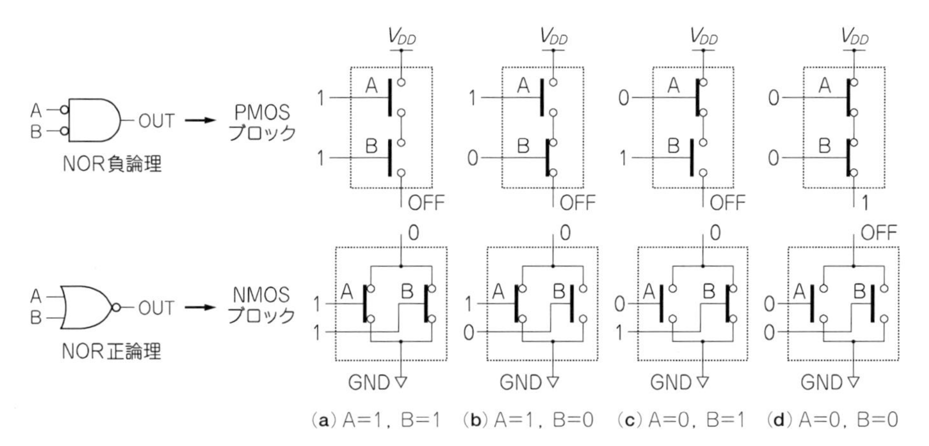

図2.16　NORのスイッチ回路と動作
PMOSブロックはNOR負論理シンボルで考え，A，BどちらもLならOUTは1.
NMOSブロックはNOR正論理シンボルで考え，A，BどちらかがHならOUTは0.

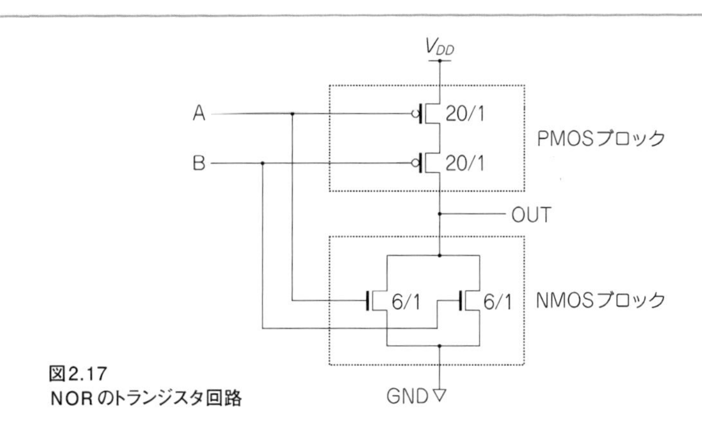

図2.17
NORのトランジスタ回路

ックは正論理のシンボルで中味を考えることです.

トランジスタで作成したNANDの回路を**図2.15**に示します.

2.1.9　入力ピンがAとBの二つあるNORを作る

NORのスイッチ回路と動作を**図2.16**に示します.

PMOSブロックは負論理のNORシンボルに注目します．AとB両方が0のときだけOUT＝1ですから，スイッチを直列に2個つなげば目的の回路になります．NMOSブロックは，正論理のNORシンボルに注目します．AとBの少なくとも

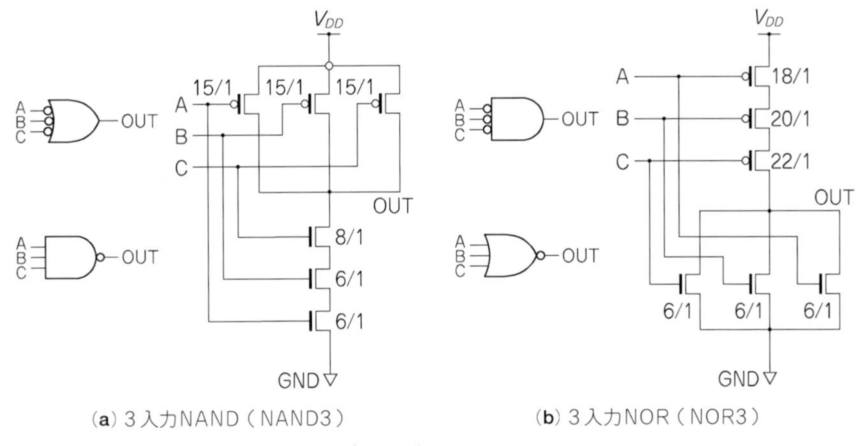

図2.18　3入力NAND，NORのトランジスタ回路

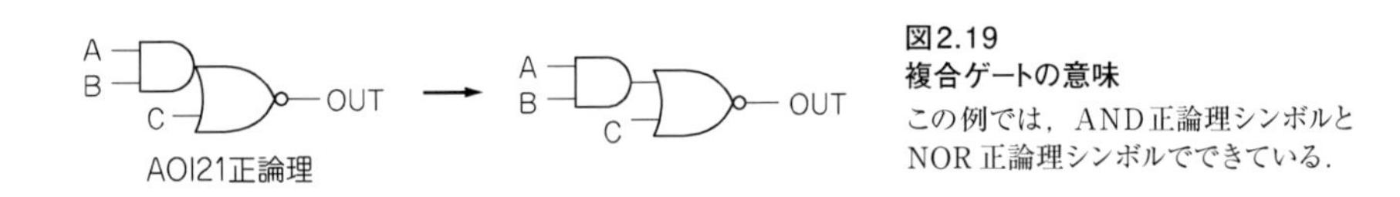

図2.19
複合ゲートの意味
この例では，AND正論理シンボルとNOR正論理シンボルでできている．

一つが1ならばOUT＝0ですから，スイッチを並列に2個つなげば，目的の回路になります．

NMOSブロックとPMOSブロックを接続して，NORのでき上がりです（**図2.17**）．

2.1.10　3入力のNAND，NORをトランジスタで作る(NAND3,NOR3)

2入力のNAND，NORを作成したときと同じ要領で，NMOSブロック側に正論理シンボルを，PMOSブロック側に負論理シンボルを置き，それぞれのブロックの中味をトランジスタに置き換えます（**図2.18**）．

2.1.11　複合ゲートをトランジスタで作る

NAND，NOR以外のゲートでよく使用されるものに，**複合ゲート**と呼ばれる特殊なゲートがあります（**図2.19**）．**図2.20**にその一部，AOI21，OAI21，AOI22，OAI22の正論理と負論理のシンボルおよびトランジスタ回路を示します（**図2.21**）．いずれも正論理のシンボルの形から，

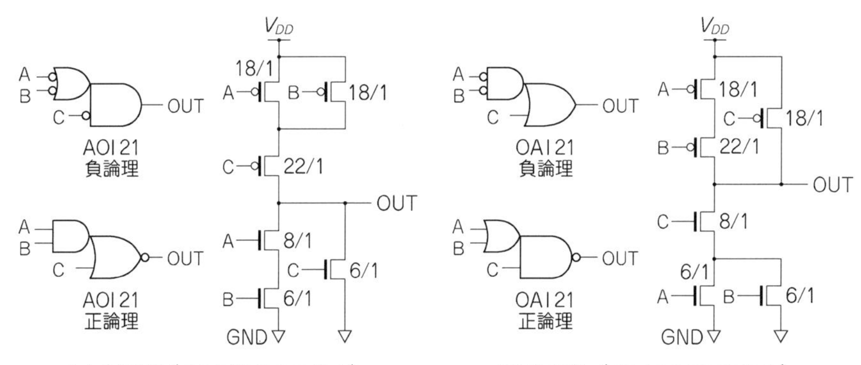

図2.20　AOI21とOAI21のシンボルとトランジスタ回路
PMOSブロックは負論理シンボルを用いて，OUT＝1となる入力条件を考える．
NMOSブロックは正論理シンボルを用いて，OUT＝0となる入力条件を考える．

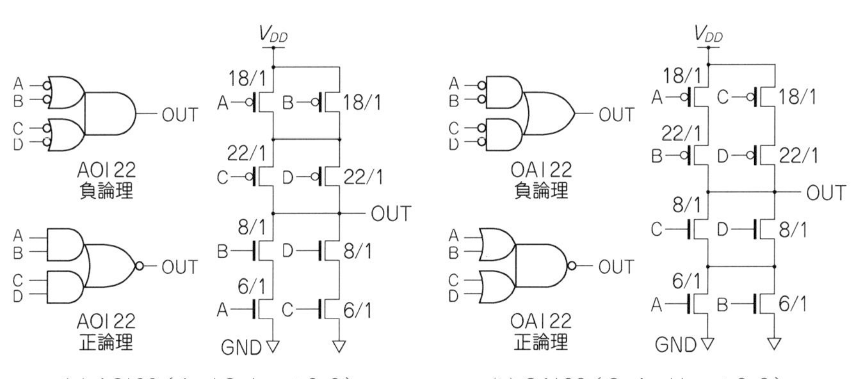

図2.21　AOI22とOAI22のシンボルとトランジスタ回路
PMOSブロックは負論理シンボルを用いて，OUT＝1となる入力条件を考える．
NMOSブロックは正論理シンボルを用いて，OUT＝0となる入力条件を考える．

AOI21：And Or Input 2，1.

OAI21：Or And Input 2，1.

のように呼びます．

XORは，二つの入力A，Bのレベルが1，0または0，1というように，異なっているときのみ出力が1になるゲートです．XNORはXORの出力を反転したものです．

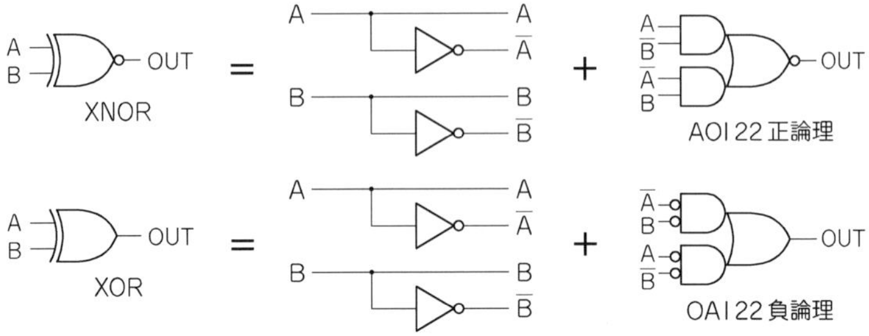

図2.22　XNORとXOR

XNORはインバータ2個とAOI22で作る．XORはインバータ2個とOAI22で作る．

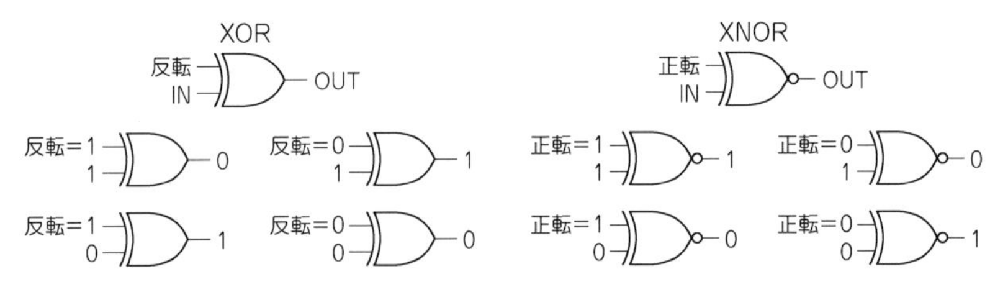

図2.23　反転コントロールとしてのXOR，NORゲート

XORでは，反転コントロール信号＝1のとき，INは反転してOUTに出てくる．
XNORでは，正転コントロール信号＝0のとき，INは反転してOUTに出てくる．

XOR，XNORも，2個のインバータで$\overline{A}$, $\overline{B}$を作れば，あとはAOI22，OAI22を使用して作成できます（**図2.22**）．論理式は，次のようになります．

$$XOR = A \cdot \overline{B} + \overline{A} \cdot B$$

$$XNOR = \overline{A \cdot \overline{B} + \overline{A} \cdot B}$$

XORとXNORは，カウンタ回路（2.3節参照）で，データを反転するか，しないかの制御に用いられます．

XORの場合は，入力ピンのうちの一つに「反転」する/しないの意味を与え，もう一つのピンをデータ入力ピン「IN」とすると（**図2.23**），

反転＝1のときは，INが反転してOUTに出力

また，

反転＝0のときは，INはそのままOUTに出力

XNORの場合は，入力ピンの一つを「正転」する/しないの意味を与えます．

STARTH　STOPL

図2.24 正論理と負論理の信号名とシンボル
正論理のシンボルの入力信号には正論理の信号名（例：STARTH）を用いる．
負論理のシンボルの入力信号には負論理の信号名（例：STOPL）を用いる．

正転＝1のときに，INはそのままOUTに出てきて，正転＝0のときに，INは反転してOUTに出てきます．

2.1.12　信号名にも正論理と負論理がある

ディジタルの信号名にも正論理と負論理があります．たとえば，Hならば「START」を意味し，Lならば「STOP」を意味する信号があるとします．

「HならばSTART」の意味を強調したいときは正論理の信号名，STARTHなどとします．逆に「LならばSTOP」の意味を強調したいときは負論理の信号名，STOPLなどとします（**図2.24**）．

正論理の信号をHigh-Assertの信号，負論理の信号をLow-Assertの信号と呼ぶ場合もあります．“assert（アサート）”とは，**表明する**とか**主張する**という意味です．

正論理の信号は正論理のシンボルで受け，負論理 の信号は負論理のシンボルで受けると，回路図がたいへん分かりやすくなります．

2.1.13　組み合わせ回路をNANDとNORで設計する

組み合わせ回路（combination回路）は，一言でいうとNAND，NORなどのゲートやAOI，OAI，XORなどの複合ゲートだけで作る回路で，後述のDラッチやDフリップフロップなどの**データを保存する回路**を含まないものをいいます．

組み合わせ回路が扱う論理式は，かならずOUTL＝A･B･C＋D･Eというように，AND（掛け算）とOR（足し算）からできています．この論理式をCMOS回路に変換する場合は，**図2.25（a）**に示すように，まず式中の**かけ算をAND**に変え，**足し算をOR**に変えて，そのまま正論理のANDとORの回路に変換します．

CMOS回路では，ANDゲートやORゲートよりも，NANDゲートやNORゲートの方が簡単に作れるので，**図2.25（b）**に示すように，信号線でつながっている部分に○をつけて，正論理のNANDと負論理のNANDからなる回路に変わります．これで終了です．

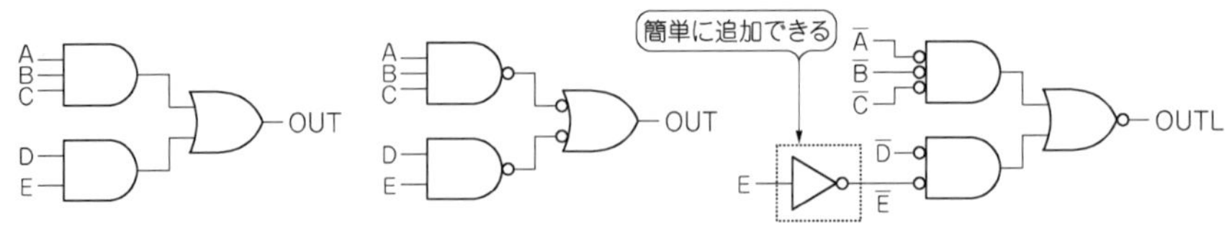

(a) ANDとORだけの回路　(b) ○印を付けるだけ　(c) OUTL＝A・B・C＋D・Eの回路

図2.25　論理式からCMOS回路へ変換する方法
(a)のANDとORで回路を作る．(b)ANDの出力に○をつけて正論理のNANDにし，ORの入力に○をつけて負論理のNANDにする．

CMOSの場合，インバータは，面積の小さな回路であるため，いとも簡単に回路に追加できます．ですから，インバータを追加することで信号を反転するのは簡単です．回路設計時は，ゲートをNANDにしてみたりNORにしてみたり試行錯誤しながら，組み合わせ回路を仕上げていくのが普通です．

図2.25(**c**)のように，信号OUTL＝A・B・C＋D・Eを作ろうとした場合，入力信号のうちA，B，C，Dについては，すでに反転の信号$\overline{A}$，$\overline{B}$，$\overline{C}$，$\overline{D}$が回路のどこかにすでに存在していたことに設計の最後のほうで気がつくこともあります．そのような場合には，インバータを新たに1個用意して$\overline{E}$を作り，いままでNANDだけで構成されていた回路全体をNORだけの回路に作り直してしまいます．

2.2　データを保持する回路Dラッチとフリップフロップ

ここからはデータを保持できる回路を説明します．一つはDラッチ，もう一つはDフリップフロップです．

2.2.1　Dラッチはデータを保持する回路

Dラッチ(D-Latch)のラッチとは，“扉の留め金”という意味です．Dラッチのシンボルは**図2.26**のように「箱形」で，入力ピンにはD(データ)，G(ゲート)，出力ピンはQ(正転データ)だけのものや，QB($\overline{Q}$：反転データ)がそろっているものもあります．

データを保持する原理は，**図2.27**のように2個のインバータ，INVAとINVBが互いに自分の出力を相手の入力につないだ回路です．

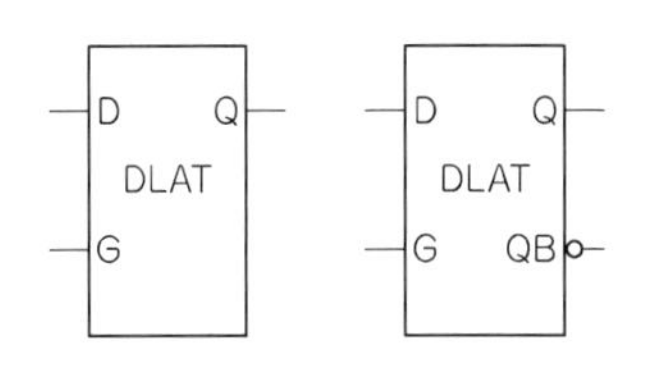

(a) Q出力だけ　(b) Q出力とQB出力

図2.26　Dラッチのシンボル
Dラッチのシンボルは箱型で，入力ピンD = DATAとG = GATEを左側につけ，出力ピンQ，QBを右側につける．

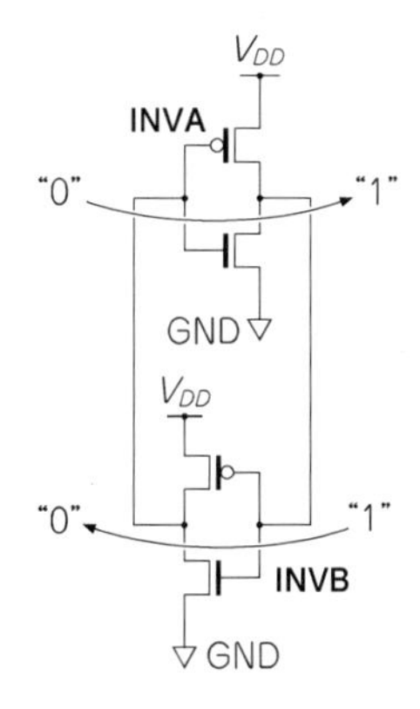

図2.27
2個のインバータによるデータ保持の原理
インバータを2個配置して，互いに自分の出力を相手の入力に接続すると，1か0のデータを保持できる回路になる．この回路はスタティックRAMのコアになる．

この回路の左側を0と仮定すると，上側のINVAはこれを反転して1を右側に出力します．すると，下側のINVBはこの1をさらに反転して0を左側へ出力するので，一回りしても論理のつじつまが合います．

同様に，左側が1の場合は，右側が0になります．

この回路はV_{DD}を落とさない限りデータを保持することのできるメモリ回路です．次に述べるクロックド・インバータ（Clocked-Inverter）を加えればDラッチの完成です．

クロックド・インバータは**図2.28**のようにNMOSトランジスタ2個，PMOSトランジスタ2個からなり，OUTピンにつながっているM2とM3のゲートには，ENとENBという信号が入ります．

ENとはENABLE（イネーブル）の略で，「動作を可能にする」という意味です．

ENBはENABLE_BAR（$\overline{\text{EN}}$）で，ENの反転です．

図2.28の上側の**動作可能な**状態（EN = 1，ENB = 0）では，M2とM3は両方ともONするので回路はインバータと同等になります．**図2.28**の下側の**動作させない**状態（EN = 0，ENB = 1）では，M2とM3は両方ともOFFし，OUTはV_{DD}とGNDの両方から切り離されます．このOUT端子の**切り離された状態**を「ハイ・インピーダンス」といい「HZ」と表します．Zはインピーダンスのことです．

クロックド・インバータは**図2.29**のようにインバータに似たシンボルを使用します．入力ピンとしてENとENBを上下につけます．

ENBピンについては，0のとき動作可能なので，○印をつけます．

Dラッチ全体の回路を**図2.30**に示します．INV1とINV2もDラッチ回路の一

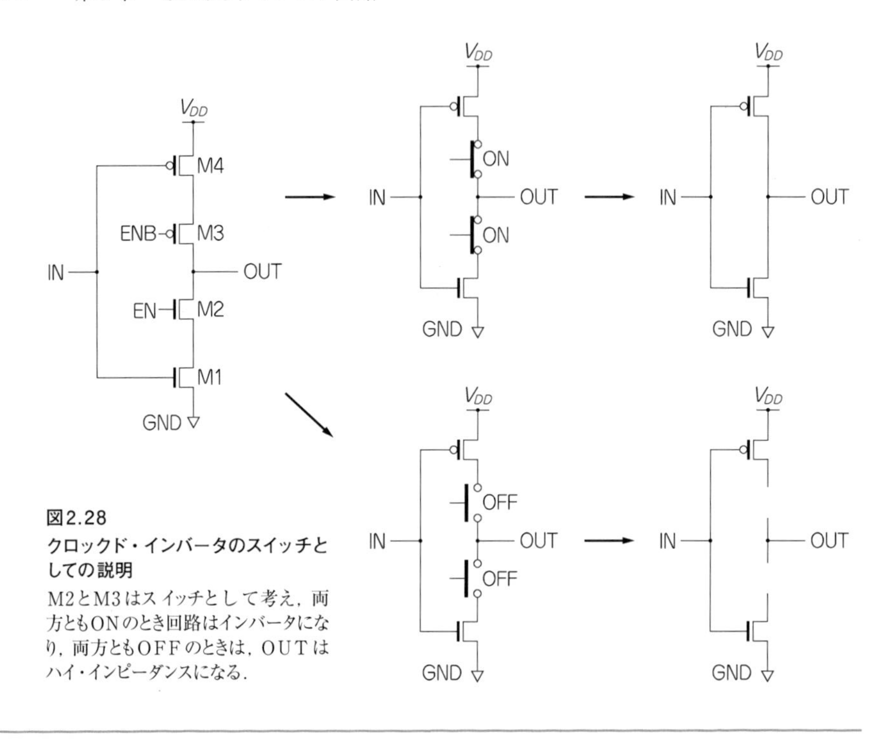

図2.28
クロックド・インバータのスイッチとしての説明
M2とM3はスイッチとして考え，両方ともONのとき回路はインバータになり，両方ともOFFのときは，OUTはハイ・インピーダンスになる．

図2.29
クロックド・インバータのシンボル
インバータのシンボルに，ENとENBのピンを加える．

部です．

図2.30(a)は，いちばん上のインバータINV1とINV2によって，ゲート入力Gから，ENとENBを作ります．クロックド・インバータCINVAは，データ書き込みのための回路です．INVAとクロックド・インバータCINVBでメモリ回路を構成します．CINVAとCINVBでは，EN，ENBの接続の仕方が逆になっている（点線で囲んだ部分）ことが分かります．

図2.30(b)はG＝1の場合（ゲートが開いた状態）です．CINVAはインバータと同等になり，CINVBは切り離された状態になります．Dから入ったデータは，CINVAとINVAで2回反転してQに出力されます．つまり入力から出力まで経路がつながっているわけで，この状態を**トランスペアレント(透過)ラッチ**と呼びます．

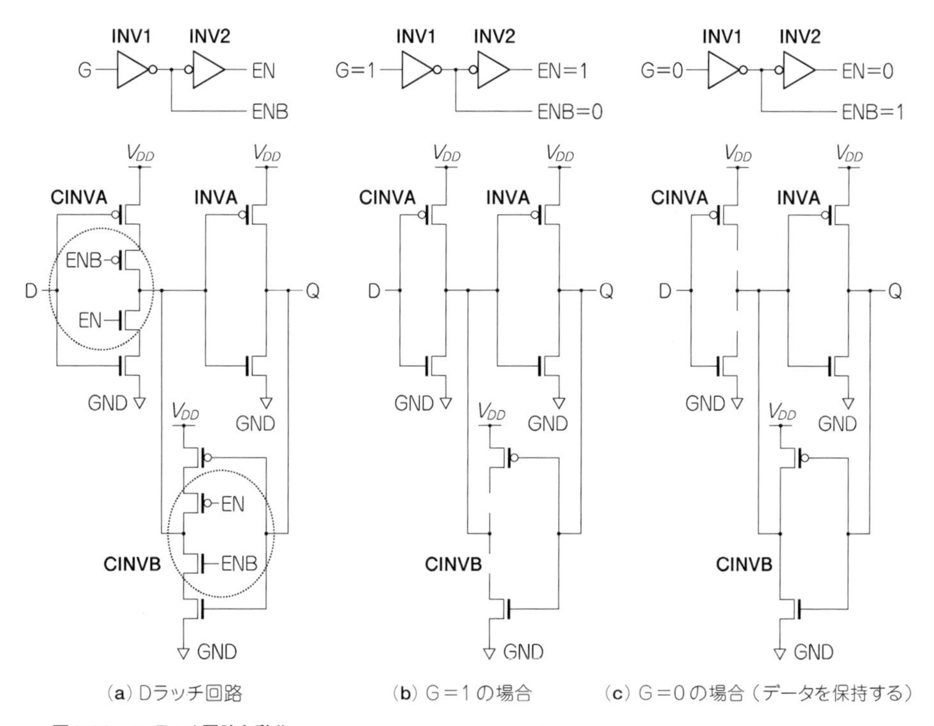

(**a**) Dラッチ回路　(**b**) G＝1の場合　(**c**) G＝0の場合（データを保持する）

図2.30　Dラッチ回路と動作
(**a**) Dラッチ回路は，2個のクロックド・インバータと1個のインバータで構成される．
(**b**) G＝1のときは，2個のインバータがDからQへ向かって並んだだけの形になる．
(**c**) G＝0のときは，2個のインバータがスタティックRAMを作った形になりデータを保持する．

図2.30(**c**)はG＝0の場合（ゲートが閉じた状態）です．CINVBはインバータと同等になるので，INVAとCINVBでメモリ回路を構成してデータを保持します．CINVAはDから切り離されるため，この状態ではDが変化してもメモリのデータは壊れません．

Gが0になるぎりぎりのタイミングでDを変化させてしまうと，メモリ回路に保存されているデータが，変化する前のDなのか，変化した後のDなのか，不確定になってしまいます．

そこで，Dを変化させてもよいタイミングに規制を設けることとし，**Gを0にする何ナノ秒前までならDを変化させてもOK**という時間を決めました．これを**セットアップ・タイム**（**Setup Time**）といいます（**図2.31**）．では一方，Gを0にした直後ならばDは変化させてもよいのでしょうか．実はこれも規定があり，

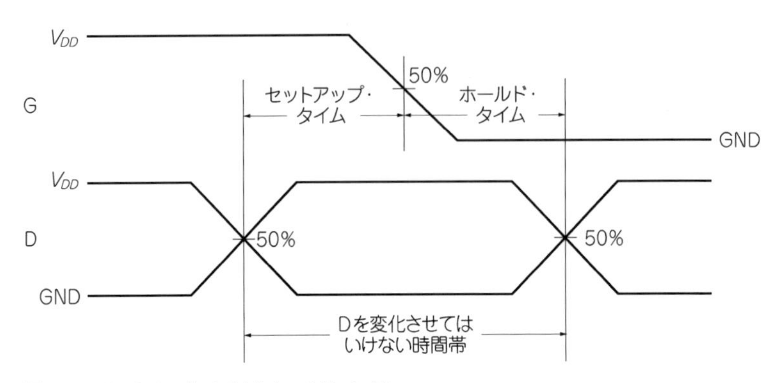

図2.31　セットアップ・タイムとホールド・タイム
Gが1から0に変化するタイミングの前後には，Dを変化させてはいけない時間帯がある．

ホールド・タイム（Hold Time）といいます．なぜホールド・タイムが必要かというと，**図2.30**において，Gが1から0になってから，回路内部のENが確実に0に落ち着くまでは，インバータ2個分（INV1，INV2）の遅延時間があるので，この遅延時間の分だけホールド・タイムが必要だからです．

結果として，Gを1から0にするタイミングの前と後の両方に，Dを変化させてはいけない時間帯があることになります．

2.2.2　Dフリップフロップは二つのDラッチでできている

カウンタ，ステート・マシンなどで多用されるDフリップフロップについて説明します．これも種類がいくつかありますが，ここでは2例のみ**図2.32**に示します．Dラッチと同じように箱の形をしており，D，Q，QBは同じ意味です．異なるのはGの代わりにCLK（クロック）となっていることです．

なお，**図2.32**の右側のシンボルには，リセット・ピン（RB）があります．

図2.33はDフリップフロップの全体回路です．Dラッチ1とDラッチ2でできています．

クロック入力CLKは，2個のインバータINV1とINV2にてEN，ENBを作ります．大切なポイントは，Dラッチ1とDラッチ2はEN，ENBの接続のしかたが逆になっていることです（点線で囲んだ部分）．

Dラッチ2は，CLK＝1（EN＝1，ENB＝0）のときは透過ラッチになり，CLK＝

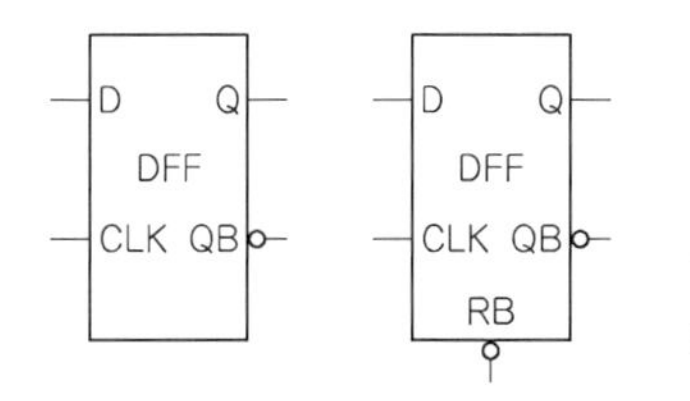

図2.32
Dフリップフロップのシンボル
Dフリップフロップのシンボルが D ラッチのシンボルと異なるところは，D ラッチの G が CLK＝CLOCK に置き換わった点である．

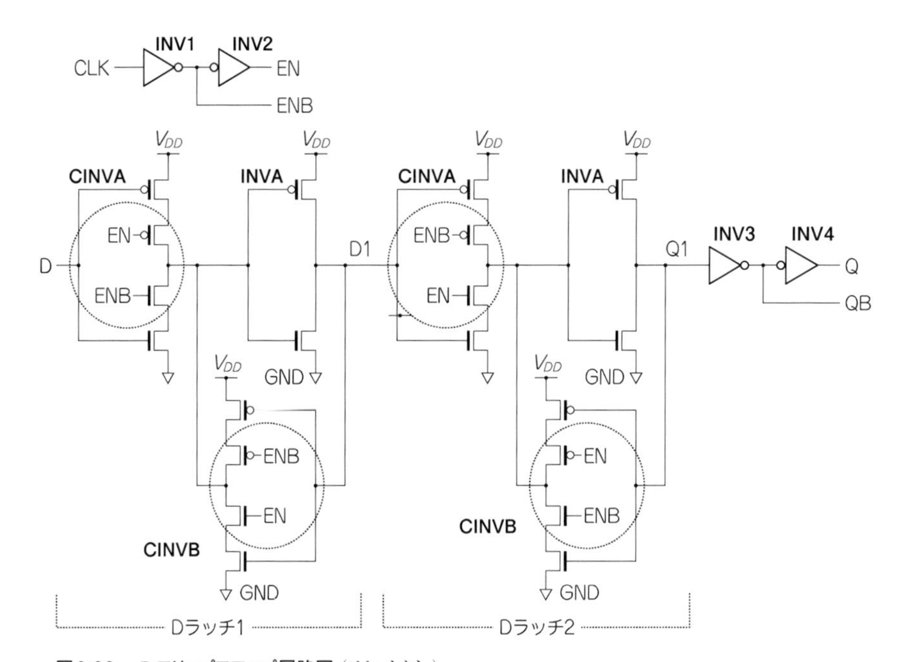

図2.33　Dフリップフロップ回路図（リセットなし）
Dフリップフロップ回路は，二つの D ラッチでできている．ただし，クロックド・インバータの EN と ENB が，前の回路と後ろの回路では逆になっている．

0（EN＝0，ENB＝1）のときは，データを保持するメモリ回路になります．

一方，D ラッチ1は逆に CLK＝0 で透過ラッチ，CLK＝1 でメモリ回路となります．Q1 は，そのままデータとして外に出さずに，わざと INV3 と INV4 で受けて出力信号 Q や QB を作っています．

D フリップフロップの動作を説明するにあたり，**図2.33**の回路を，**図2.34**のように2個の D ラッチの箱で簡単に表すことにします．**図2.34**の D ラッチ1は G＝0 のときゲートが開くので，G に○印が付けてあります．なお，今の間だけ

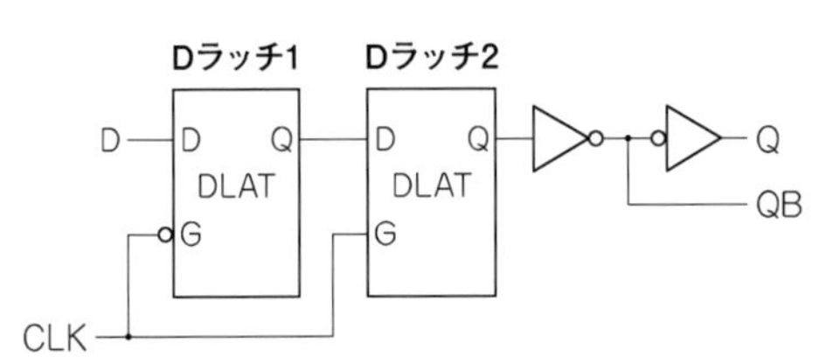

図2.34　Dフリップフロップを2個のDラッチで表す
Dフリップフロップ回路は，二つのDラッチでできている．前の方のDラッチでは，Gに○が付いている．

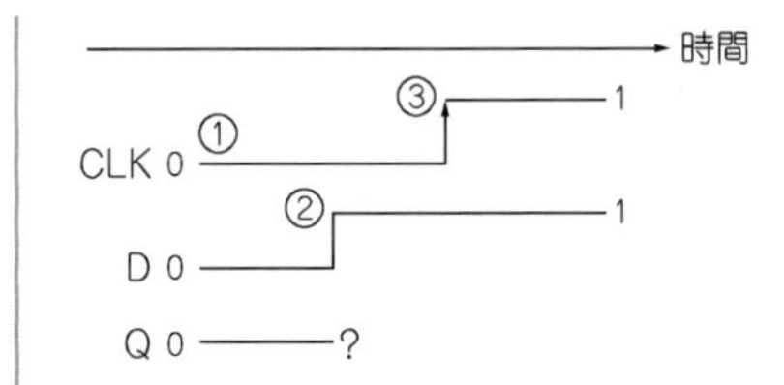

図2.35　タイミング・チャート1
CLKの立ち上がりエッジ以前にDが変化したら，QやQBはどうなるか?

INV1とINV2はDラッチ1とDラッチ2のそれぞれの箱の中にあると考えてください．

次に，動作の説明をします（**図2.35**）．

① 開始状態では，CLK＝0，D＝0，Q＝0

次のように，入力信号を入れます．

②Dを1へ変化させる

③CLKを1へ変化させる

入力信号の変化はこれだけです．回路はどう動くでしょうか．**図2.36**で説明します．

① スタートの状態〔**図2.36(a)**〕

②Dが1になると，Dラッチ1はゲートが開いているので，Dラッチ1のQまでデータD＝1が入ってくる〔**図2.36(b)**〕

③CLKが1になると，今度は後段のDラッチ2のゲートが開いているので，D1＝1のデータがDラッチ2を通り抜けてQから1が出力される〔**図2.36(c)**〕

これで終了です．このあとCLKが0に戻るときは，**図2.33**にあるように，二つのDラッチは，ゲートの開閉に，同じEN，ENBの信号を使用しているので，Dラッチ2のゲートが開くと同時にDラッチ1のゲートは閉じます．

Dフリップフロップの動作は，これまでは内部の2個のDラッチの動きを細かく考えましたが，実際は**図2.37**のタイミング・チャート2のように見ればよいのです．

① CLKの立ち上がりエッジ③直前のDの値を見る．この場合は1で，点線の丸印で示す

② このD＝1は，CLKの立ち上がりエッジ③のあと，わずかな遅延時間後に，Qから出力される．QBからは反転データが出力される．このように，Dフ

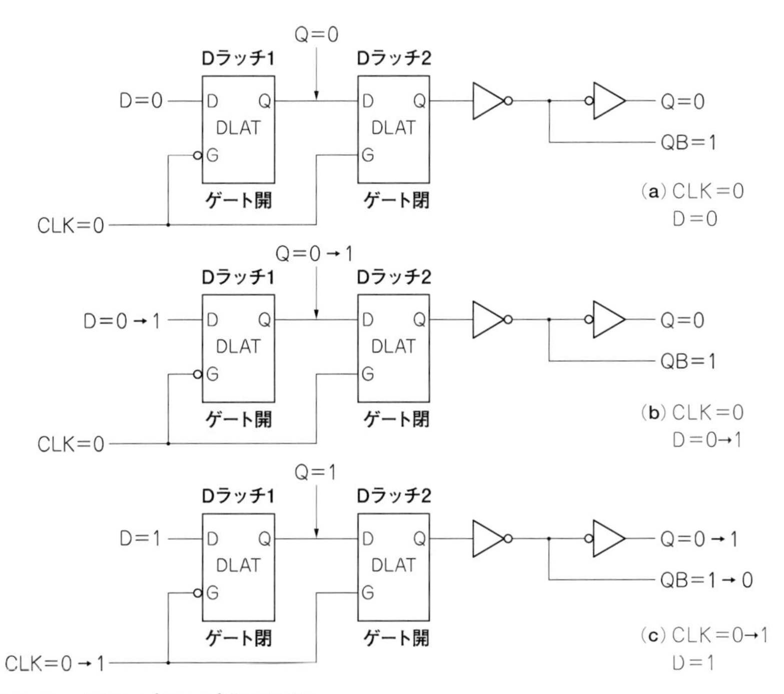

図2.36　Dフリップフロップ動作の説明
(a) 最初は，CLK＝0，D＝0から始まる．
(b) Dのみ0から1へ変化させる．QやQBは変化しない．
(c) CLKを0から1へ変化させる．QやQBは変化する．

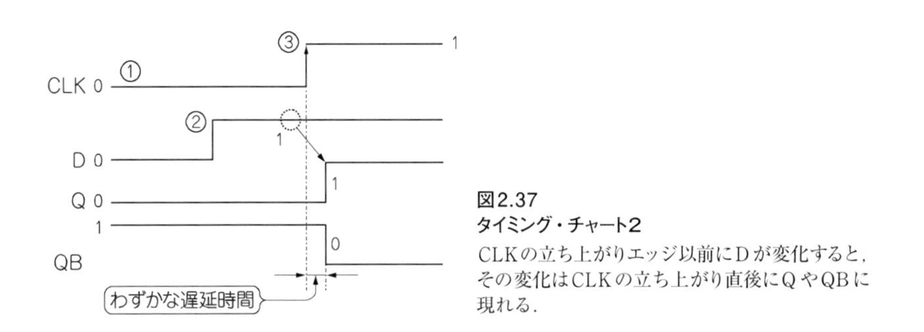

図2.37
タイミング・チャート2
CLKの立ち上がりエッジ以前にDが変化すると，その変化はCLKの立ち上がり直後にQやQBに現れる．

リップフロップの出力信号Q，QBは，かならずCLKの立ち上がりエッジから少しの遅延時間のところで変化する．これらのような信号を**クロック同期の信号**という

単体のDフリップフロップの説明は，以上で終了です．

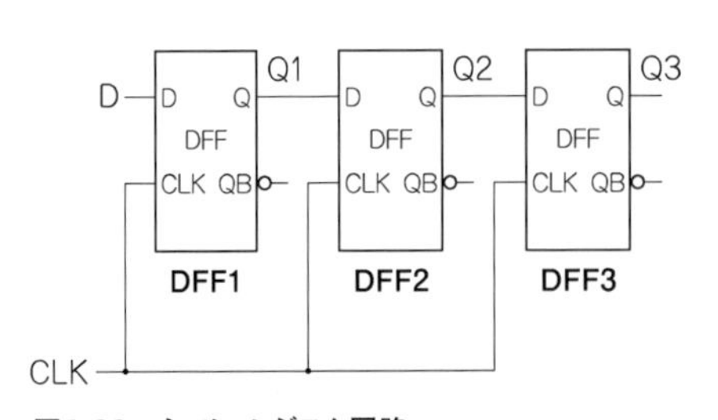

図2.38　シフト・レジスタ回路
Dフリップフロップを単に前後に3個つないだ回路．CLKはすべてつないである．

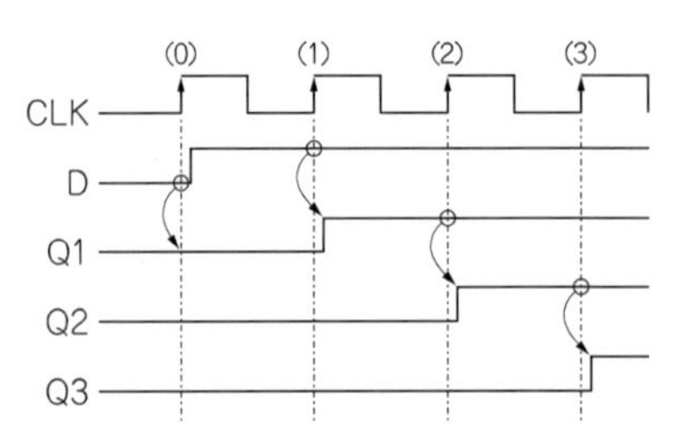

図2.39　シフト・レジスタのタイミング・チャート
Dの0から1への変化が，CLKの立ち上がりエッジのたびに，Q1，Q2，Q3と伝播していく．

2.2.3　シフト・レジスタ回路はデータのシリアル転送に使う

ここからは，複数のDフリップフロップを使用した回路を見ていきます．

図2.38は，Dフリップフロップが3個ならんだシフト・レジスタ回路です．箱はDフリップフロップです．CLK信号がすべてのDフリップフロップにつないであります．

シフト・レジスタの回路動作を説明します(**図2.39**)．最初Q1，Q2，Q3はすべて0とします．

Dフリップフロップの動作は，CLKが0→1になるとき(立ち上がりエッジと呼ぶ)にだけ注目すればよいのです．

CLKのエッジ(0)：D＝0．そのためQ1は0のまま．

少し時間を経てからDを1に変化させます．

CLKのエッジ(1)：○印でチェックしているようにDが1なので，Q1は遅延時間後，1になる．○印から矢印が伸びて，Q1の変化をポイントしている．

CLKのエッジ(2)：Q1＝1なので，遅延時間後に，Q2は1になる．

CLKのエッジ(3)：Q2＝1なので，遅延時間後に，Q3は1になる．

タイミング・チャートを見ると，データの0→1の変化が，Q1，Q2，Q3の順にシフトしていく(ずれていく)ので，シフト・レジスタと呼ばれています．

2.2.4　トグル・フリップフロップ回路——カウンタの基礎となる回路

トグル・フリップフロップは，Dフリップフロップを使って，QBを自分のD入

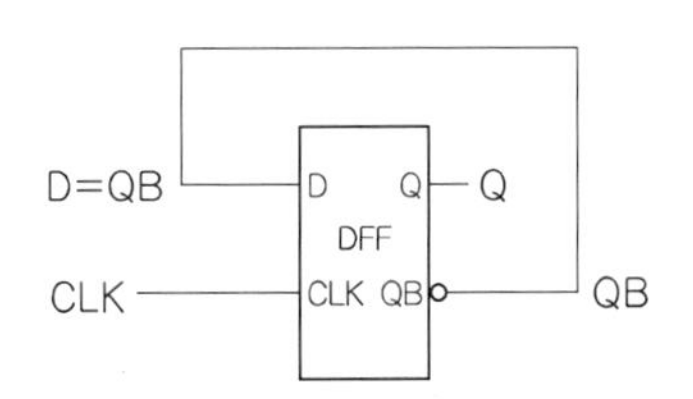

図2.40　トグル・フリップフロップ
DFFのQBをDに戻した回路．CLKの立ち上がりエッジのたびに，QやQBは反転(トグル)する．

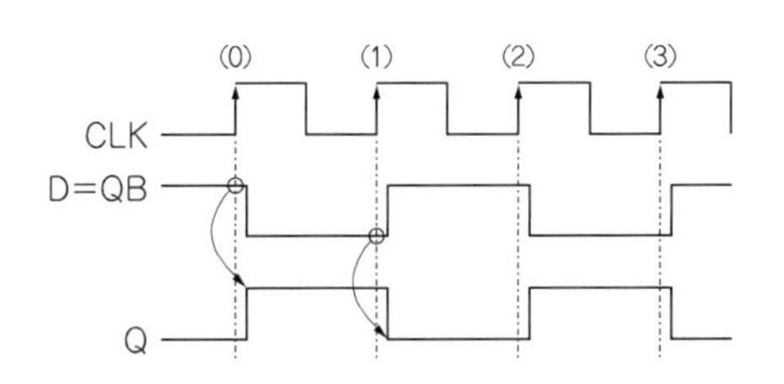

図2.41　トグル・フリップフロップのタイミング・チャート
CLKの立ち上がりエッジのたびに，QやQBは反転(トグル)する．

力に戻した回路です(**図2.40**)．

ここでCLKにクロック・パルスを入れたらどうなるでしょうか(**図2.41**)．

最初の状態ではQ＝0，QB＝1とします．

CLKのエッジ(0)：D＝1．遅延時間後，Qは1に変化する．同時にQBは0に変化する．

CLKのエッジ(1)：D＝0．遅延時間後，Qは0に変化し，QBは1に変化する．

このように，CLKの立ち上がりエッジごとに，QとQBは1→0→1→0の変化を繰り返します．これを**トグル**といいます．QBをDに接続したDフリップフロップを，**トグル・フリップフロップ**と呼びます．

2.2.5　リセット付き，セット付きDフリップフロップ

図2.42にDフリップフロップのリセット端子付きと，セット端子付きの二つの回路を示します．リセット端子付きのDフリップフロップは，RB＝0のときQ＝0となり，セット端子付きのDフリップフロップは，SB＝0のときQ＝1となります．

2.3　カウンタ回路

カウンタ回路とは，クロックの立ち上がりエッジまたは立ち下がりエッジで一つずつカウントを増やしていく回路です(カウントを減らしていく回路もある)．たとえば0から7までカウントしたい場合，最大の7は2進数だと111ですから，3ビット必要となり，Dフリップフロップも3個使用します．

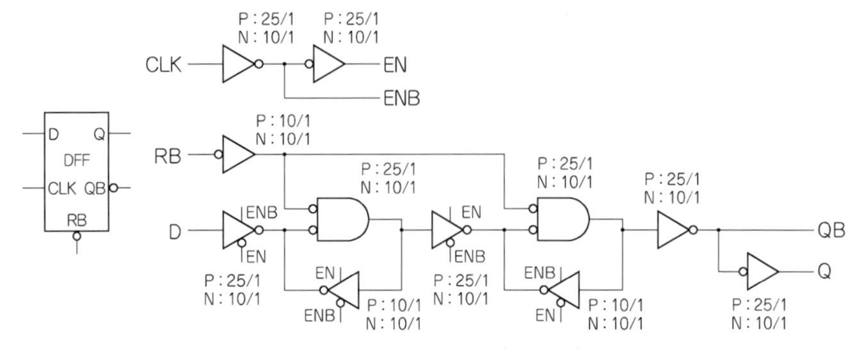

(a) リセット付きDフリップフロップ
リセットなしのDフリップフロップのインバータを2入力NORに変更

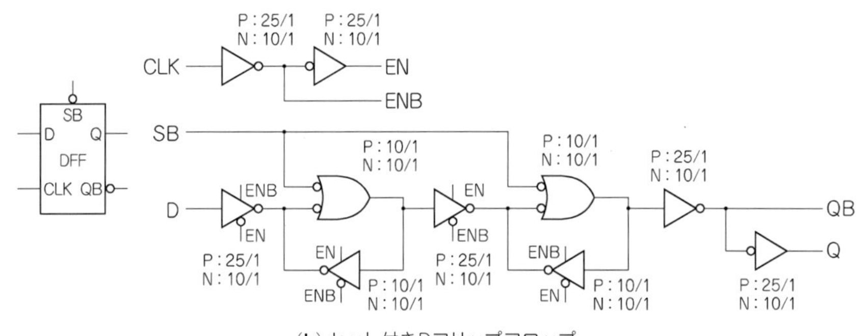

(b) セット付きDフリップフロップ
リセットなしのDフリップフロップのインバータを2入力NANDに変更

図2.42　リセット付きD フリップフロップ回路とセット付きD フリップフロップ回路

カウンタには，①リップル・カウンタと②同期式カウンタの2種類があります．

2.3.1　リップル・カウンタ(3ビット)

図2.43のように，リセット付きのDフリップフロップのQB出力をDに戻したトグル・フリップフロップを3個並べます．リセット信号(RESETL)は3個とも共通に接続しておきます．左端のDFF0にのみクロックCLKを入れ，DFF0のQB出力であるQ0BをDFF1のCLKピンへ入れます．同様に，DFF1のQB出力であるQ1BをDFF2のCLKピンへ入れます．これで，でき上がりです．

図2.44に示すように，クロックを入れると，DFF0は，クロックの立ち上がりエッジでトグルするだけです．DFF1は，DFF0のQ0Bの立ち上がりエッジでトグルし，DFF2も同様に，DFF1のQ1Bの立ち上がりでトグルします．

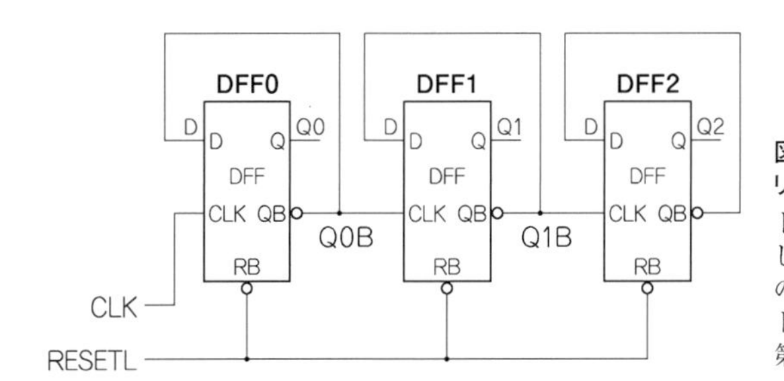

図2.43
リップル・カウンタ（3ビット）回路図
トグル・フリップフロップを3個接続した回路．CLKの立ち上がりエッジのたびにカウントが変化する．カウントは左側から，第0ビット，第1ビット，第2ビット．

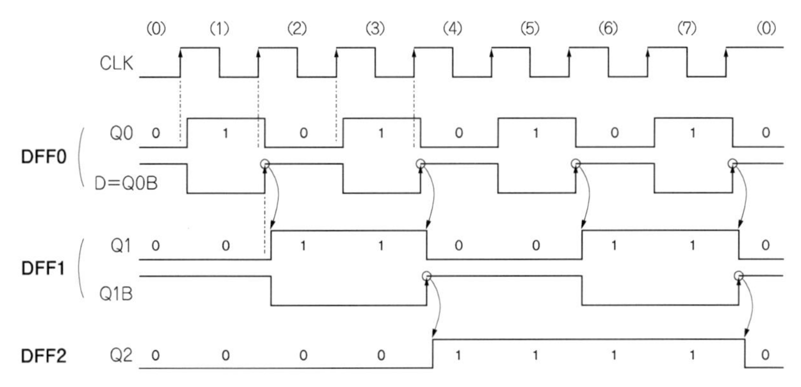

図2.44　リップル・カウンタのタイミング・チャート
Q0，Q1，Q2の3ビットで，000から111までカウントしていく．111のあとは000に戻る．

カウントは000から111まで増加していき，最後には000へ戻り，カウントを繰り返します．動作は以上です．

ここで，このリップル・カウンタに若干手を加え，実際の設計でよく用いる回路を2例作っておきます．

（**カウンタ回路1**）111で止まる回路
（**カウンタ回路2**）111の後000へ戻り，000で止まる回路

（**カウンタ回路1**），（**カウンタ回路2**）ともに，いったん停止したら，再起動の信号を入れた場合のみ，再びカウント動作を開始します．

（**カウンタ回路1**）111で止まる回路

図2.45のようにリップル・カウンタのDFF0のD入力にXORの出力を接

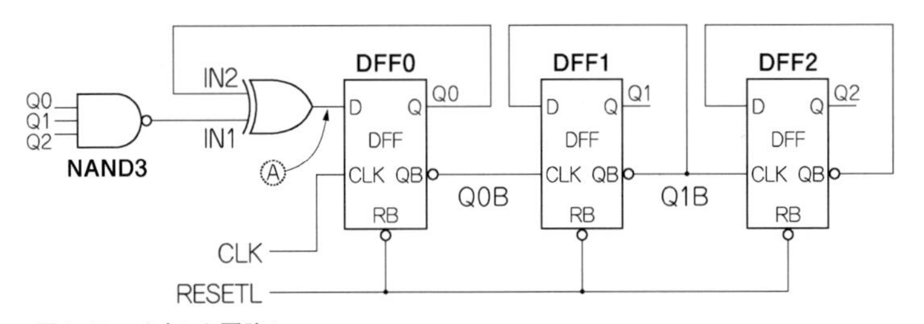

図2.45　カウンタ回路1
3ビットのリップル・カウンタに，EXORとNAND3を加えた回路.

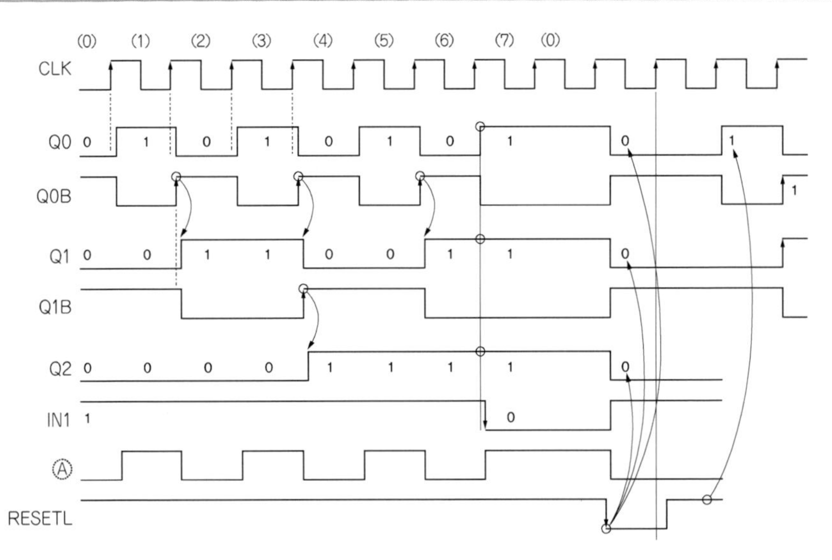

図2.46　カウンタ回路1のタイミング・チャート
000から111までカウントが上がっていき，111でストップする回路．RESETLをいったん0にしてまた1に戻すと，再びカウントが始まる.

続します．DFF1とDFF2はトグル・フリップフロップです．動作のタイミング・チャートを**図2.46**に示します.

XORは，IN1，IN2のうち，片方のIN1をトグルの制御信号と考えると，IN1＝1ならば，IN2はH/L反転してⒶに出てきます．つまり，トグルします．しかしIN1＝0ならば，IN2はH/LそのままでⒶに出てきます.

つまり，Q0＝Q1＝Q2＝1以外のときは，NAND3の出力IN1＝1なのでDFF0のQ0が反転してⒶへ戻ってくるので，トグル動作を続けます．Q0＝

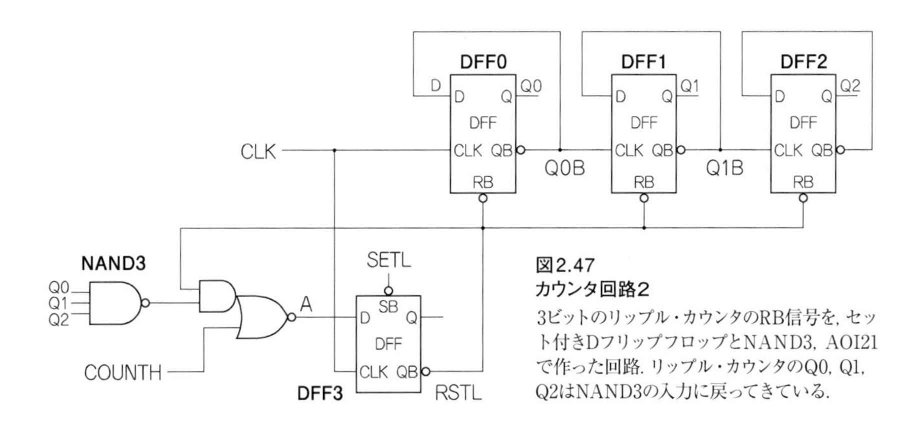

図2.47
カウンタ回路2
3ビットのリップル・カウンタのRB信号を，セット付きDフリップフロップとNAND3，AOI21で作った回路．リップル・カウンタのQ0，Q1，Q2はNAND3の入力に戻ってきている．

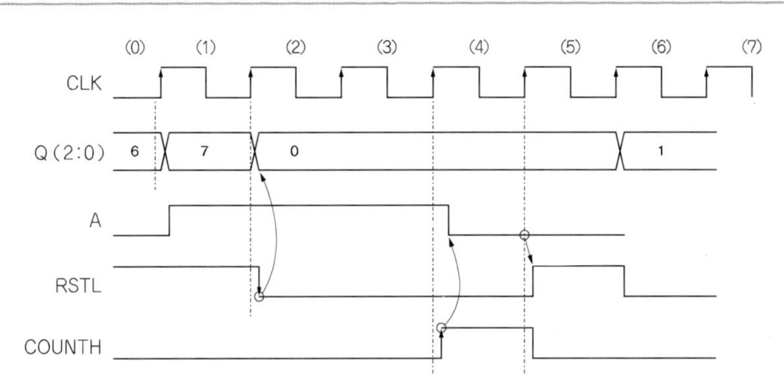

図2.48　カウンタ回路2のタイミング・チャート
000から111までカウントが上がっていき，000に戻ってすぐストップする回路．COUNTHをいったん1にしてまた0に戻すと，再びカウントが始まる．

Q1＝Q2＝1になると，IN1＝0となり，DFF0はトグル動作を停止，すなわち111でカウントは停止します．カウントを再開する方法は，RESETLをいったん0にして，1クロック以上待ってから再度1に戻します．

（**カウンタ回路2**）111の後000へ戻り，000で止まる回路

図2.47のように，今度はDFF3を新たに設けます．DFF3はSB＝0でQ＝1になるセット付きのDフリップフロップです．**図2.48**にタイミング・チャートを示します．ここでQ(2:0)は，Q2，Q1，Q0が000から始まり111(16進では7)までいって，再び000に戻ることを示しています．

DFF3のQB出力にはRSTLという信号名を与えています．この信号は，DFF0，DFF1，DFF2のRBピンに接続されているので，RSTL＝0のときカウンタは000にリセットされています．

カウント動作の開始は，制御信号COUNTHを1クロック期間だけ1にすることです．するとその次のCLK立ち上がりエッジでRSTL＝1となり，DFF0，DFF1，DFF2のリセットは解け，そのさらに次のエッジからカウンタは動作を開始します．カウントが111以外である間は，NAND3の出力は1ですから，DFF3はQB＝1，すなわちRSTL＝1を保持し続けますが，111になると，RSTL＝0となり，カウンタはリセットされ000を保持します．

2.3.2　同期式カウンタ

4ビットの**同期式**カウンタを作ります．同期カウンタはリップル・カウンタと異なり，すべてのDフリップフロップのCLK入力ピンに，クロック信号が入ります（**図2.49**）．

4ビットですから，0000から1111までカウントできます．以下に，その一部0000から1000までを列記します．ビットの名前は，右端から第0ビット，第1ビット，…というように呼んでいきます．

0000
000**1** ⇦
0010
00**11** ⇦
0100
0101
0110
0**111** ⇦
1000

太字の**1**に注意すると，**1**，**11**，**111**というように**1**がそろったときの（⇦で示す），その次のクロックで，一つ上のビットをトグルさせる仕組みです．

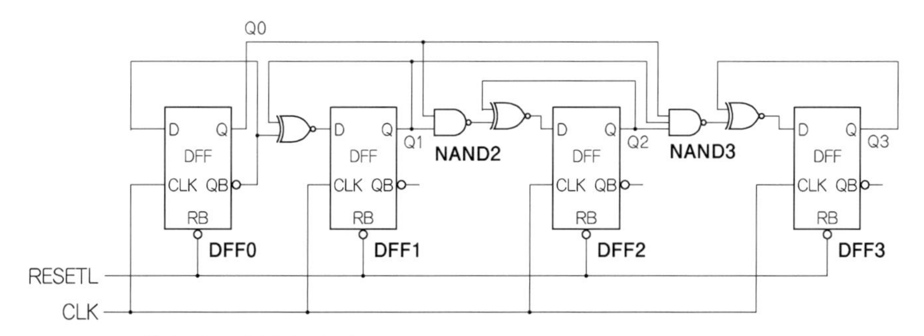

図2.49　同期式カウンタ回路（4ビット）
4個のトグル・フリップフロップに細工を加えた回路.

第0ビット：クロックがくるごとにトグルを繰り返す
第1ビット：第0ビットが1になったときのみ，その次のクロックでトグル
第2ビット：第0ビットと第1ビットが11になったとき，その次のクロックでトグル
第3ビット：第0ビット，第1ビット，第2ビットが111になったとき，その次のクロックでトグル

回路は**図2.49**のようになっており，DFF1，DFF2，DFF3ではDフリップフロップがトグルするか，しないかのコントロールはXNORで行っています．XNORでは，入力のうちの一つが0ならば，他方は1/0反転して（トグルして）出力に出てきます．DFF2, DFF3では，下位のビットがすべて1かどうかを，NAND2，NAND3で調べています．たとえばDFF2では，Q0＝1，Q1＝1のときNAND2の出力は0になり，XNORはQ2を反転させるようになります．

同期式カウンタが，リップル・カウンタより優れている点は，CLKの周波数を速くして動作させることができることです．Dフリップフロップ内部の遅延時間は，CLKの立ち上がりエッジからQ，QBが変化するまでインバータ5個ぶんに相当するぐらいあります．**図2.49**の回路は，DフリップフロップのQまたはQBから，NANDとXNORの合計2ゲートぶんの遅延で，次のDフリップフロップのD入力に信号が入っていますから，CLKの立ち上がりエッジから，5＋2の合計7ゲートぶんぐらいの遅延時間です．

一方，4ビットのリップル・カウンタの場合，CLKの立ち上がりエッジからの遅延時間は，Dフリップフロップの数の5倍で，約25ゲート分も遅延時間があります．

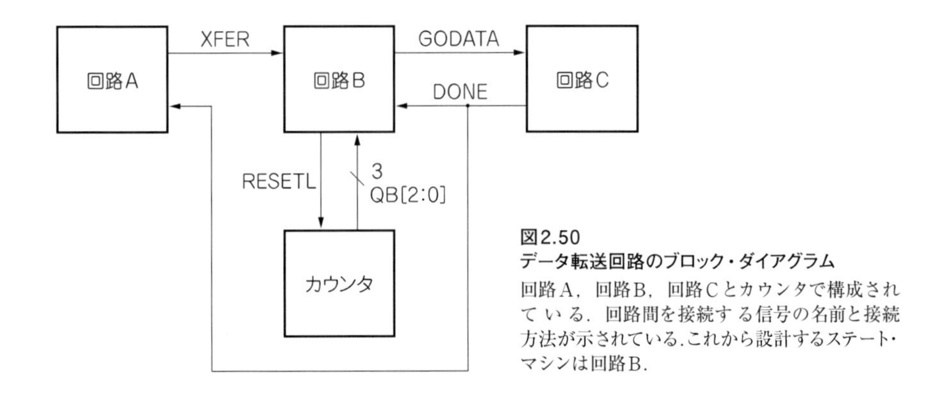

図2.50
データ転送回路のブロック・ダイアグラム
回路A，回路B，回路Cとカウンタで構成されている．回路間を接続する信号の名前と接続方法が示されている．これから設計するステート・マシンは回路B．

2.4　ステート・マシン（State Machine）

ステート・マシンとは，簡単にいうとフローチャートを回路にしたもので，いわゆる**制御**をする回路のことです．ここでは，フローチャートよりも簡単な**状態遷移図**というものを用います．

今，あるLSIチップ内で何らかのデータ転送の必要があるとします．このデータ転送には，**図2.50**の回路A，回路B，回路Cという三つの回路が必要だと考えてください．

回路Aは一番「偉い」立場の回路で，LSI内部の状態を考慮して，データ転送に適した時期を見つけると，「データ転送をしなさい」と回路Bへ命令します．命令にはXFERという信号を1にします．XFERはTransfer（トランスファ：転送）の意味です．

回路Bはこれから設計するステート・マシンです．XFER＝1の信号を受けると，まず自分のもつ3ビット・カウンタを起動してカウントが0から7になるまで待ちます．カウントが7になったところで，もう一度XFER＝1かどうかを確認します．なぜならここでは回路Aは，いったん発した命令をキャンセルしてもよい決まりがあるからです．ただしキャンセルは，回路Bのカウンタのカウントが6以下までなら，回路AはXFER信号を0に戻してもよいという約束にします．カウント7でXFER＝1ならば，回路Bは実際のデータ転送をつかさどる回路Cへ，GODATAという信号で命令します．

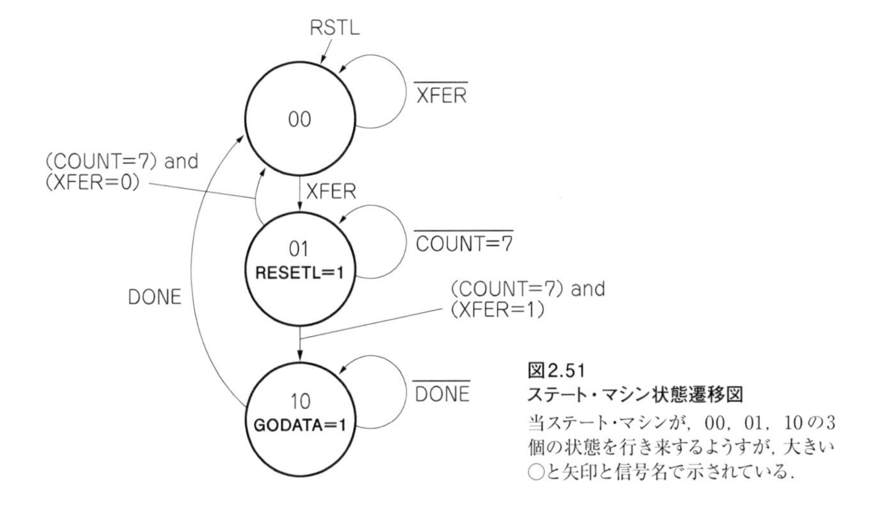

図2.51
ステート・マシン状態遷移図
当ステート・マシンが，00，01，10の3個の状態を行き来するようすが，大きい○と矢印と信号名で示されている．

GODATA信号はキャンセルは許されず，1を維持します．やがて，回路Cがデータ転送を終了して，DONEという信号を返してくると，回路BはGODATA信号を引っ込めて，アイドル状態(回路Aからの命令を待つ状態)へ戻ります．DONE信号は回路Aにも行き，データ転送が終了したことを知らせます．

ここで，回路Bはいくつかの「状態」を移動(遷移)していく回路です．では，どのような状態が必要なのでしょうか．

① アイドル状態：自分は何もせず，回路Aからの命令を待っている状態
② カウント状態：回路AからXFER＝1の命令を受け，自分のもつカウンタを起動してカウントが7になるまで待つ状態．待っている間に回路Aはデータ転送をキャンセルしてくる可能性がある
③ データ転送状態：GODATA＝1として，回路Cにデータ転送の命令を出し，データ転送の終了を待っている状態

以上三つの状態が必要です．

次は各状態に2進数の「番号」をつけます．状態の数は①～③の3個ですから，ビット数は2ビットあればよいわけで，00，01，10とします．

2.4.1　状態遷移図で状態間をどう動くかをはっきりさせる

図2.51に示すように，各状態を大きな○で表し，そのなかに状態の番号(00，01，10)を書き込んでいきます．ある状態で何らかの信号を出す場合は，その

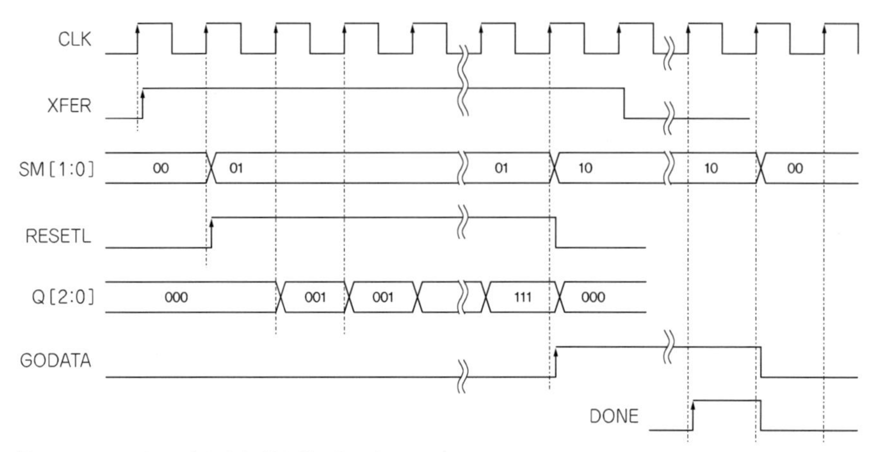

図2.52　ステート・マシンのタイミング・チャート
コントロール信号XFER=1となると，ステート・マシンの状態SM[1:0]は00から01へ遷移してRESETLが1となりカウンタが起動する．カウンタQ[2:0]が111になると，ステート・マシンは10へ変遷して，GODATA信号を1にし，DONE信号が回路Cで1になるのを待つ．DONE信号が1になると，ステート・マシンは00へ戻る．

信号名，たとえばGODATAなども○のなかに記入します．

次に，状態間の移動方向をあらわす「矢印」を記入していきます．矢印には，ある状態から出発して，また同じ状態にぐるりと戻ってくるものもあります．

最後に，矢印の横に，その移動の理由である「条件式」(例：DONE)を記入します．これで**状態遷移図**は完成です．

次にタイミング・チャートを作ります(**図2.52**)．

2.4.2　回路設計

回路設計の手順を説明します．

① 状態の数SM[1:0]は，2ビットで表現しているので，二つのDFF(DFF0とDFF1)を用意する．いずれもリセット付きのDフリップフロップ

② 状態遷移図の第0ビットに注目する．状態間の移動で，第0ビットが0から1へ，または1から1へと，つまり「行き先で1になるような」変遷を探す．行き先で0になる変遷は無視する

第0ビットが，行き先で1になる状態遷移は[00]から[01]，[01]から[01]の二つです．

それぞれの状態遷移の条件式を式(2.1)，式(2.2)のように列記します．

重要なことは，かならず今いる状態の番号（たとえば[00]）をandの条件に入れることです．

[00]から[01]：[00] and (XFER = 1)　(2.1)

[01]から[01]：[01] and (XFER = 1) and (COUNT ≠ 7)　(2.2)

この二つの条件は，どちらもDフリップフロップ0(DFF0)のQ出力を，次のクロックの立ち上がりエッジで1にする条件となります．

③ 第1ビットに注目する

第1ビットが，行き先で1になる状態遷移は[01]→[10]と[10]→[10]の二つです．

[01]から[10]：[01] and (XFER = 1) and (COUNT = 7)　(2.3)

[10]から[10]：[10] and (DONE = 0)　(2.4)

式(2.3)と式(2.4)の条件は，どちらもDFF1のQ出力を次のクロックで1にする条件となります．

④ 第0ビットに戻り，回路設計をしていく

条件式を再度列記します．第0ビットを1にする条件は式(2.5)，式(2.6)となります．共通項がないか探します．

(Q0 = 0) and (Q1 = 0) and (XFER = 1)　(2.5)

(Q0 = 1) and (Q1 = 0) and (XFER = 1) and (COUNT ≠ 7)　(2.6)

共通項は，(Q1 = 0) and (XFER = 1)です．ここで式(2.5)，式(2.6)から式(2.7)を作ります．

[(Q1 = 0) and (XFER = 1)] and [(Q0 = 0) or {(Q0 = 1) and (COUNT ≠ 7)}]　(2.7)

式(2.7)の右側の[ ]の中の論理式は，実は次のように簡単にできます．[(Q0 = 0) or (COUNT ≠ 7)]です．理由は，今(Q0 = 0)を条件A，(COUNT ≠ 7)を条件Bとすると，(Q0 = 1)は$\overline{A}$ですから，[(Q0 = 0) or {(Q0 = 1) and (COUNT ≠

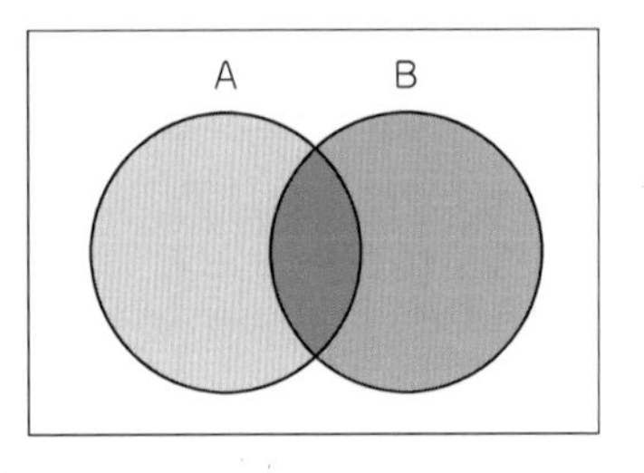

図2.53
集合図
$A+\overline{A}\cdot B=A+B$であることがすぐ分かる．

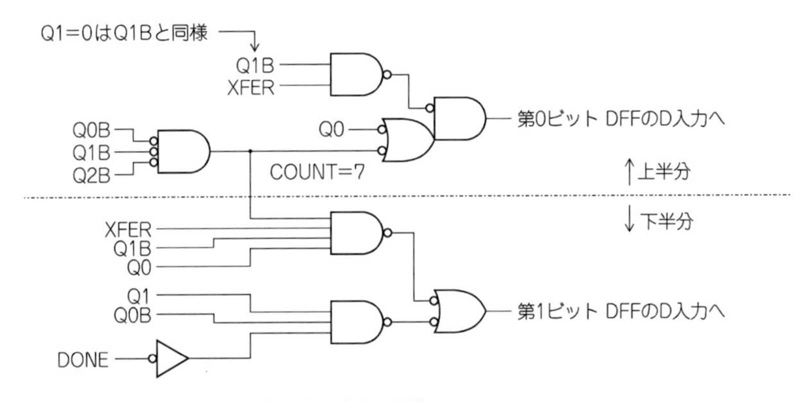

図2.54　ステート・マシンの中の組み合わせ回路

7)｝] = $A+\overline{A}\cdot B$ と表せます．orは+になります．

$A+\overline{A}\cdot B$ は，さらに簡単にできるかを見ていきます．

図2.53を見るとすぐ分かります．$A+\overline{A}\cdot B=A+B$ と簡単になります．

結局，式(2.7)は，

$$[(Q1=0)\,\mathrm{and}\,(XFER=1)]\,\mathrm{and}\,[(Q0=0)\,\mathrm{or}\,(COUNT\neq 7)] \tag{2.8}$$

となり，**図2.54**の上半分の回路になります．ここで，複合ゲートAOI21の負論理ゲートを使用しています．

⑤ 第1ビットの回路設計

$$[01]\,\mathrm{and}\,(XFER=1)\,\mathrm{and}\,(COUNT=7) \tag{2.9}$$

$$[10]\,\mathrm{and}\,(DONE=0) \tag{2.10}$$

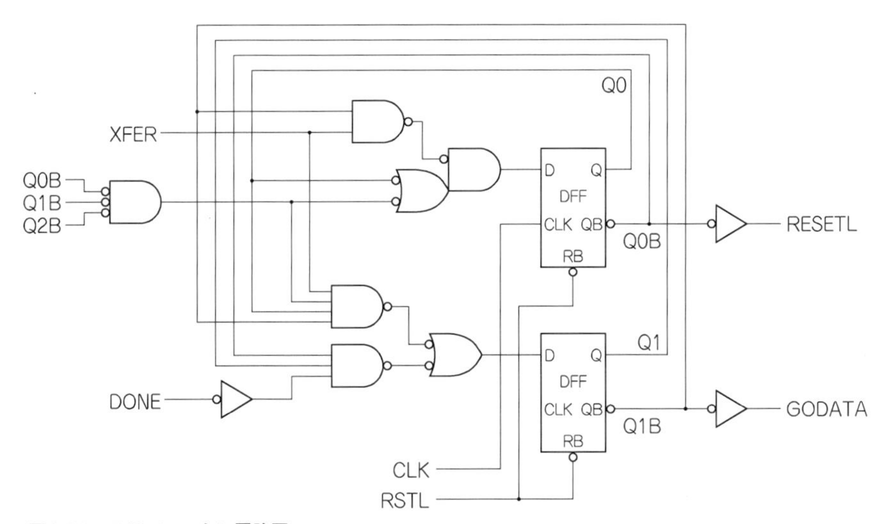

図2.55　ステート・マシン回路図
組み合わせ回路と2個のリセット付きDフリップフロップでできている．

これらは，共通項がないので，そのまま回路にしていきます．**図2.54**の下半分になります．

図2.55は仕上がった全体回路図です．

2.5　その他のディジタル回路

2.5.1　RSラッチ――パルス信号を待つ回路

RSはReset Setの略です．**図2.56**のように，2入力NANDまたは2入力NORを2個使用した回路です．RSフリップフロップと呼ばれる場合もあります．**図2.56**のOUTH，OUTLのように，この回路から他の回路へ信号を出すときは，Q1またはQ2をかならずインバータで受けてから出力します．これは，Q1，Q2の片方にのみ多くの寄生容量が付くことで回路動作が不安定になることを回避するためです．

ここでは2入力NAND2個で構成されたRSラッチ〔**図2.56(a)**〕について説明します．入力の信号名のつけ方に特に決まりはありませんが，ここではRESETL，SETLと名付けます．SETL＝LのときにOUTL＝0にし，RESETL＝Lのと

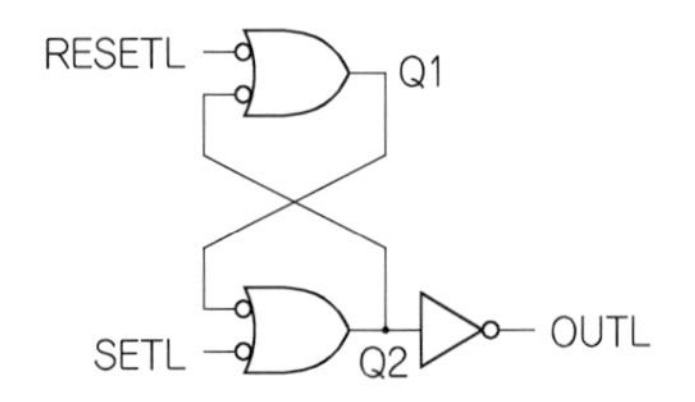

(a) 2入力NANDで作ったRSラッチ回路　(b) 2入力NORで作ったRSラッチ回路

図2.56　RSラッチ回路

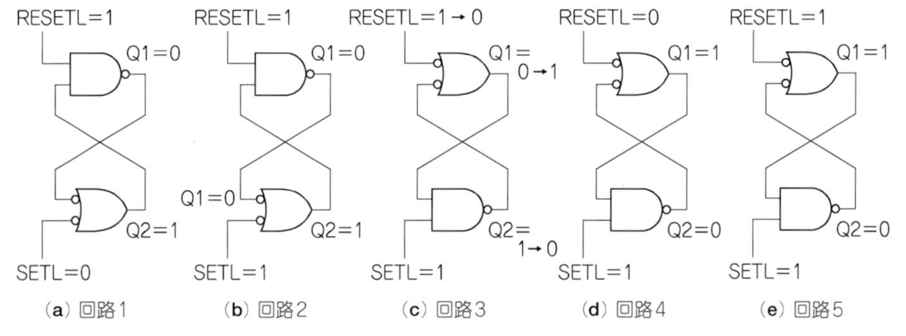

(a) 回路1　(b) 回路2　(c) 回路3　(d) 回路4　(e) 回路5

図2.57　RSラッチ動作

2入力NANDで構成されたRSラッチの動作：
(a) RESETL＝1，SETL＝0のとき，Q1＝0，Q2＝1とする．
(b) SETL＝1にしても，Q1，Q2はは変化しない．
(c) RESETL＝0となると，Q1＝1，Q2＝0と反転する．
(d) RESETL＝1に戻っても，Q1＝1，Q2＝0は変化しない．

きにOUTL＝1にします．

OUTLはAssert-Low（負論理）の信号なので，0の状態をセットと呼んでいます．

回路の動きを**図2.57**で説明します．理解の助けになると考え，NANDのシンボルを故意に正論理にしたり負論理にしたりしています．

図2.58に示すタイミング・チャートに従って説明します．

① 入力RESETL＝1，SETL＝0として，初期状態をわざとQ1＝0，Q2＝1とする
② SETLを1に戻す．Q1＝0，Q2＝1の状態は変わらない．この状態で，RESETLの負のパルスを待つ
③ RESETLの負のパルスがくると，Q1＝1，Q2＝0となる

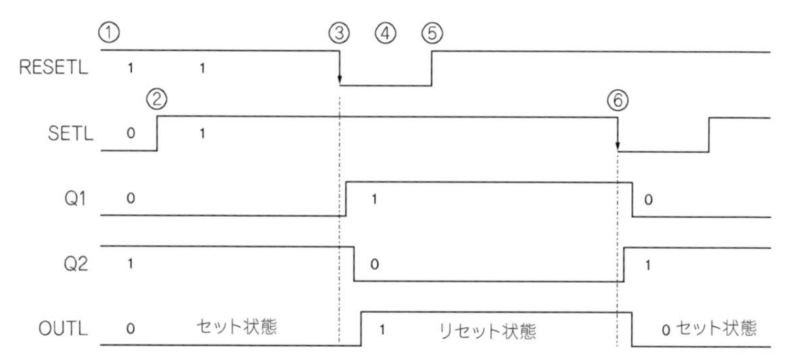

図2.58　RSラッチのタイミング・チャート

④ RESETL＝0の状態
⑤ RESETLが1に戻っても状態は変わらない
⑥ 状態を元に戻すには，SETLの負のパルスを入れる

以上のようにRSラッチの使用方法は，まずラッチをある状態に設定しておいてから，何らかのパルス信号（この場合はRESETL）がくるのを待ちます．パルス信号がくるとRSラッチの保持する状態（Q1，Q2）は変化し，パルスがきたことを信号OUTLでほかの回路へ知らせます．RSラッチの状態を元に戻すにはSETLのパルスを使います．

2.5.2　シュミット・トリガ回路──ノイズの乗った信号を受ける回路

IC, LSIがチップの外から受けるディジタル信号の立ち上がり/立ち下がり速度は製品仕様に明記されていることが多いですが，万が一，立ち上がり/立ち下がりの遅い（約10ns以上）信号がきた場合に備えて，対策をとる場合があります．それがシュミット・トリガ回路です．

もしインバータに立ち上がりの遅い信号を入れた場合には，途中でPMOSトランジスタもNMOSトランジスタもONしてしまい，V_{DD}からGNDへ向けて大きな貫通電流が流れるため，インバータの出力信号がバタバタと暴れ，信号を受ける回路に誤動作が発生する可能性があります．

図2.59(a)は，この回路に立ち上がり，立ち下がりがどちらも1msという遅い信号V_{in}を入れた場合のV_{out}の動きを示しています．立ち上がりときは，V_{in}＝3.5VでV_{out}はLからHへとシャープに変化し，立ち下がりときはV_{in}＝1.5Vで

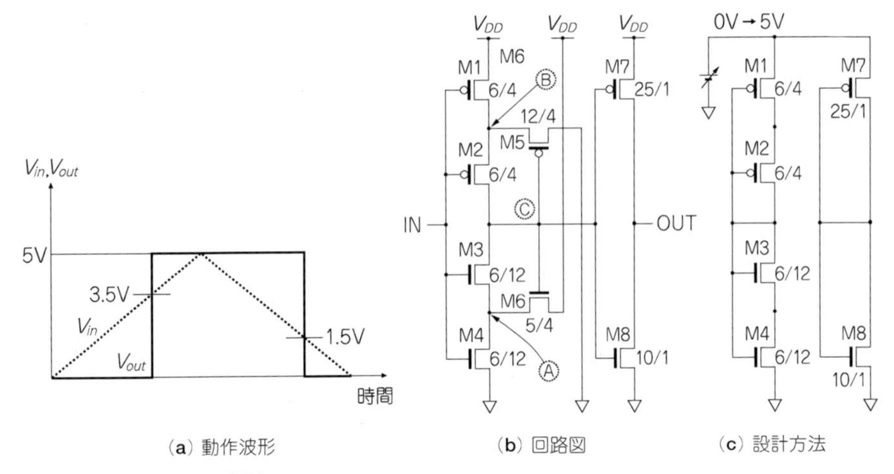

図2.59　シュミット・トリガ回路
V_{in}に0Vから5Vまでゆっくり上昇し，再度0Vまでゆっくり下降する三角波を与えると，上昇時はV_{in}= 3.5VでOUTは反転するが，下降時はV_{in}= 1.5VでOUTは反転する．

V_{out}はHからLへとシャープに変化します．このように，出力信号の変化ポイントが，入力信号の立ち上がりの場合と立ち下がりの場合とで異なることを「**ヒステリシスをもつ**」といいます．

回路図を**図2.59**(**b**)に示します．PMOSトランジスタのM1, M2およびNMOSトランジスタのM3，M4で作った回路は一種のインバータで，M4のドレインⒶにM6のソースをつなぎM6のドレインはV_{DD}になっています．

PMOSトランジスタはM1のドレインⒷにM5のソースをつなぎ，M5のドレインはGNDになっています．

図2.59(**c**)の回路は，あらかじめこの回路で使う2個のインバータのV_{SW}を約2.5V(＝V_{DD}/2)あたりに設定するためのSPICEで行うシミュレーション手法を示しています．V_{SW}については，1.2.6節を参照してください．

V_{in}の立ち上がりの場合，本来ならば$V_{in} = V_{SW} = 2.5$Vのあたりで，インバータの出力であるノードⒸがHからLへ変化するはずですが，V_{DD}からM6，M4を通ってGNDに至る電流パスがあるため，M6がノードⒶを高い電圧に引っ張り上げ，$V_{in} - V_A$がV_{THN}より大きくならない間は，M3はOFFなので，ⒸはLになりません．$V_{in} = 3.5$VでM3はとうとうONし，ⒸがLになってM6はOFFします．するとⒶとⒸの電圧はさらに高速でLに向かうことができるという仕組

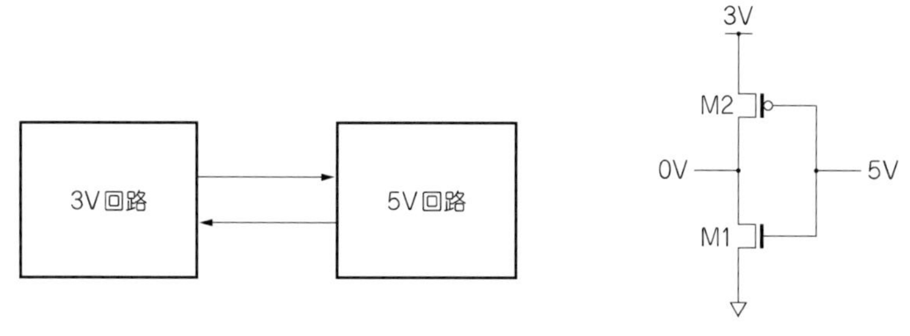

（a）レベルシフトの意味　（b）V_{DD}＝3Vのインバータに5Vを入力する

図2.60　レベルシフト

$V_{DD}=3$ Vのディジタル回路から，$V_{DD}=5$ Vのディジタル回路へディジタル信号を与えるとき，レベルシフト回路が必要になる．逆に，$V_{DD}=5$ Vのディジタル回路から，$V_{DD}=3$ Vのディジタル回路へディジタル信号を与えるときは必要ない．

みです．

V_{in}の立ち下がりの場合は，同様にGNDからM5，M1を通ってV_{DD}に至る電流パルスが変化の邪魔をします．

2.5.3　レベルシフト回路

電源電圧（V_{DD}）の異なるディジタル回路間で，信号をやり取りする場合，たとえば**図2.60**のように，$V_{DD}=3$Vの回路から，$V_{DD}=5$Vの回路へディジタル信号を伝達するときにレベルシフト回路を使用します．ただしここでは，3V回路も5Vのプロセスで作られているとします．

まず5V側から3V側へ信号を渡すときは，**図2.60**（**b**）にあるように，$V_{DD}=3$Vのインバータ回路に5Vを入力することも，0Vを入力することもまったく問題ありません．したがって，特別な回路は必要ありません．

問題なのは，逆に3V側から5V側へ信号を渡すときです．このときは，**図2.61**（**a**）のようなレベルシフト回路を使います．この回路の特徴は，M3とM4が互いに相手のドレインにゲートをつないである点です．3個の$V_{DD}=3$Vのインバータで，V_{in}からH/L逆の信号$V_{in\mathrm{A}}$と$V_{in\mathrm{B}}$を作ります．**図2.61**（**b**）はV_{in}が0Vの状態で，このときは$V_X=5$V，$V_{out}=0$Vです．

この状態から一瞬にしてV_{in}を3Vにすると，**図2.61**（**c**）のように，わずかな遅延後に$V_{in\mathrm{A}}=3$V，$V_{in\mathrm{B}}=0$Vとなり，M1はON，M2はOFFします．

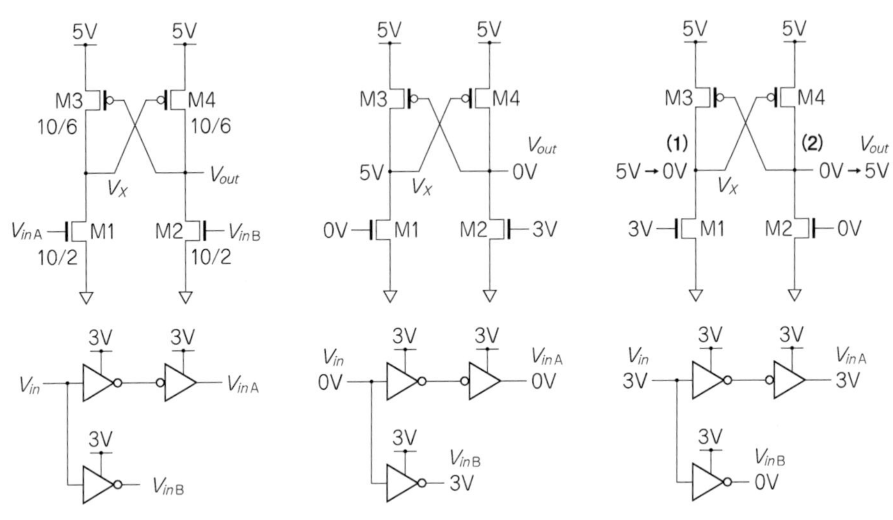

(**a**) 回路図：V_{in}を2回反転した信号$V_{in\mathrm{A}}$と，V_{in}を1回反転した信号$V_{in\mathrm{B}}$を，NMOSトランジスタのM1，M2に入力する

(**b**) $V_{in}=V_{in\mathrm{A}}=0$，$V_{in\mathrm{B}}=1$のときは，$V_{out}$=L，$V_X$=Hとなる

(**c**) $V_{in}=V_{in\mathrm{A}}=1$，$V_{in\mathrm{B}}=0$のときは，$V_{out}$=H，$V_X$=Lとなる

図2.61　レベルシフト回路動作

このあとは，①M1がV_Xを5Vから0Vまで引き降ろし，②（5V−V_X）がM4のスレッショルド電圧$|V_{TH}|$を超えるとM4はだんだん強くONしてきて，V_{out}を5Vまで引き上げます．M2はすでにOFFしているので，V_{out}を引き上げるのに邪魔するものはありません．

第3章 小信号解析

本章では，回路を安定化するために用いられる小信号解析について説明します．この解析には**ポール**，**ゼロ**といった制御工学で出てくる考え方を用いますが，制御工学を知らない人でも問題なく進められるように，ポール，ゼロも一から説明します．

3.1 小信号解析の目的

SPICEの「DC解析」では，電源(V_{DD})を入れたあと，回路が釣り合って静止した状態での各ノードの電圧や，各枝に流れる電流値を求めますが，この「静止状態」を本書では**DC釣り合い状態**と呼ぶことにします．

小信号解析とは，このDC釣り合い状態で，回路に対し外から「小信号」の電圧や電流を与えたとき，回路内部の電圧，電流が，DC釣り合い状態からどれぐらい「変位」するのかを計算することです．その際，通常の回路を，**「変位」のみに注目した別の回路**に変換します．別の回路とは，「小信号等価回路」あるいは単に「小信号回路」と呼ばれています．

小信号等価回路も，用途に応じて，電流源と抵抗のみからできた簡単な回路から，寄生容量を入れた複雑な回路などを使い分けます．

小信号解析は大きく次の二つに分けられます．

① 電流源と抵抗のみを使用した簡単な等価回路を用いて，小規模な回路の「ゲイン」や「出力抵抗」を手計算で求め，理解を深めること

② 等価回路に「寄生容量」を入れて，回路の「周波数応答」をSPICEの「AC解析」で求めること．主として，負帰還回路が発振しないように位相補償をするのが目的

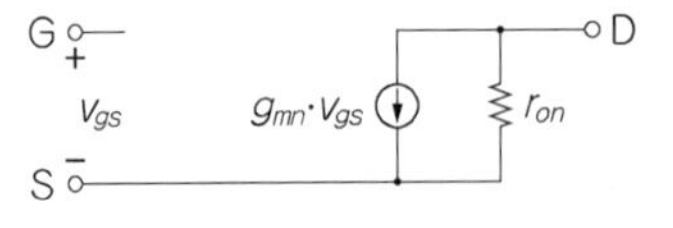

(a) NMOSトランジスタの小信号等価回路

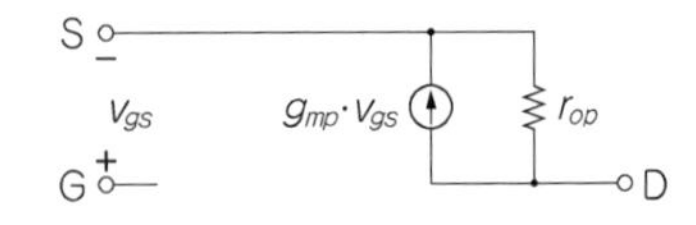

(b) PMOSトランジスタの小信号等価回路

図3.1　NMOSトランジスタ，PMOSトランジスタの小信号等価回路
MOSトランジスタの小信号等価回路は，抵抗r_{on}と電圧依存電流源で構成されている．電流源の電流は$V_{gs}\times g_m$となる．

3.2　基本回路のゲインと出力抵抗を求める

3.2.1　NMOSトランジスタとPMOSトランジスタのゲインと出力抵抗を求める

まず，NMOSトランジスタとPMOSトランジスタについて，電流源と抵抗のみからなるシンプルな小信号等価回路を説明します．**図3.1**にNMOSトランジスタとPMOSトランジスタの小信号等価回路を示します．

ここで，トランスコンダクタンス（Transconductance）とは，DC釣り合い状態のゲート-ソース電圧V_{GS}の変位v_{gs}によって発生する変位電流$g_m\cdot v_{gs}$を流す電流源です．g_mはトランスコンダクタンスといい，単位はA/Vです．電圧依存電流源と呼ぶ場合もあります．出力抵抗（Output Resistance）r_oは出力電圧V_{OUT}の変位v_{out}によって発生する電位電流がi_{out}であったとき，v_{out}/i_{out}で求めます．つまり出力電圧が変化すると，電流がどう変化するかを示す指標です．これは第1章の電流源のところで説明したものと同じです．

なお，本書では直流（DC）の電圧，電流を大文字のV，Iで示し，小信号ではv，iで示しています．

NMOSトランジスタを例として，g_{mn}とr_{on}の求め方を説明します．

① トランスコンダクタンスg_{mn}の求め方（図3.2）

(i)　ドレイン-ソース電圧V_{DS1}を固定したまま，V_{GS1}に微小な電圧v_{gs}を加え，そのときのドレイン電流I_{DS}の変化i_{ds}を測定します．v_{gs}で表す小信号電圧源は○で表し，その中の＋，−で極性を示します．

(ii)　小信号回路は，「変位」のみに注目した特殊な回路です．GNDとV_{DD}は常に一定電圧で，DC釣り合い状態からの変位は0Vですから，**両方とも小信号回路では「GND」として扱います．これを本来のGNDと区別して，「ACGND」**

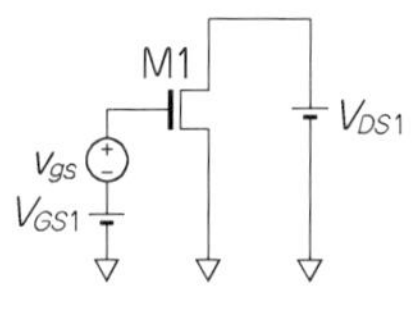

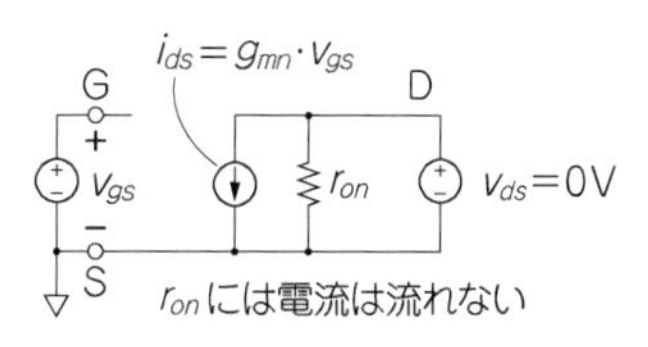

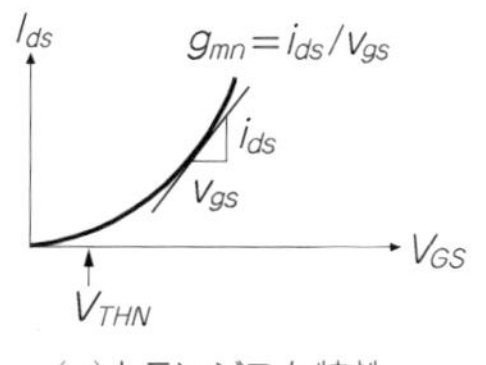

(c) トランジスタ特性

図3.2　NMOSトランジスタのトランスコンダクタンスg_{mn}の求め方
ゲートに小信号電圧v_{gs}を加えた場合の，ドレイン電流の変位でトランスコンダクタンスg_{mn}を求める．まず，電圧源は小信号等価回路では「ショート」となる．するとドレインはソースと同じ0Vとなるため，出力抵抗r_{on}には電流は流れない．電圧依存電流源の電流は，電圧源$v_{ds}=0$Vの電流と同じになる．

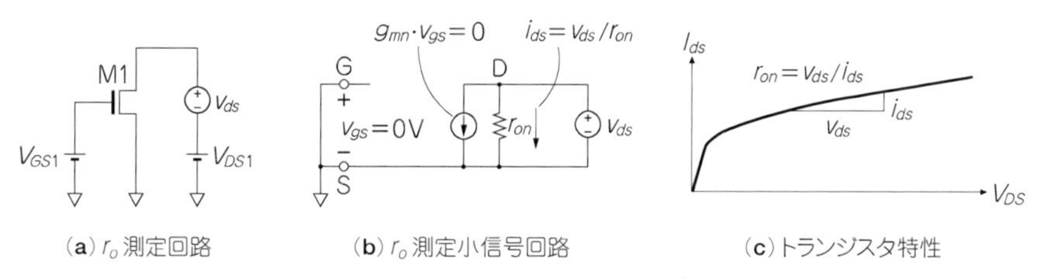

図3.3　NMOSトランジスタの出力抵抗r_{on}の求め方
ドレインに小信号v_{ds}を加えた場合のドレイン電流の変位で，出力抵抗r_{on}を求める．**小信号回路**では，ゲートはソースと同じ0Vになるため，$v_{gs} \times g_{mn} = 0$となり，電圧依存電流源には電流は流れない．電圧源v_{ds}の電流は，抵抗r_{on}を流れる電流と同じになる．

と呼ぶ場合もあります．**図3.2(b)**の小信号回路では$v_{ds} = 0$Vとなるため，r_{on}には電流は流れません．よって小信号の電圧源v_{ds}に流れる電流は$i_{ds} = g_{mn} \cdot v_{gs}$となります．

(iii) **図3.2(c)**のように$g_{mn} = i_{ds}/v_{gs}$はI_{DS}波形の「接線の傾き」となります．g_{mn}は第1章の式(1.2)をV_{GS}で微分して次のように導出することもできます．

$$g_{mn} = \frac{\partial I_{DS}}{\partial V_{GS}} = \mu_n \cdot C_{ox} \cdot \frac{W}{L} \cdot (V_{GS} - V_{THN}) = \sqrt{2\mu_n \cdot C_{ox} \cdot \frac{W}{L} \cdot I_{D(\mathrm{sat})}} \qquad (3.1)$$

② 出力抵抗r_{on}の求め方（図3.3）

(i) V_{GS1}を固定したまま，V_{DS1}に微小な電圧v_{ds}を加えます．そのときのI_{DS}の変位i_{ds}を測定します．

(ii) 小信号回路ではゲートはACGNDとなるので$v_{gs} = 0$V，したがって$g_{mn} \cdot v_{gs} = 0$となり小信号の電流源g_{mn}は存在しないのと同じことになり，i_{ds}はすべてr_{on}に流れます．すると，$r_{on} = v_{ds}/i_{ds}$となります．

これはI_{DS}波形の飽和領域における**接線の傾きの逆数**です〔**図3.3(c)**〕．

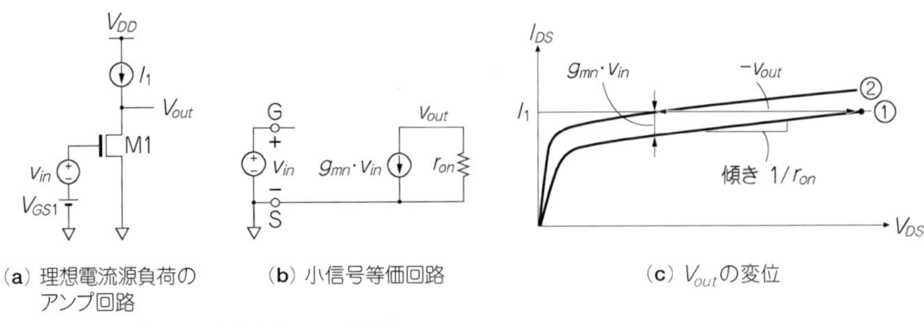

(a) 理想電流源負荷のアンプ回路　(b) 小信号等価回路　(c) V_{out}の変位

図3.4　理想電流源を負荷とするアンプ回路
理想電流源は小信号回路ではオープンとなる．すると，v_{out}の変位は，$g_{mn}\cdot v_{in}\cdot r_{on}$となる．

3.2.2　理想電流源を負荷とするアンプ回路のゲインを求める

NMOSトランジスタの小信号回路を利用して，**理想電流源を負荷とするアンプ回路**の小信号解析をします（**図3.4**）．

理想電流源I_1のDC釣り合い状態からの変位は0Aですから，小信号回路に変換するときは電流源は存在しないものとして取り去ります（そういうものだと理解してほしい）．

図3.4(**b**)の出力抵抗r_{on}では，GNDから出力電圧v_{out}に向けて電流が流れます．抵抗では電流は電位の高いところから低いところへ流れますから，V_{OUT}の変位v_{out}は，次式のようにマイナスになります．

$$v_{out} = -g_{mn}\cdot v_{in}\cdot r_{on}$$

式をさらに変形して，電圧ゲインは，

$$\frac{v_{out}}{v_{in}} = -g_{mn}\cdot r_{on} \tag{3.2}$$

となります．このように，ゲインはトランスコンダクタンスg_{mn}と出力抵抗r_{on}との積になります．

小信号回路を使わなくても，出力電圧v_{out}の変位は，**図3.4**(**c**)から求めることもできます．最初のDC釣り合い状態でのトランジスタ特性を①とし，V_{GS1}が$(V_{GS1}+v_{in})$に変化した後のトランジスタ特性を②とします．①の特性カーブの傾きは**図3.4**(**c**)より$1/r_{on}$ですから，$1/r_{on}=$傾き$=g_{mn}\cdot v_{in}/(-v_{out})$からも，式(3.2)と同じ式が求まります．

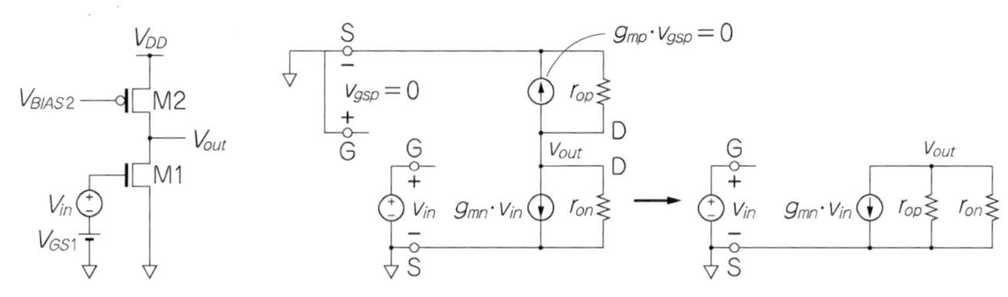

(a) 電流源負荷のアンプ回路　　(b) 小信号等価回路

図3.5　PMOSトランジスタの電流源を負荷とするアンプ回路
M2は小信号回路ではr_{op}のみとなりr_{op}とr_{on}は並列接続となる．するとv_{out}の変位は$g_{mn}\times v_{in}\times(r_{op}\|r_{on})$となる．

3.2.3　理想電流源をPMOSトランジスタの電流源に変えた場合のアンプ回路(図3.5)

電流源となるPMOSトランジスタ側は，V_{GS}の変位$v_{gsp}=0\,\mathrm{V}$なので，電流源$g_{mp}\cdot v_{gsp}$はゼロになり，r_{op}のみが残ります．V_{DD}は小信号回路では「ACGND」になるので，r_{op}とr_{on}は並列になります．すると当回路の電圧ゲインは，次式となります．

$$\frac{v_{out}}{v_{in}}=-g_{mn}\cdot(r_{op}\|r_{on}) \tag{3.3}$$

$r_{op}\|r_{on}$は，r_{op}とr_{on}を並列にしたときの抵抗値で，$r_{op}\|r_{on}=(r_{op}\cdot r_{on})/(r_{op}+r_{on})$です．出力抵抗は，3.2.2節の負荷が理想電流源の回路ではr_{on}のみでしたが，負荷をPMOSトランジスタの電流源に変えると，$(r_{op}\|r_{on})$になっています．

3.2.4　差動アンプ回路で小信号等価回路を作る

図3.1のNMOSトランジスタとPMOSトランジスタの等価回路を参考にしながら，差動回路（**図3.6**）を小信号回路（**図3.7**）へ変換します．ノードに①，②，③と名前を付け，それぞれの電圧をv_1，v_2，v_3とします．

点線の丸印で囲んだ，M3のg_{mp}は，両端電圧がv_{ds}，電流は$g_{mp}\cdot v_{ds}$ですから，両端電圧/電流＝抵抗＝$1/g_{mp}$となります．

ノード②から流出する電流の和が0という式を導出します．ここで，$v_{gsn1}=v_p-v_1$を用います．

$$\frac{v_2}{\dfrac{1}{g_{mp}}}+\frac{v_2}{r_{op}}+(v_p-v_1)\cdot g_{mn}+\frac{(v_2-v_1)}{r_{on}}=0$$

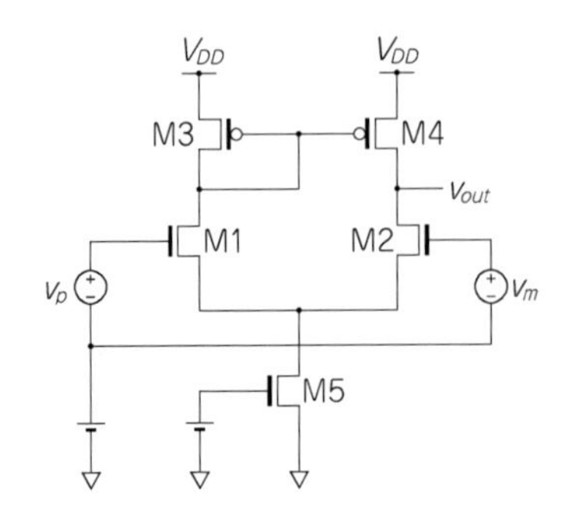

図3.6
差動アンプ回路
差動アンプ回路の+入力にv_pの変位を，−入力にv_mの変位を入れる．

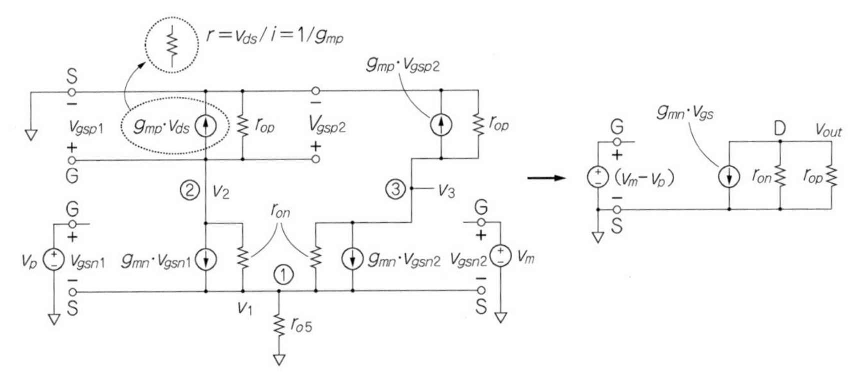

図3.7　差動アンプ回路の小信号等価回路
差動アンプ回路の小信号等価回路は，式を展開すると，右側のような簡単な回路になる．差動入力($v_m - v_p$)を増幅する回路になっている．出力抵抗はr_{on}とr_{op}の並列接続($r_{op} \| r_{on}$)である．

変形して，v_1，v_2，v_pごとの項にまとめると，次のようになります．

$$-v_1 \cdot \left(g_{mn} + \frac{1}{r_{on}}\right) + v_2 \cdot \left(g_{mp} + \frac{1}{r_{op}} + \frac{1}{r_{on}}\right) + v_p \cdot g_{mn} = 0$$

AppendixのA.8節にて，g_mや$1/r_o$の実際の数値を計算しており，そこから数値をもってきて，

$$g_{mn} \cong 35[\mu\mathrm{A/V}],\ \frac{1}{r_{op}},\ \frac{1}{r_{on}} \cong 0.01[\mu\mathrm{A/V}] \text{より，} g_{mn} \gg \frac{1}{r_{on}},\ g_{mp} \gg \frac{1}{r_{op}},\ \frac{1}{r_{on}}$$

$$-v_1 \cdot g_{mn} + v_2 \cdot g_{mp} + v_p \cdot g_{mn} = 0 \tag{3.4}$$

同様に，ノード③から流出する電流の和が0という式を導出します．ここで

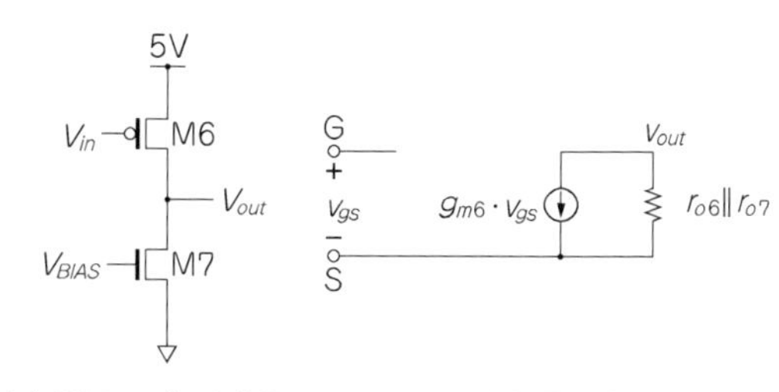

図3.8
NMOSトランジスタの電流源を負荷とするアンプ回路
OPアンプの2段目の小信号等価回路.

(**a**) OPアンプの2段目　(**b**) 小信号回路

は，$v_{gsn2} = v_m - v_1$ を用います．

$$v_2 \cdot g_{mp} + \frac{v_3}{r_{op}} + (v_m - v_1) \cdot g_{mn} + \frac{(v_3 - v_1)}{r_{on}} = 0$$

$$-v_1 \cdot \left(g_{mn} + \frac{1}{r_{on}}\right) + v_2 \cdot g_{mp} + v_3 \cdot \left(\frac{1}{r_{op}} + \frac{1}{r_{on}}\right) + v_m \cdot g_{mn} = 0$$

$g_{mn} \gg \dfrac{1}{r_{on}}$ より，

$$-v_1 \cdot g_{mn} + v_2 \cdot g_{mp} + v_3 \cdot \left(\frac{1}{r_{op}} + \frac{1}{r_{on}}\right) + v_m \cdot g_{mn} = 0 \qquad (3.5)$$

式(3.4)－式(3.5)より，

$$(v_m - v_p) \cdot g_{mn} = -v_3 \cdot \left(\frac{1}{r_{op}} + \frac{1}{r_{on}}\right)$$

書き換えて，

$$\frac{v_3}{(v_m - v_p)} = -\frac{g_{mn}}{\left(\dfrac{1}{r_{op}} + \dfrac{1}{r_{on}}\right)} = -g_{mn} \cdot (r_{op} \| r_{on}) \qquad (3.6)$$

v_m と v_p は差動回路の入力ですから，$(v_m - v_p)$ が v_{in} に相当します．

差動段の電圧ゲインは，このように前の式(3.2)と同じ形，つまりゲイン g_m と出力抵抗 r_o の積になり，小信号等価回路も同じ形になります(**図3.7**)．

図3.6の差動アンプ回路の後に続くOPアンプの2段目の回路は，**図3.8**(**a**)のようになり，その小信号回路は，**図3.8**(**b**)のようになります．

差動アンプ回路と2段目の電流源負荷のアンプ回路の，両方の小信号回路が判明したので，OPアンプ全体の小信号回路は**図3.9**のようになります．

差動アンプ回路の後に2段目のアンプ回路を加えたので，トランジスタM1の

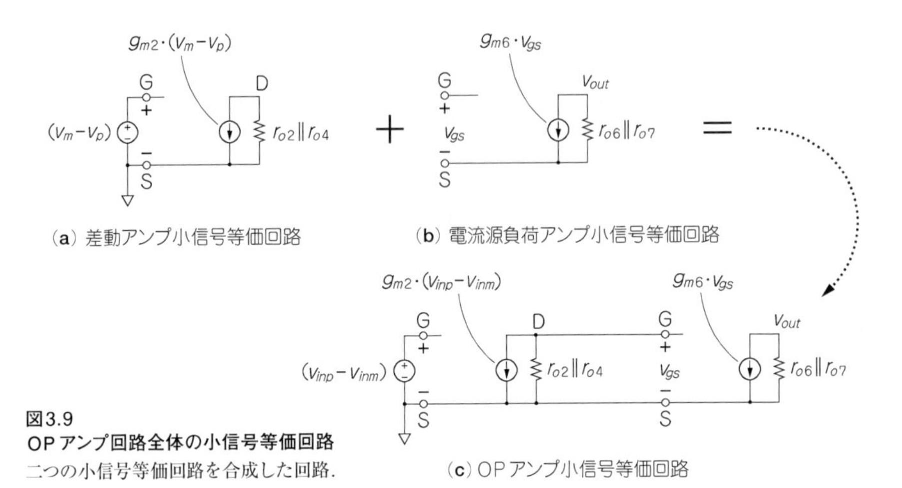

図3.9
OPアンプ回路全体の小信号等価回路
二つの小信号等価回路を合成した回路.

入力がマイナス入力v_{inm}，M2の入力がプラスv_{inp}になっています.

カスコード回路を3.2.5節から3.2.8節までに紹介します．カスコード回路は出力抵抗がたいへん大きいことが特徴です．したがって，アンプ回路の場合は大きな電圧ゲインが得られますし，カレント・ミラーの場合は大きな出力抵抗により優れた特性が得られます.

3.2.5　理想電流源を負荷とするカスコード・アンプ回路

図3.10にカスコード・アンプ回路を示します．**図3.10**(**a**)の理想電流源は電流の変位がないので，**図3.10**(**b**)では消去されます．**図3.10**(**a**)のV_{BIAS2}は一定電圧なので，**図3.10**(**b**)ではACGNDとなります.

V_{out}へ流入する電流の和はゼロであるという式を導出します．$v_{gs2}=-v_S$を使って,

$$g_{m2}\cdot v_S+\frac{v_S-v_{out}}{r_{o2}}=0$$

$$v_S\cdot\left(g_{m2}+\frac{1}{r_{o2}}\right)=\frac{v_{out}}{r_{o2}}$$

$$\frac{v_{out}}{v_S}=g_{m2}\cdot r_{o2}+1\cong g_{m2}\cdot r_{o2} \tag{3.7}$$

v_Sから流出する電流の和はゼロであるという式を導出します．$v_{gs1}=v_{in1}$を使って,

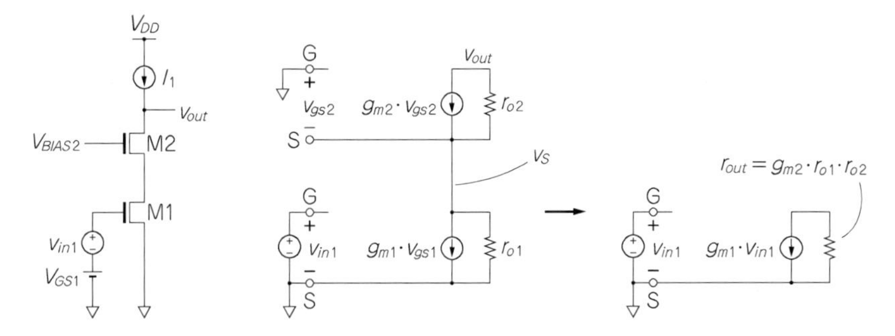

(a) 理想電流源負荷のカスコード・アンプ回路　(b) 小信号等価回路　(c) 小信号等価回路（変形後）

図3.10　カスコード・アンプ回路
この回路の電圧ゲインは $g_{m1}\cdot g_{m2}\cdot r_{o1}\cdot r_{o2}$ と大きな値になる．

$$\left(g_{m1}\cdot v_{in1}+\frac{v_S}{r_{o1}}\right)+\left(g_{m2}\cdot v_S+\frac{v_S-v_{out}}{r_{o2}}\right)=0$$

式(3.7)より，第二項はゼロになるので，

$$\left(g_{m1}\cdot v_{in1}+\frac{v_S}{r_{o1}}\right)=0$$

$$\frac{v_S}{v_{in1}}=-g_{m1}\cdot r_{o1} \tag{3.8}$$

式(3.7)と式(3.8)から，

$$\frac{v_{out}}{v_{in1}}=-g_{m1}\cdot r_{om1}\cdot g_{m2}\cdot r_{om2} \tag{3.9}$$

$g_{m1}=g_{m2}=35\mu\Omega^{-1}$，$r_{o1}=r_{o2}=100\text{M}\Omega$とすると，電圧ゲインは$12\times10^6$にもなります．この回路の出力抵抗を求める場合は，**図3.10**(**b**)にて，$v_{in1}=0\text{V}$，$g_{m1}\cdot v_{in1}=0$とします．すると，**図3.16**(**d**)（後述）に示すカスコード・カレント・ミラーの小信号回路と同じになるので，出力抵抗r_{out}は式(3.18)から，

$$r_{out}\cong g_{m2}\cdot r_{o1}\cdot r_{o2} \tag{3.10}$$

になります．式(3.9)と式(3.10)を見比べると，この「カスコード・アンプ回路」のトランスコンダクタンスg_mは単にトランジスタM1のg_{m1}と等しいことが分かります．

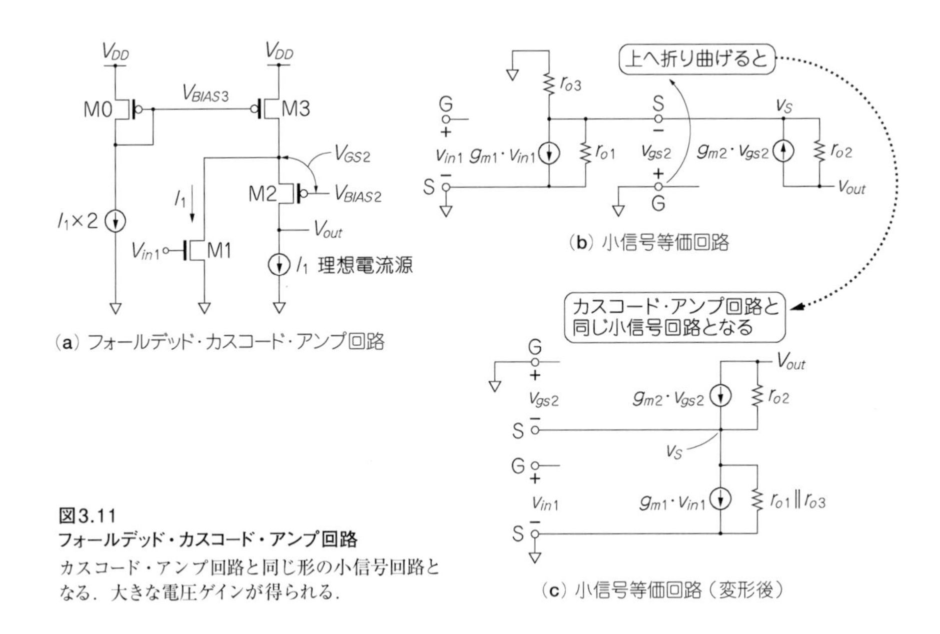

図3.11
フォールデッド・カスコード・アンプ回路
カスコード・アンプ回路と同じ形の小信号回路となる．大きな電圧ゲインが得られる．

3.2.6　フォールデッド・カスコード・アンプ回路

前の回路では，M1，M2の両方がNMOSトランジスタでしたが，今回の**図3.11**(a)の回路はM2がPMOSトランジスタでできています．

V_{in1}の変化による電流I_1の変化がM2のV_{GS}（V_{GS2}）を変化させて，V_{out}電圧の大きな変化を引き起こします．**図3.11**(b)の小信号等価回路にて，M2の部分を上へ折り曲げると，前のカスコード・アンプ回路とまったく同じ形の小信号回路となります．「フォールデッド」=「折り曲げた」という言葉はここから来ています．電圧ゲインも，カスコード・アンプ回路と同じになります．

$$\frac{v_{out}}{v_{in1}} = -g_{m1}\cdot(r_{o1} \| r_{o3})\cdot g_{m2}\cdot r_{o2} \tag{3.11}$$

3.2.7　フォールデッド・カスコードOPアンプ回路

フォールデッド・カスコードOPアンプ回路を**図3.12**に示します．一段構成で大きなゲインが得られるアンプ回路です．**図3.12**(a) に示すM1，M2，M3は，

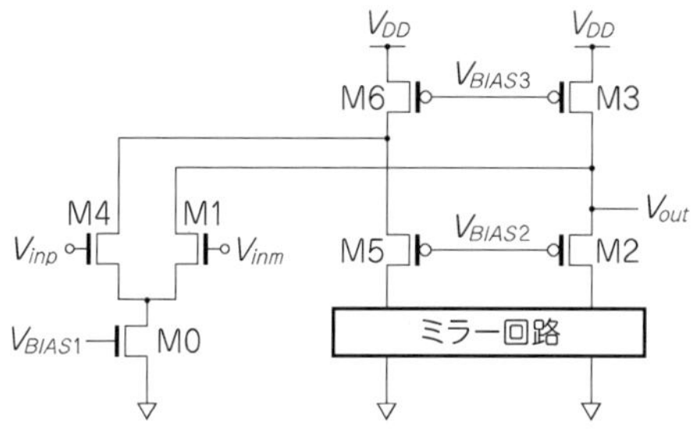

(a) フォールデッド・カスコードOPアンプ回路

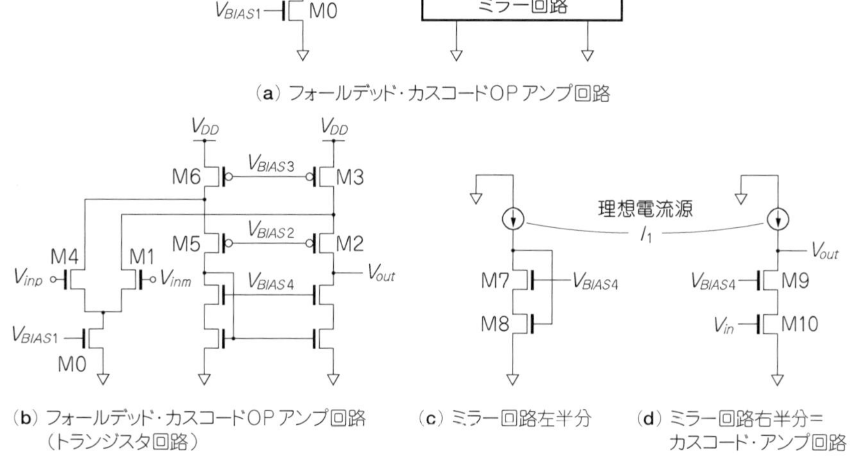

(b) フォールデッド・カスコードOPアンプ回路（トランジスタ回路）　(c) ミラー回路左半分　(d) ミラー回路右半分＝カスコード・アンプ回路

図3.12　フォールデッド・カスコードOPアンプ回路
差動入力の可能なフォールデッド・カスコードOPアンプ回路．ミラー回路の右半分は，カスコード・アンプ回路になっている．

3.2.6節で説明したフォールデッド・カスコード・アンプ回路のM1，M2，M3と対応しています．V_{inm}とV_{inp}の電位差に起因する電流のアンバランスが，M2，M5のV_{GS}を変化させて，V_{out}の大きな変化へと至ります．

図3.12(**a**)の下半分のミラー回路は，トランジスタで表すと**図3.12**(**b**)のようになります．ミラー回路の右半分〔**図3.12**(**d**)〕は前に説明したカスコード・アンプ回路です（**図3.10**）．一方，ミラー回路の左半分〔**図3.12**(**c**)〕の小信号等価回路は**図3.13**に示します．

v_Sから流出する電流の総和を求めます．ここで，$v_{gs7}=-v_S$を使います．

$$g_{m8}\cdot v_A+\frac{v_S}{r_{o8}}+g_{m7}\cdot v_S+\frac{v_S-v_A}{r_{o7}}=0$$

$$v_S\cdot\left(g_{m7}+\frac{1}{r_{o7}}+\frac{1}{r_{o8}}\right)=v_A\cdot\left(\frac{1}{r_{o7}}-g_{m8}\right)$$

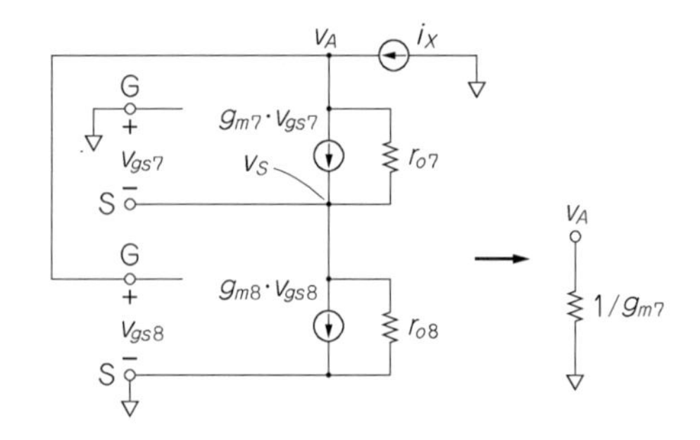

図3.13
ミラー回路の左半分の等価回路
ミラー回路の左半分の等価回路は$1/g_{m7}$の抵抗に簡略化できる．

g_{m7}，$g_{m8} \gg \dfrac{1}{r_{o7}}$，$\dfrac{1}{r_{o8}}$ より，

$$v_S \cdot g_{m7} = -v_A \cdot g_{m8}$$

$g_{m7} \cong g_{m8}$ と仮定して，

$$v_S = -v_A \tag{3.12}$$

v_Aへ流入する電流の総和を求めます．**図3.13**に示すように，微小電流i_xをv_Aに流し込むと仮定します．

$$g_{m7} \cdot v_S + \frac{v_S - v_A}{r_{o7}} + i_x = 0$$

式(3.12)を代入して，

$$i_x = v_A \cdot \left(\frac{2}{r_{o7}} + g_{m7} \right) \cong v_A \cdot g_{m7}$$

$$r_{out} = v_A / i_x = 1/g_{m7} \tag{3.13}$$

が求まります．このように，一つの抵抗になってしまいます．

次に，フォールデッド・カスコードOPアンプ回路全体の小信号等価回路を考えます(**図3.14**)．ここでは，式(3.9)，式(3.11)，式(3.13)を利用しています．v_2から流出する電流の和を求めると，

$$g_{m4} \cdot (v_{inp} - v_1) + \frac{v_2 - v_1}{g_{m5} \cdot (r_{o4} \parallel r_{o6}) \cdot r_{o5}} + g_{m7} \cdot v_2 = 0$$

$$g_{m4} \cdot (v_{inp} - v_1) - \frac{v_1}{g_{m5} \cdot (r_{o4} \parallel r_{o6}) \cdot r_{o5}} + v_2 \left(g_{m7} + \frac{1}{g_{m5} \cdot (r_{o4} \parallel r_{o6}) \cdot r_{o5}} \right) = 0$$

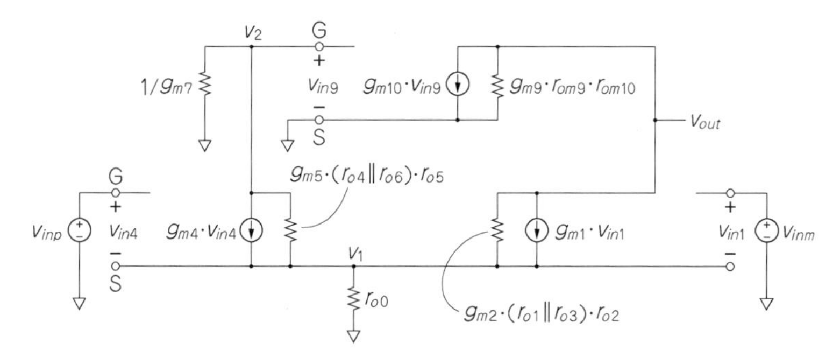

図3.14　フォールデッド・カスコードOPアンプ回路の小信号等価回路

ここで，$g_{m7} \gg \dfrac{1}{g_{m5} \cdot (r_{o4} \| r_{o6}) \cdot r_{o5}}$ と近似して，

$$g_{m4} \cdot (v_{inp} - v_1) - \frac{v_1}{g_{m5} \cdot (r_{o4} \| r_{o6}) \cdot r_{o5}} + g_{m7} \cdot v_2 = 0 \tag{3.14}$$

v_{out} から流出する電流の和を求めると，

$$g_{m1} \cdot (v_{inn} - v_1) + \frac{v_{out} - v_1}{g_{m2} \cdot (r_{o1} \| r_{o3}) \cdot r_{o2}} + g_{m10} \cdot v_2 + \frac{v_{out}}{g_{m9} \cdot r_{o9} \cdot r_{o10}} = 0 \tag{3.15}$$

$g_{m1} = g_{m4}$，$g_{m2} = g_{m5}$，$g_{m7} = g_{m10}$，$r_{o1} = r_{o4}$，$r_{o2} = r_{o5}$，$r_{o3} = r_{o6}$ から，
式(3.14)−式(3.15)より，

$$g_{m1} \cdot (v_{inp} - v_{inm}) = -v_{out} \cdot \left\{ \frac{1}{g_{m2} \cdot (r_{o1} \| r_{o3}) \cdot r_{o2}} + \frac{1}{g_{m9} \cdot r_{o9} \cdot r_{o10}} \right\}$$

$$\frac{v_{out}}{(v_{inp} - v_{inm})} = g_{m1} \cdot \left[\{ g_{m2} \cdot (r_{o1} \| r_{o3}) \cdot r_{o2} \} \| \{ g_{m9} \cdot r_{o9} \cdot r_{o10} \} \right] \tag{3.16}$$

出力抵抗(式の[ ]の中の部分)は，$g_m \cdot r_o{}^2$ の形になっており，3.2.6節と3.2.7節のカスコード・アンプと同じであることが分かります．

最後に，入力がGNDから V_{DD} まで許される(Rail To Rail)，フォールデッド・カスコードOPアンプ回路例を**図3.15**に示します．

3.2.8　カスコード・カレント・ミラーおよび ワイド・スイング・カレント・ミラーの出力抵抗を求める

どちらの回路も，飽和領域で動作するNMOSトランジスタを縦に二つ積んだ

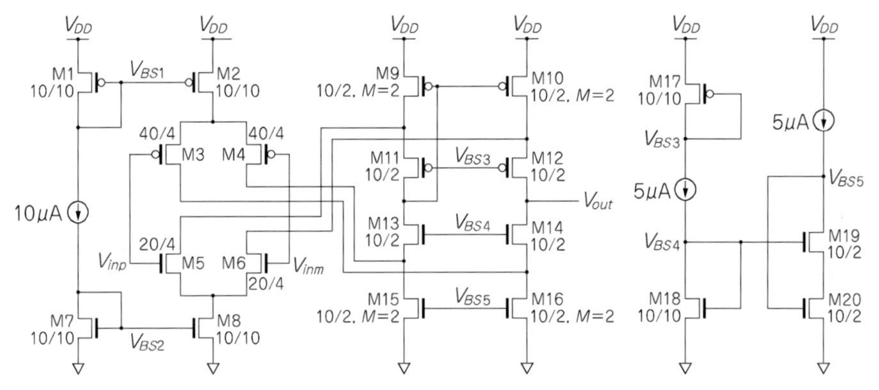

図3.15　フォールデッド・カスコードOPアンプ回路（Rail To Rail 入力）全体回路図

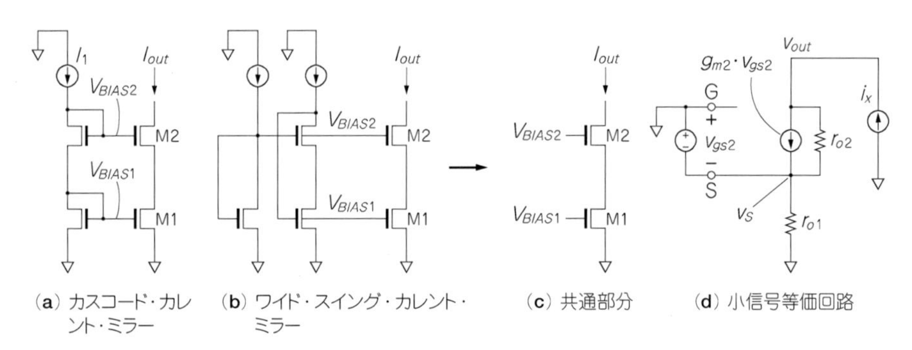

(a) カスコード・カレント・ミラー　(b) ワイド・スイング・カレント・ミラー　(c) 共通部分　(d) 小信号等価回路

図3.16　カスコード・カレント・ミラー回路
(a)のタイプも(b)のタイプも同じ形の小信号回路になる.

形なので，小信号等価回路は同じになります（**図3.16**）.

$$v_S = i_x \cdot r_{o1} \tag{3.17}$$

v_{out}へ流入する電流の和はゼロであることから，

$$g_{m2} \cdot v_S + \frac{v_S - v_{out}}{r_{o2}} + i_x = 0$$

$$v_S \cdot \left(g_{m2} + \frac{1}{r_{o2}}\right) + i_x = \frac{v_{out}}{r_{o2}}$$

式(3.17)を代入して，

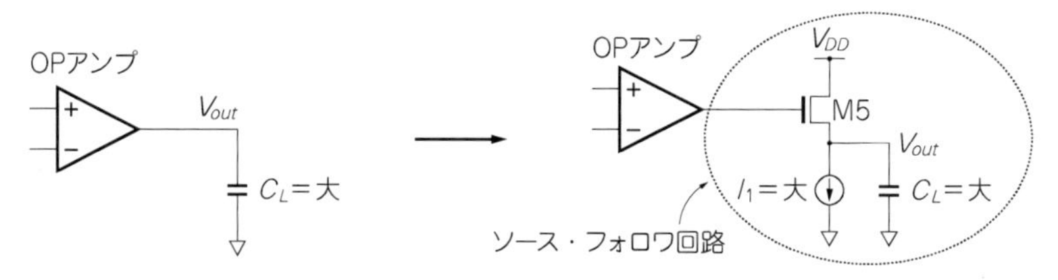

(a) 電流駆動能力の小さいアンプ回路に大きな容量負荷がつながると，V_{out} の動きが遅くなる

(b) そのようなときは，後ろに電流駆動能力の大きいソース・フォロワ回路をつなげる

図3.17　ソース・フォロワ回路の必要性

OPアンプの出力に大きな容量負荷をつなげる場合は，後ろに電流駆動能力の大きなソース・フォロワ回路をつなげる．

$$i_x \cdot r_{o1} \cdot \left(g_{m2} + \frac{1}{r_{o2}}\right) + i_x = \frac{v_{out}}{r_{o2}}$$

$$r_{out} = \frac{v_{out}}{i_x} = r_{o1} \cdot (g_{m2} \cdot r_{o2} + 1) \cong g_{m2} \cdot r_{o1} \cdot r_{o2} \tag{3.18}$$

$r_o{}^2$ の項があるので，大きな出力抵抗となります．

3.2.9　ソース・フォロワのゲインはほぼ1

図3.17にソース・フォロワ回路の必要性を示します．出力抵抗の大きな回路も，出力に大きな容量負荷がつながると電圧変化が遅くなり，せっかくの高ゲインが無駄になります．このような場合は，後段にソース・フォロワ回路（**図3.18**）をつなぎます．

図3.18に示すように，ソース・フォロワ回路は，ゲートが入力 V_{in} となり，ソースが V_{out} となります．ソースを定電流源につなぐため，V_{GS1} はほぼ一定になります．したがって，V_{in} と V_{out} は一定（V_{GS1}）の電位差をもって平行移動するような動きになります．V_{in} と V_{out} は変位が等しく，電圧ゲイン v_{out}/v_{in} はほぼ1になります．

ただし，この回路ではソース電位が0Vではないので，基板バイアス効果（1.1.3節）を考慮する必要があります．

その場合は，**図3.19**に示すように，NMOSトランジスタの小信号等価回路に g_{mb} という新たな電流源を追加します（詳細はAppendixを参照）．ソース電位にもよりますが，g_{mb} は g_m の約0.1～0.2倍の数値です．

図3.20(**a**)に示すソース・フォロワ回路の小信号回路は**図3.20**(**b**)になります．I_1は理想電流源ですから，取り除いてあります．

v_{out}に流れ込む電流の総和がゼロであることから，

$$g_{m1} \cdot (v_{in} - v_{out}) - g_{mb1} \cdot v_{out} - \frac{v_{out}}{r_{o1}} = 0$$

$$g_{m1} \cdot v_{in} = v_{out} \cdot \left(g_{m1} + g_{mb1} + \frac{1}{r_{o1}} \right)$$

$$\frac{v_{out}}{v_{in}} = \frac{g_{m1}}{g_{m1} + g_{mb1} + \dfrac{1}{r_{o1}}} \cong \frac{g_{m1}}{g_{m1} + g_{mb1}} \qquad (3.19)$$

基板バイアス効果g_{mb1}があるため，電圧ゲインは1をやや下回ります．

電圧ゲインは求まりましたが，どれがg_mで，どれがr_oなのか判然としません．

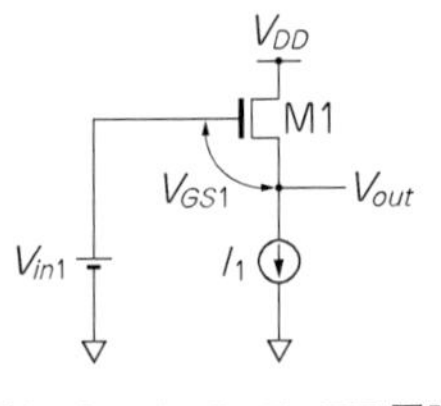

図3.18　ソース・フォロワ回路
ソース側からV_{out}を出している．

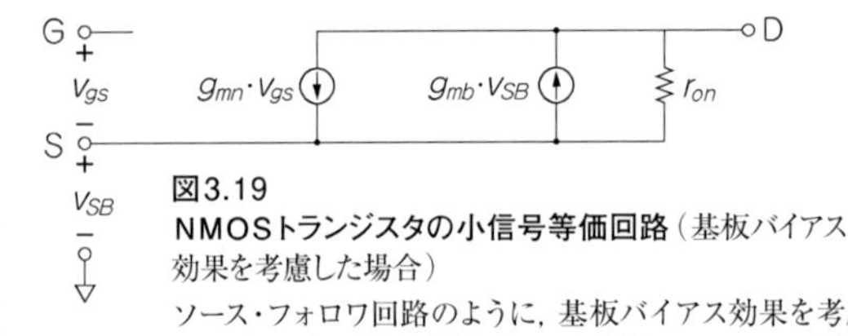

図3.19
NMOSトランジスタの小信号等価回路（基板バイアス効果を考慮した場合）
ソース・フォロワ回路のように，基板バイアス効果を考慮しなければいけない場合は，このように$g_{mb} \times v_{sb}$の電流源が加わる．

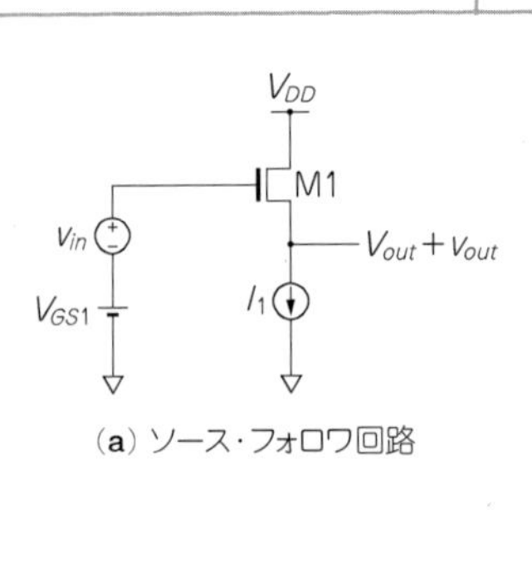

(**a**) ソース・フォロワ回路

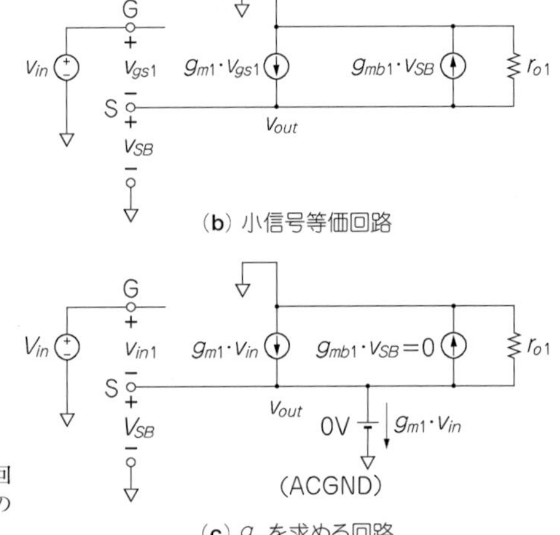

(**c**) g_mを求める回路

図3.20
ソース・フォロワ回路
小信号等価回路は(**b**)のようになる．この回路のゲインと出力抵抗を求めるには，(**c**)のようにV_{out}を0Vにする．

そこで，v_{out} に0V（ACGND）の電源をつないで，この回路の g_m を求めてみます〔**図3.20（c）**〕．

$v_{sb}=0$ V ですから，$g_{mb1}\cdot v_{sb}=0$ となり，0V電源に流入する電流は，$g_{m1}\cdot v_{in}$ となり，トランスコンダクタンス g_m は g_{m1} であると判明します．すると出力抵抗は，$1/(g_{m1}+g_{mb})$ となります．

3.3　周波数応答

一般に，コンデンサ C のインピーダンスは $1/j\omega C$ で，これは周波数 $f=\omega/2\pi$ に依存します．CMOS素子は寄生容量をもちますから，小信号等価回路に寄生容量を加えた形にすると，回路は外から与える小信号の振幅や周波数に依存した動作をします．それを解析するのが周波数応答です．SPICEではAC解析を用います．

3.3.1　ボルテージ・フォロワの復習

図3.21 に示すように，ボルテージ・フォロワは，OPアンプの＋入力に基準電圧を与え，－入力をOPアンプの出力につなぐことで，＋入力と－入力が同じ電圧になる回路です．

負帰還ループは－入力 V_m からM1，M3，M4を抜けて，M6へ至り，V_{out} 出力から－入力へと戻るルートです．ボルテージ・フォロワは，対策をとらない限り，

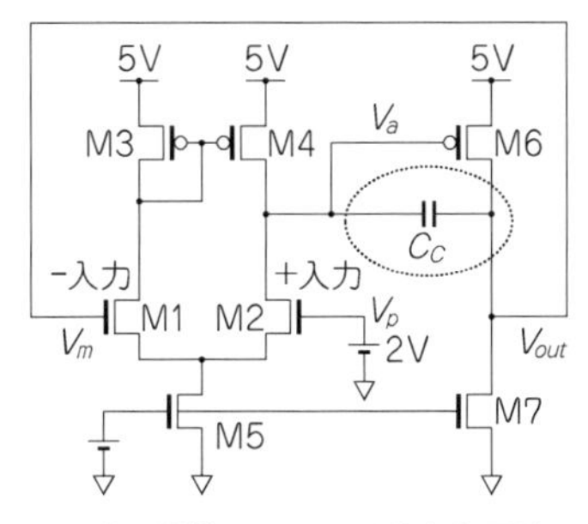

（a）位相補償の C_C のみを入れた回路

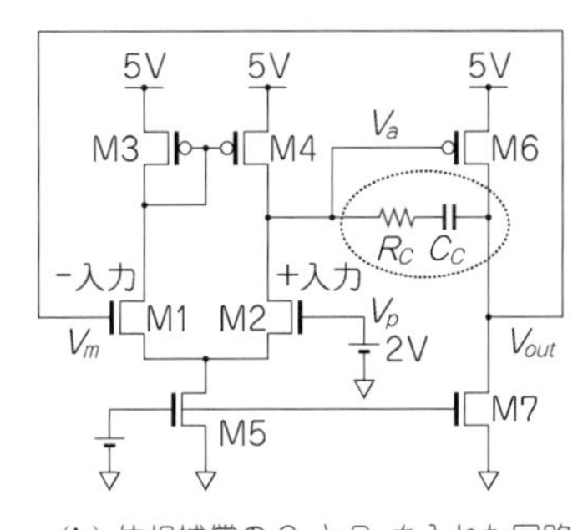

（b）位相補償の C_C と R_C を入れた回路

図3.21　ボルテージ・フォロワ回路の位相補償方法
（a）のようにコンデンサ C_C のみを入れる場合と，（b）のようにさらに R_C を C_C に直列に加える場合がある．

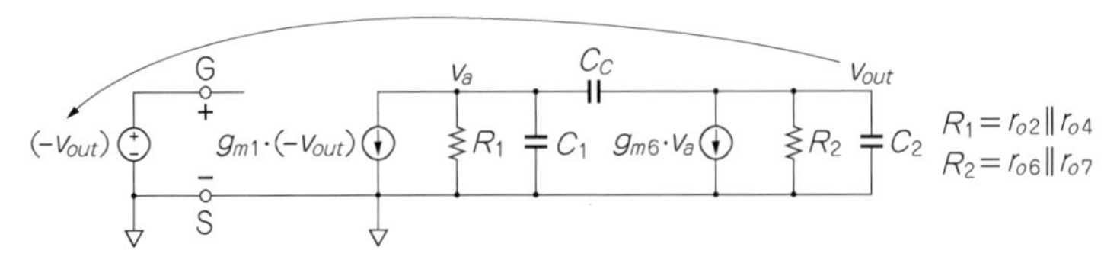

図3.22　ボルテージ・フォロワ小信号等価回路
コンデンサC_Cのみを入れる場合について，小信号等価回路を作る．V_{out}は入力側に$-V_{out}$の形で戻ってきている．

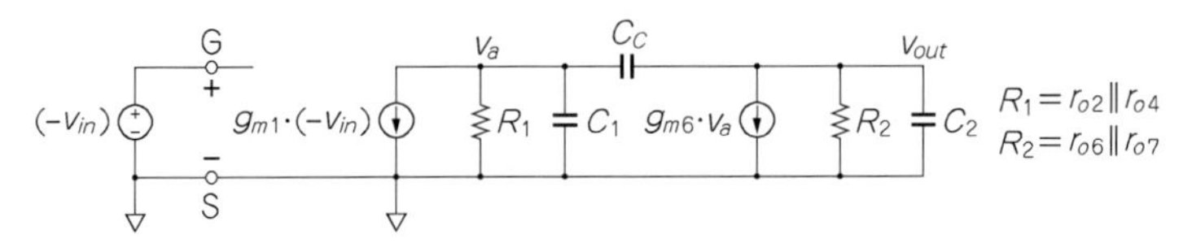

図3.23　ボルテージ・フォロワ小信号等価回路（v_{in}とv_{out}をカットした場合）
図3.22の$-v_{out}$を$-v_{in}$に変更したのみ．

発振することが多く，**図3.21**(**a**)ではコンデンサC_Cを，**図3.21**(**b**)ではコンデンサC_Cと抵抗R_Cを入れてあります．

ボルテージ・フォロワの小信号回路は，**図3.22**のようになります．いくつかの寄生容量を合計して，C_1，C_2として回路に加えてあります．寄生容量の詳細はAppendixを参照してください．ボルテージ・フォロワは，V_{out}を－入力V_mに戻しているので(矢印で示す)，**図3.9**の小信号回路で，$v_{inp}-v_{inm}=0\text{V}-v_{out}=-v_{out}$としています．なお，$v_p=2\text{V}$は一定電圧なので，小信号回路では0V(ACGND)になります．

ボルテージ・フォロワのような負帰還回路の解析をする場合は，負帰還のループの1か所を**切断**して，入力側と出力側に分け，入力側からv_{in}を入れ，出力側の電圧v_{out}を見ます．つまり**図3.23**のように$(-v_{out})$の代わりに$(-v_{in})$を入れます．

図3.23の回路で，正の値をv_{in}に与えると，$(-v_{in})$は負になり，v_aは正の電圧になり，v_{out}は負の電圧になります．

この回路図から，v_{out}/v_{in}を，C_Cのみを入れた場合と，R_CとC_Cの両方を入れた場合について計算すると，式(3.20)および式(3.21)が得られます．

ここで，$s=j\omega$，$j^2=-1$です．sは**ラプラス変数**と呼びます．制御工学では，ゲインv_{out}/v_{in}を**伝達関数**と呼びます．

これらの計算式を求める途中過程はかなり複雑なので本書では省略します．

① C_Cのみの場合の伝達関数$G_1(s)$

$$G_1(s)=\frac{v_{out}}{v_{in}}=(-1)\cdot g_{m1}\cdot g_{m6}\cdot R_1\cdot R_2\cdot\frac{\left(1-\frac{s}{\omega_{ZA}}\right)}{\left(1+\frac{s}{\omega_{P1}}\right)\cdot\left(1+\frac{s}{\omega_{P2}}\right)} \quad (3.20)$$

② C_CとR_Cの場合の伝達関数$G_2(s)$

$$G_2(s)=\frac{v_{out}}{v_{in}}=(-1)\cdot g_{m1}\cdot g_{m6}\cdot R_1\cdot R_2\cdot\frac{\left(1+\frac{s}{\omega_{ZB}}\right)}{\left(1+\frac{s}{\omega_{P1}}\right)\cdot\left(1+\frac{s}{\omega_{P2}}\right)\cdot\left(1+\frac{s}{\omega_{P3}}\right)} \quad (3.21)$$

式（3.20），式（3.21）において，分母側にあるω_{P1}，ω_{P2}，ω_{P3}を**ポール**と呼び，分子側にあるω_{ZA}，ω_{ZB}を**ゼロ**と呼びます．

ポールやゼロは，小信号等価回路の素子定数，たとえば g_{m6}，C_Cなどで表します．言い換えると，g_{m6}，C_Cなどの数値から，以下のように手計算で求めることができます．

g_{m1}，g_{m6}，C_1，C_2などの数値はAppendixのA.8節を参照してください．なお，式中のf はフェムト（$=10^{-15}$）のことです．

$$A_{DC}=g_{m1}\cdot g_{m6}\cdot R_1\cdot R_2=35\mu\cdot 23\mu\cdot 50\mathrm{M}\cdot 25\mathrm{M}=1006250$$

$$20\cdot\log_{10}A_{DC}=120$$

$$f_{P1}=\frac{\omega_{P1}}{2\pi}=\frac{1}{2\pi\cdot g_{m6}\cdot C_C\cdot R_1\cdot R_2}=\frac{1}{2\pi\cdot 23\mu\cdot 2\mathrm{p}\cdot 50\mathrm{M}\cdot 25\mathrm{M}}=2.8\mathrm{Hz} \quad (3.22)$$

$$f_{ZA}=\frac{\omega_{ZA}}{2\pi}=\frac{g_{m6}}{2\pi\cdot C_C}=\frac{23\mu}{2\pi\cdot 2\mathrm{p}}=1.8\mathrm{MHz} \quad (3.23)$$

$$f_{P2}=\frac{\omega_{P2}}{2\pi}=\frac{g_{m6}}{2\pi\cdot(C_1+C_2)}=\frac{23\mu}{2\pi\cdot(184\mathrm{f}+239\mathrm{f})}=8.7\mathrm{MHz} \quad (3.24)$$

$$f_{ZB}=\frac{\omega_{ZB}}{2\pi}=\frac{1}{2\pi\cdot C_C\cdot\left(R_C-\frac{1}{g_{m6}}\right)}=\frac{1}{2\pi\cdot 6.6\mathrm{p}\cdot(70\mathrm{k}-45\mathrm{k})}=965\mathrm{kHz} \quad (3.25)$$

$$f_{P3}=\frac{\omega_{P3}}{2\pi}=\frac{C_1+C_2}{2\pi\cdot C_1\cdot C_2\cdot R_C}=\frac{184\mathrm{f}+239\mathrm{f}}{2\pi\cdot 184\mathrm{f}\cdot 239\mathrm{f}\cdot 70\mathrm{k}}=22\mathrm{MHz} \quad (3.26)$$

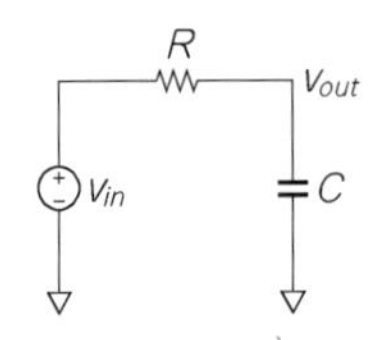

図3.24　*RC*回路
RとCでv_{in}の波形をなまらせたv_{out}波形を作る回路．一次のフィルタとも呼ばれる回路．

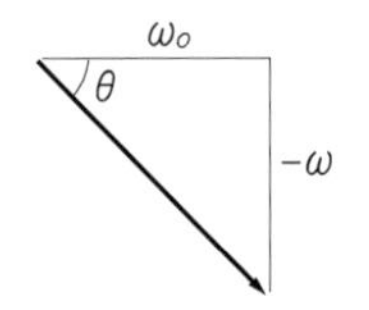

図3.25　位相θの意味
$\tan\theta = -\omega/\omega_0$の場合の$\theta$は図のようになる．角度はマイナス．

3.4　ポールとゼロ

ポールとゼロについて解説します．すでにご存知の方は，とばして先に進んでください．

3.4.1　ポールとは

図3.24のように抵抗RとコンデンサCで構成された回路に，小信号電圧v_{in}を入力した場合のv_{out}は，v_{in}を抵抗Rと抵抗$1/(sC)$で分割した電圧になります．$s=j\omega$です．

$$v_{out} = v_{in} \cdot \frac{\frac{1}{sC}}{R+\frac{1}{sC}} \tag{3.27}$$

この式から電圧ゲインを求めると，

$$G(s) = \frac{v_{out}}{v_{in}} = \frac{\frac{1}{sC}}{R+\frac{1}{sC}} = \frac{1}{1+sRC} = \frac{1}{1+\frac{s}{\omega_0}} \tag{3.28}$$

$$\omega_0 = \frac{1}{RC}$$

このω_0をポールといいます．

式(3.28)に$s=j\omega$を代入して変形します．

$$G(j\omega) = \frac{1}{1+\frac{s}{\omega_0}} = \frac{1}{1+\frac{j\omega}{\omega_0}} = \frac{1-\frac{j\omega}{\omega_0}}{1+\left(\frac{\omega}{\omega_0}\right)^2} \tag{3.29}$$

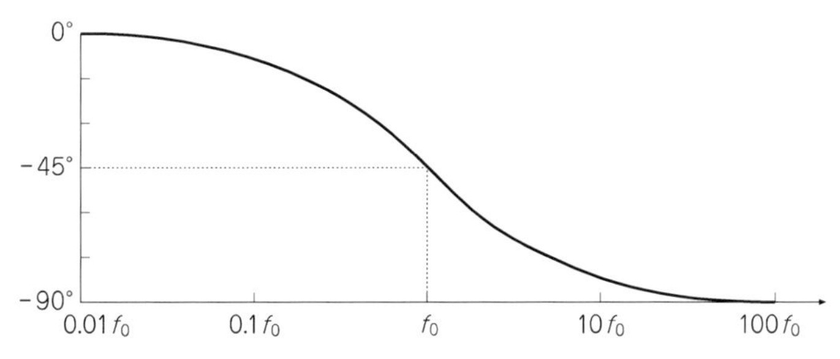

図3.26　*RC*回路の位相の周波数依存
0°から始まって−90°まで変化する．

電圧ゲイン$G(j\omega)$の位相θと絶対値$|G(j\omega)|$を求めます．

まずは位相θから，**図3.25**に示すように，

$$\tan\theta=\frac{虚数部分}{実数部分}=\frac{-\frac{\omega}{\omega_0}}{1}=-\frac{\omega}{\omega_0} \tag{3.30}$$

ここで，$\omega=2\pi\cdot f$，$\omega_0=2\pi\cdot f_0$の関係を使って，位相θと周波数fの関係をグラフにすると（**図3.26**），ポールω_0に相当する周波数f_0では，位相は−45°になっていることを覚えておいてください．

次に電圧ゲイン$G(j\omega)$の絶対値$|G(j\omega)|$を求めます．

$$|G(j\omega)|=\sqrt{実数部分^2+虚数部分^2}=\frac{\sqrt{1^2+\left(\frac{\omega}{\omega_0}\right)^2}}{1+\left(\frac{\omega}{\omega_0}\right)^2}=\frac{1}{\sqrt{1+\left(\frac{\omega}{\omega_0}\right)^2}} \tag{3.31}$$

ここから先は，次の二つの場合に分けて考えます．

① $\omega\ll\omega_0$（$f\ll f_0$）周波数fがf_0よりも十分に低い場合

② $\omega\gg\omega_0$（$f\gg f_0$）周波数fがf_0よりも十分に高い場合

①の場合は，$1+\left(\frac{\omega}{\omega_0}\right)^2\cong 1$と近似できるので，式（3.31）から，

$$|G(j\omega)|=1$$

$$|G(j\omega)|_{\mathrm{dB}}=20\cdot\log(1)=0\,\mathrm{dB}$$

となります．このように，ゲインGの絶対値$|G|$の対数をとって，20を掛けた

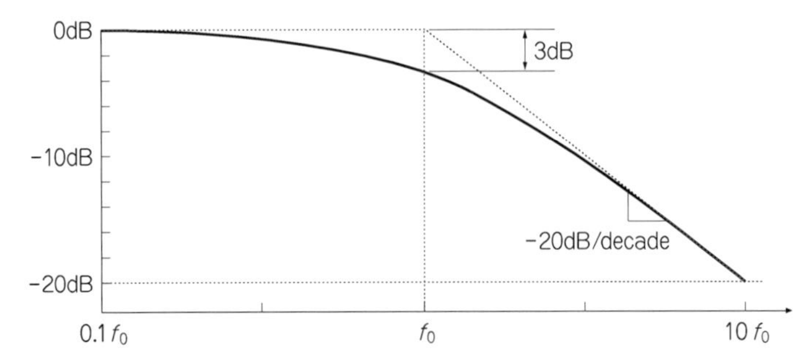

図3.27　*RC*回路の電圧ゲイン*G*(dB)の周波数依存
0dBから始まって，10×f_0あたり以降では傾き−20dB/decadeの直線となる．decadeとは10倍の意味．

ものをデシベル（dB）表示といいます．

②の場合は，$1+\left(\dfrac{\omega}{\omega_0}\right)^2 \cong \left(\dfrac{\omega}{\omega_0}\right)^2$と近似して，式（3.31）から$|G(j\omega)|=\omega_0/\omega=f_0/f$となり，

$$|G(j\omega)|_{\mathrm{dB}}=20\cdot\log(f_0/f)$$

$f=f_0$の場合は，$|G(j\omega)|_{\mathrm{dB}}=0\,\mathrm{dB}$

$f=10\cdot f_0$の場合は，$|G(j\omega)|_{\mathrm{dB}}=-20\,\mathrm{dB}$

この式の意味は周波数が10倍になるとゲインは−20dB低下するということです．

SPICEのAC解析では，**図3.27**の実線のようなグラフが得られますが，手計算の場合には，図の点線のような折れ線で近似します．$f=f_0(\omega=\omega_0)$，すなわち周波数がポールω_0に相当するときのゲインを求めると，次のようになります．

$$|G(j\omega_0)|=\frac{1}{\sqrt{1+\left(\dfrac{\omega_0}{\omega_0}\right)^2}}=\frac{1}{\sqrt{2}}$$

$$|G(j\omega_0)|_{\mathrm{dB}}=20\cdot\log 2^{-\frac{1}{2}}=-3\,\mathrm{dB}$$

3.4.2　ゼロとは

ゼロにはLHP（Left-Half-Plane）ZeroとRHP（Right-Half-Plane）Zeroの二種類があります（**図3.28**）．式（3.20）の分子からLHPの式を，式（3.21）の分子からRHPの式をもってきます．

図3.28
LHPゼロとRHPゼロの位相
LHPではRC回路と同じで，θはマイナスの角度，RHPでは逆にプラスの角度となる．

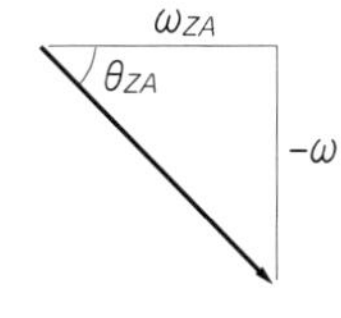

(**a**) LHPゼロの位相

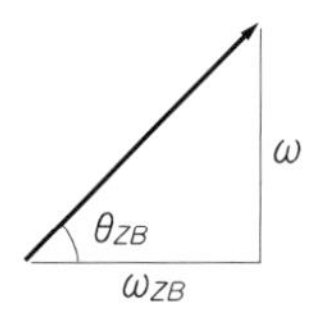

(**b**) RHPゼロの位相

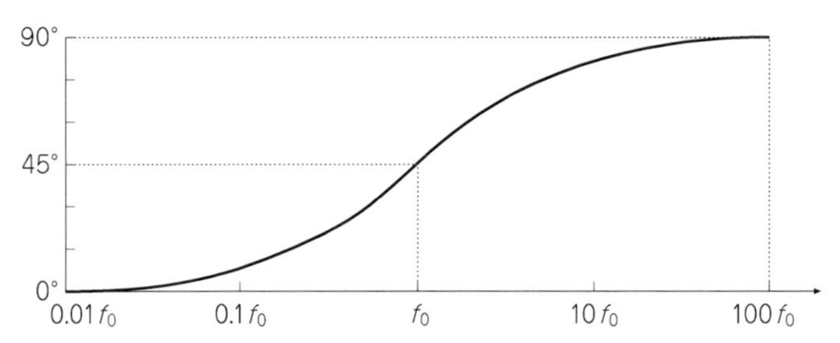

図3.29　RHPゼロの位相の周波数依存
0°から始まって+90°まで変化する．

$$\text{LHP Zero}: G(j\omega) = 1 - \frac{j\omega}{\omega_{ZA}} \tag{3.32}$$

$$\text{RHP Zero}: G(j\omega) = 1 + \frac{j\omega}{\omega_{ZB}} \tag{3.33}$$

まず位相θに注目します．式(3.32)から，

$$\text{LHP Zero}: \tan\theta_{ZA} = -\frac{\omega}{\omega_{ZA}} \tag{3.34}$$

式(3.34)から$\theta_{ZA} < 0$（負）であることが分かります．
同じく，式(3.33)から，

$$\text{RHP Zero}: \tan\theta_{ZB} = +\frac{\omega}{\omega_{ZB}} \tag{3.35}$$

式(3.35)から$\theta_{ZB} > 0$（正）であることが分かります．

RHPゼロの場合，位相は**図3.29**のように，周波数の上昇に伴って上昇します．3.5.3節で説明するように，位相余裕を大きくする目的では，これはたいへん便利です．

一方LHPゼロの場合は，位相はポールと同様に（**図3.26**），周波数の上昇に伴って減少するので，グラフは省略します．

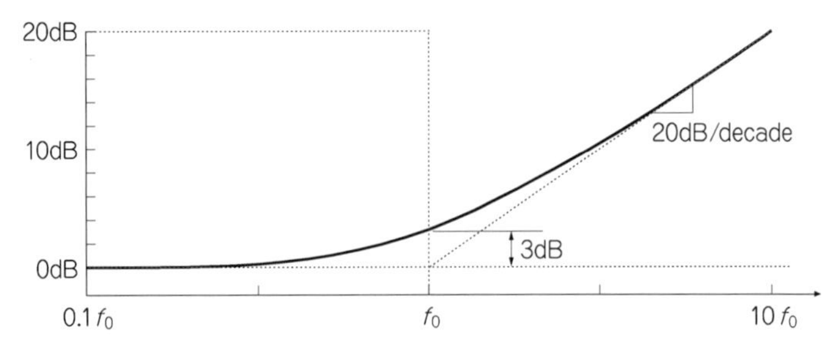

図3.30　LHPゼロとRHPゼロの電圧ゲインG（dB）の周波数依存
0dBから始まって，$10\times f_0$あたり以降では傾き20dB/decadeの直線となる.

次に，ゲイン$G(j\omega)$の絶対値$|G(j\omega)|$を求めます．式(3.32)，式(3.33)から，

$$\mathrm{LHP}:|G(j\omega)|=\sqrt{1+\left(\frac{\omega}{\omega_{ZA}}\right)^2} \tag{3.36}$$

$$\mathrm{RHP}:|G(j\omega)|=\sqrt{1+\left(\frac{\omega}{\omega_{ZB}}\right)^2} \tag{3.37}$$

LHPとRHPの式は同じ形をしているので，以後LHPについてのみ説明します．

① $\omega\ll\omega_0\,(f\ll f_0)$周波数が低い場合は，$1+\left(\frac{\omega}{\omega_{ZA}}\right)^2\cong 1$と近似できるので，

$|G(j\omega)|_{\mathrm{dB}}=20\cdot\log(1)=0\,\mathrm{dB}$となります．

② $\omega\gg\omega_0\,(f\gg f_0)$周波数が高い場合．$1+\left(\frac{\omega}{\omega_{ZA}}\right)^2\cong\left(\frac{\omega}{\omega_{ZA}}\right)^2$と近似して，

$|G(j\omega)|=\omega/\omega_{ZA}=f/f_{ZA}$となり，

$|G(j\omega)|_{\mathrm{dB}}=20\cdot\log(f/f_{ZA})$

$f/f_{ZA}=10$の場合は，$|G(j\omega)|_{\mathrm{dB}}=20\,\mathrm{dB}$

つまり，周波数が10倍になるたびにゲインは20dB上昇します（**図3.30**）.

3.5　ボルテージ・フォロワの小信号解析（手計算）

ここで，ボルテージ・フォロワに戻ります．たとえば，C_Cのみを使用したボルテージ・フォロワの伝達関数G_1は，式(3.38)のように，二つのポール（分母側）と一つのLHPゼロ（分子側）の「掛け算」になります．

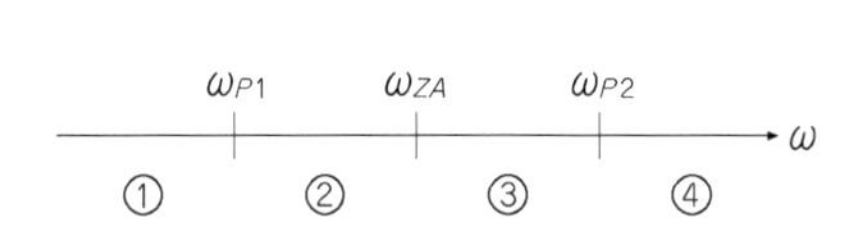

図3.31　周波数領域
①～④の4領域に分割して考える．

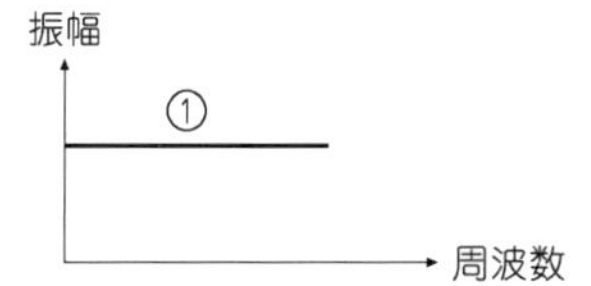

図3.32　振幅対周波数のグラフ（1）
領域①では，0からω_{P1}まで水平な直線になる．

このように掛け算になった場合の，振幅と位相をどう考えるかを説明します．伝達関数は以下のようになります．

$$G_1(j\omega)=\frac{v_{out}}{v_{in}}=(-1)\cdot A_{DC}\cdot\frac{\left(1-\dfrac{j\omega}{\omega_{ZA}}\right)}{\left(1+\dfrac{j\omega}{\omega_{P1}}\right)\cdot\left(1+\dfrac{j\omega}{\omega_{P2}}\right)} \tag{3.38}$$

3.5.1　振幅の周波数応答はこう考える

式（3.38）ではωが変数です．式（3.22），式（3.23），式（3.24）から$\omega_{P1}<\omega_{ZA}<\omega_{P2}$となっている大小関係に注目し，周波数領域を**図3.31**のように四つの部分①～④に分けて考えます．

① 低周波数時：$\omega<\omega_{P1}<\omega_{ZA}<\omega_{P2}$

$1\gg\omega/\omega_{P1}$，$1\gg\omega/\omega_{ZA}$，$1\gg\omega/\omega_{P2}$が成立するので，

$\left(1+\dfrac{j\omega}{\omega_{P1}}\right)\cong 1$，$\left(1-\dfrac{j\omega}{\omega_{ZA}}\right)\cong 1$，$\left(1+\dfrac{j\omega}{\omega_{P2}}\right)\cong 1$となり，式(3.38)は$\dfrac{v_{out}}{v_{in}}=(-1)\cdot A_{DC}$

となります．

振幅は$20\cdot\log_{10}A_{DC}$になり，グラフでは水平の線になります（**図3.32**）．

② $\omega_{P1}<\omega<\omega_{ZA}<\omega_{P2}$

$1\ll\omega/\omega_{P1}$，残りは①と同じで，$1\gg\omega/\omega_{ZA}$，$1\gg\omega/\omega_{P2}$の場合，

$$\left(1+\frac{j\omega}{\omega_{P1}}\right)\cong\frac{j\omega}{\omega_{P1}},\ \left(1-\frac{j\omega}{\omega_{ZA}}\right)\cong 1,\ \left(1+\frac{j\omega}{\omega_{P2}}\right)\cong 1$$

$$\frac{v_{out}}{v_{in}}=(-1)\cdot A_{DC}\cdot\frac{\omega_{P1}}{j\omega}=A_{DC}\cdot\frac{\omega_{P1}}{\omega}\cdot j$$

$$\left(\frac{v_{out}}{v_{in}}\right)_{\mathrm{dB}}=20\cdot\log_{10}A_{DC}-20\cdot\log_{10}\left(\frac{\omega}{\omega_{P1}}\right)$$

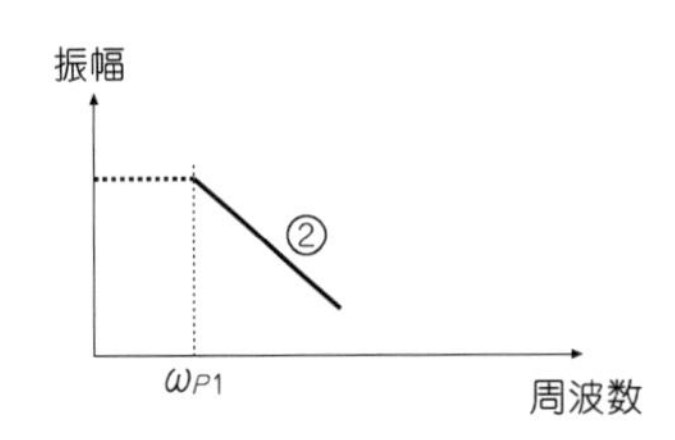

図3.33　振幅対周波数のグラフ(2)
領域②では，傾き－20dB/decadeの直線になる．

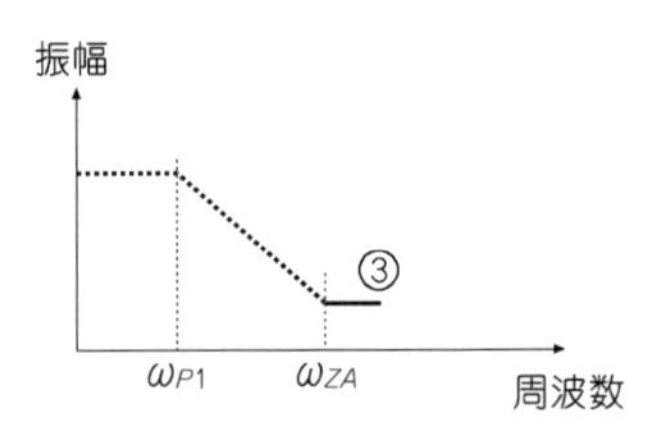

図3.34　振幅対周波数のグラフ(3)
領域③では，水平な直線になる．

になります．

$\omega=\omega_{P1}$では，第二項の$\log_{10}(\omega/\omega_{P1})=0$ですから，$(v_{out}/v_{in})_{\mathrm{dB}}=20\cdot\log_{10}A_{DC}$，次に，$\omega=10\cdot\omega_{P1}$では$(v_{out}/v_{in})_{\mathrm{dB}}=20\cdot\log_{10}A_{DC}-20$つまり，$(\omega/\omega_{P1})$が10，100，1000と10倍ずつ増加するごとに振幅が－20 dBずつ減少します（**図3.33**）．

$|v_{out}/v_{in}|=A_{DC}\cdot\omega_{P1}/\omega$から，$|v_{out}/v_{in}|=1$のときの角速度$\omega=\omega_t$とすると$\omega_t=A_{DC}\cdot\omega_{P1}=g_{m1}/C_C$となります〔式（3.22）と$A_{DC}$の式を参照〕．

③ $\omega_{P1}<\omega_{ZA}<\omega<\omega_{P2}$

$1\ll\omega/\omega_{P1}$，$1\ll\omega/\omega_{ZA}$，$1\gg\omega/\omega_{P2}$の場合，

$$\left(1+\frac{j\omega}{\omega_{P1}}\right)\cong\frac{j\omega}{\omega_{P1}},\ \left(1-\frac{j\omega}{\omega_{ZA}}\right)\cong-\frac{j\omega}{\omega_{ZA}},\ \left(1+\frac{j\omega}{\omega_{P2}}\right)\cong1$$

すると式（3.38）は，

$$\frac{v_{out}}{v_{in}}=A_{DC}\cdot\frac{\omega_{P1}}{\omega_{ZA}}=\frac{g_{m1}}{g_{m6}}$$

と一定値になります（**図3.34**）．

④ $\omega_{P1}<\omega_{ZA}<\omega_{P2}<\omega$

$1\ll\omega/\omega_{P1}$，$1\ll\omega/\omega_{ZA}$，$1\ll\omega/\omega_{P2}$の場合，

$$\left(1+\frac{j\omega}{\omega_{P1}}\right)\cong\frac{j\omega}{\omega_{P1}},\ \left(1-\frac{j\omega}{\omega_{ZA}}\right)\cong-\frac{j\omega}{\omega_{ZA}},\ \left(1+\frac{j\omega}{\omega_{P2}}\right)\cong\frac{j\omega}{\omega_{P2}}$$

$$\frac{v_{out}}{v_{in}}=A_{DC}\cdot\frac{\omega_{P1}}{\omega_{ZA}}\cdot\frac{\omega_{P2}}{\omega}\cdot j$$

となり，(ω/ω_{P2})が10倍ずつ増加するにつれ，－20dBずつ減少する直線になります（**図3.35**）．

以上のように，手計算の場合は，周波数領域をいくつかの部分に分けて考え，

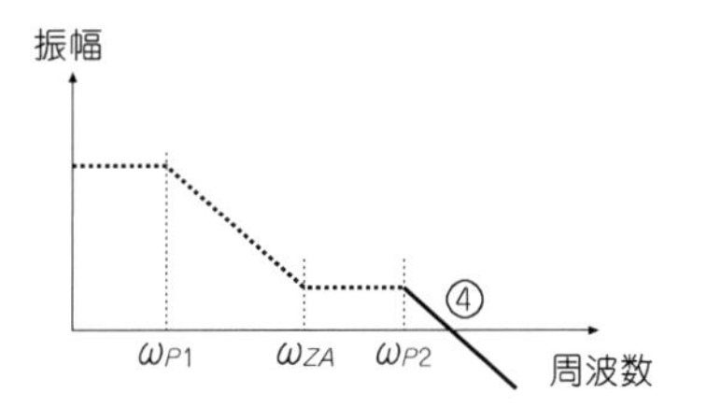

図3.35　振幅対周波数のグラフ(4)
領域④では，再び傾き−20dB/decadeの直線になる．

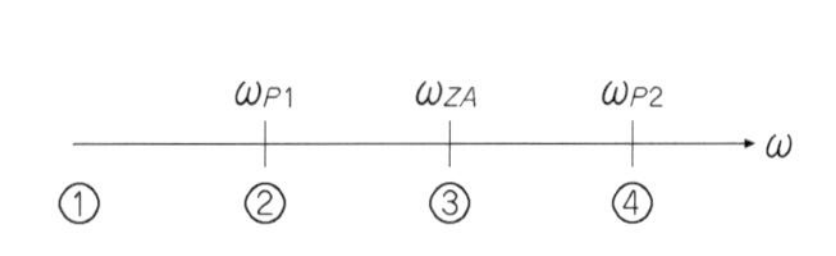

図3.36　ポール，ゼロの位置

直線で近似します．

3.5.2　位相の周波数応答はこう考える

ここで，式(3.38)のv_{out}/v_{in}を再度式(3.39)として登場させます．ただし，式を少し変形させています．この式の各項を見ながら，今度は位相について考えます．

$$\frac{v_{out}}{v_{in}}=(-1)\cdot A_{DC}\cdot\frac{\left(1-\dfrac{j\omega}{\omega_{P1}}\right)\cdot\left(1-\dfrac{j\omega}{\omega_{ZA}}\right)\cdot\left(1-\dfrac{j\omega}{\omega_{P2}}\right)}{\sqrt{1+\left(\dfrac{\omega}{\omega_{P1}}\right)^2}\cdot\sqrt{1+\left(\dfrac{\omega}{\omega_{P2}}\right)^2}} \qquad (3.39)$$

$\left(1-\dfrac{j\omega}{\omega_{P1}}\right)$の位相$\theta_{P1}$は，$\tan\theta_{P1}=\dfrac{虚数部分}{実数部分}=\dfrac{-\dfrac{\omega}{\omega_{P1}}}{1}=-\dfrac{\omega}{\omega_{P1}}$

$\left(1-\dfrac{j\omega}{\omega_{ZA}}\right)$の位相$\theta_{ZA}$は，$\tan\theta_{ZA}=-\dfrac{\omega}{\omega_{ZA}}$

$\left(1-\dfrac{j\omega}{\omega_{P2}}\right)$の位相$\theta_{P2}$は，$\tan\theta_{P2}=-\dfrac{\omega}{\omega_{P2}}$

するとv_{out}/v_{in}の位相$=180^\circ+\theta_{P1}+\theta_{ZA}+\theta_{P2}$となります．ここで$180^\circ$とは$(-1)$の位相です．

図3.36にω_{P1}，ω_{ZA}，ω_{P2}の位置関係を示します．

① 低周波数時（ωが小さい場合）：$\omega<\omega_{P1}<\omega_{ZA}<\omega_{P2}$

$\omega/\omega_{P1}\approx 0$, $\omega/\omega_{ZA}\approx 0$, $\omega/\omega_{P2}\approx 0$が成り立つので，$\theta_{P1}=\theta_{ZA}=\theta_{P2}=0^\circ$より，

v_{out}/v_{in}の位相$=180^\circ$

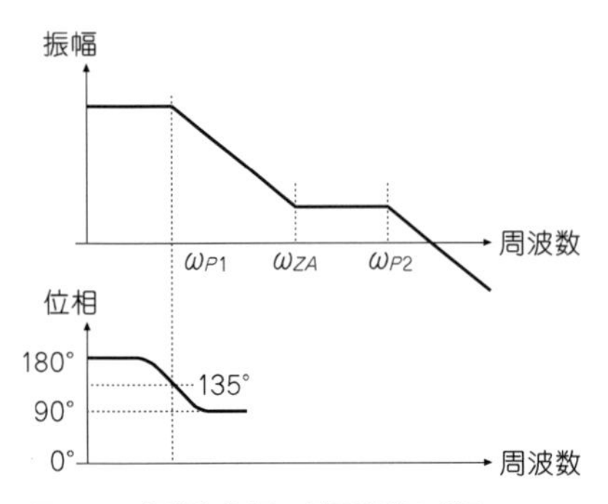

図3.37　振幅と位相の対周波数のグラフ
位相は，ω_{P1}では135°，ω_{P1}より十分高い周波数では90°になる．

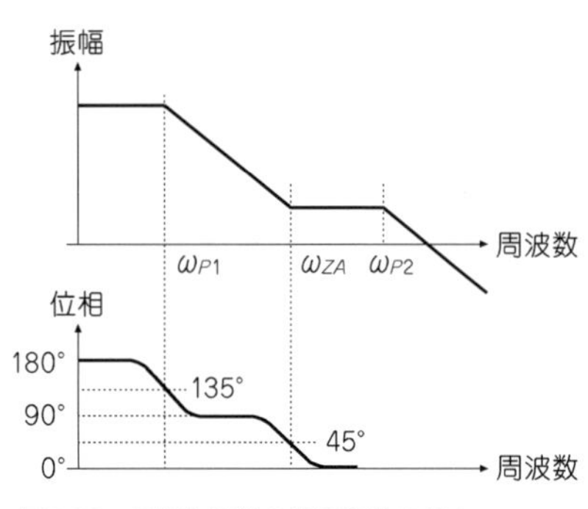

図3.38　振幅と位相の対周波数のグラフ
位相は，ω_{ZA}では45°，ω_{ZA}より十分高い周波数では0°になる．

② $\omega \cong \omega_{P1}$ の場合（**図3.37**）

$\omega < \omega_{ZA} < \omega_{P2}$ より，$\theta_{ZA} = \theta_{P2} = 0°$，よって v_{out}/v_{in} の位相 $= 180° + \theta_{P1}$

$\omega = \omega_{P1}$ のときは $\tan\theta_{P1} = -1$ となり，$\theta_{P1} = -45°$ にて v_{out}/v_{in} の位相 $= 135°$

$\omega > \omega_{P1}$ のときは $\tan\theta_{P1} = -\infty$ となり，$\theta_{P1} = -90°$ にて v_{out}/v_{in} の位相 $= 90°$

③ $\omega \cong \omega_{ZA}$ の場合（**図3.38**）

$\omega_{P1} < \omega < \omega_{P2}$ より，$\theta_{P1} = -90°$，$\theta_{P2} = 0°$．よって v_{out}/v_{in} の位相 $= 90° + \theta_{ZA}$

$\omega = \omega_{ZA}$ のときは，$\theta_{ZA} = -45°$ にて v_{out}/v_{in} の位相 $= 45°$

$\omega > \omega_{ZA}$ のときは，$\theta_{ZA} = -90°$ にて v_{out}/v_{in} の位相 $= 0°$

④ $\omega \cong \omega_{P2}$ の場合（**図3.39**）

$\omega_{P1} < \omega_{ZA} < \omega$ より，$\theta_{P1} = \theta_{ZA} = -90°$．よって v_{out}/v_{in} の位相 $= \theta_{P2}$

$\omega = \omega_{P2}$ のときは，$\theta_{P2} = -45°$ にて v_{out}/v_{in} の位相 $= -45°$

$\omega > \omega_{P2}$ のときは，$\theta_{P2} = -90°$ にて v_{out}/v_{in} の位相 $= -90°$

以上のように，位相の場合も，手計算では周波数領域をいくつかの部分に分けて考えていきます．

3.5.3　R_Cを加えた場合はどうなるか

ここまでは，位相補償対策としてC_Cのみを使用した回路について説明しまし

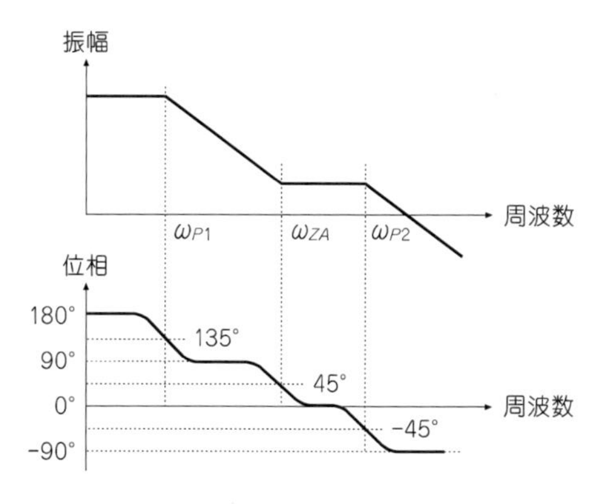

図3.39
振幅と位相の対周波数のグラフ
位相は，ω_{P2}では$-45°$，ω_{P2}より十分高い周波数では$-90°$になる.

たが，さらにR_Cを加えると，どういうメリットがあるのかの説明を加えます．R_Cを加えた場合の伝達関数$G_2(s)$は，式(3.40)のようになります．三つのポール(分母側)と，一つのRHPゼロ(分子側)の掛け算になっています．

$$G_2(s)=\frac{v_{out}}{v_{in}}=(-1)\cdot A_{DC}\cdot\frac{\left(1+\dfrac{s}{\omega_{ZB}}\right)}{\left(1+\dfrac{s}{\omega_{P1}}\right)\cdot\left(1+\dfrac{s}{\omega_{P2}}\right)\cdot\left(1+\dfrac{s}{\omega_{P3}}\right)} \tag{3.40}$$

式(3.22)〜式(3.26)から$\omega_{P1}<\omega_{ZB}<\omega_{P2}<\omega_{P3}$の関係があり，特に$\omega_{P3}$は非常に大きな数値なので，式(3.40)の$(1+s/\omega_{P3})\cong 1$として差し支えありません．するとポールが一つ消えて，

$$\frac{v_{out}}{v_{in}}=(-1)\cdot A_{DC}\cdot\frac{\left(1-\dfrac{j\omega}{\omega_{P1}}\right)\cdot\left(1+\dfrac{j\omega}{\omega_{ZB}}\right)\cdot\left(1-\dfrac{j\omega}{\omega_{P2}}\right)}{\sqrt{1+\left(\dfrac{\omega}{\omega_{P1}}\right)^2}\cdot\sqrt{1+\left(\dfrac{\omega}{\omega_{P2}}\right)^2}} \tag{3.41}$$

式(3.25)より$\omega_{ZB}=1/[C_C\cdot\{R_C-(1/g_{m6})\}]$ですから，$\omega_{ZB}$の符号が，$R_C$と$1/g_{m6}$の大小関係に依存することが分かりますが，実はこれが大きな意味を持ちます．ω_{ZB}の符号が正になるか負になるかで，ゼロがLHPゼロになるかRHPゼロになるかの差が発生します．ここでは$R_C>1/g_{m6}$ ($\omega_{ZB}>0$)になってRHPになってほしいのです．

なぜなら，式(3.41)より$\tan\theta_{ZB}=\omega/\omega_{ZB}$で与えられるため，$\omega_{ZB}>0$だと$\theta_{ZB}$は正の角度になり，特に$\omega\cong\omega_{ZB}$では$v_{out}/v_{in}$の位相$=90°+\theta_{ZB}$なので，$\omega_{ZB}$の

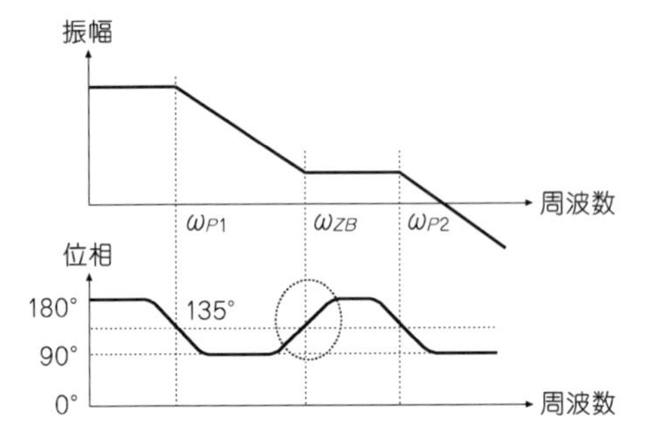

図3.40
RHPゼロの効果
周波数ω_{ZA}のかわりにRHPゼロω_{ZB}がきた場合には，位相は上へ盛り上がる形となり，ω_{ZB}では135°となる．

少し前の周波数から位相は上昇へ転ずることになり（点線の丸で示す），これは位相余裕を大きくする上でたいへん有利です（**図3.40**）．位相余裕については，3.6節で詳しく説明します．

3.6　SPICEを使用したAC解析

図3.41はSPICEでボルテージ・フォロワの周波数応答を見るための回路です．V_{out}を入力側と出力側に分断し，その間に大きな抵抗1G[Ω]を挿入します．この抵抗があるため，最初のDC解析は入力側と出力側が接続された状態で実行されますが，続くAC解析では入力側と出力側は「AC的に」カットされます．つまり振幅をもった小信号が1GΩの抵抗を通り抜けることは，ほとんどできません．

○印の電圧源v_{in}から一定の振幅で，固定周波数の入力信号を入れます．v_{in}の上に1000[F]の大きなコンデンサを入れます．また，V_{out}には，M1と同じW/LサイズのNMOS（M8）トランジスタのゲートをつないであります．

解析は以下のような手順で行います．

① SPICEのAC解析を実行します．v_{in}の振幅を1Vとし，周波数は0.001Hzから1GHzまで変化させ，v_{out}の振幅と位相を1decadeあたり10～20ポイント程度でプロットします．v_{in}の振幅を1Vとすると，

電圧ゲイン＝（v_{out}の振幅/v_{in}の振幅）＝v_{out}の振幅

となるので，v_{out}の振幅をプロットすれば電圧ゲインをプロットしているのと等しくなります．v_{out}の振幅はdB（デシベル）表示＝20・log10（振幅の絶対値）で表示

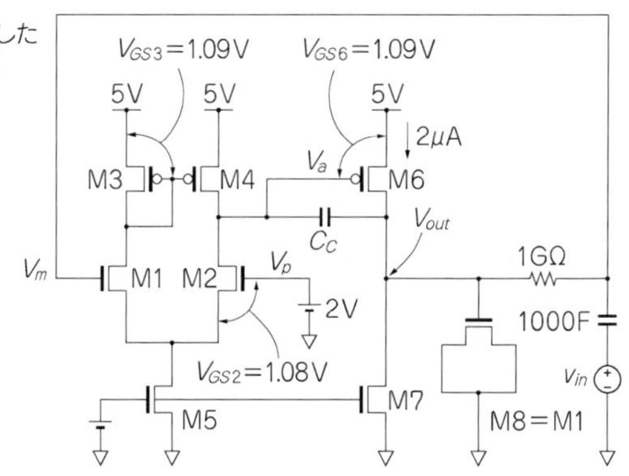

図3.41
ボルテージ・フォロワ回路のSPICEによるAC解析回路
1GΩの抵抗を挿入することで，V_{out}とV_mの間を小信号的にオープンにする．V_{out}のノードの寄生容量を減少させないように，M1と同じサイズのNMOSトランジスタのゲート容量をダミーとして追加する．

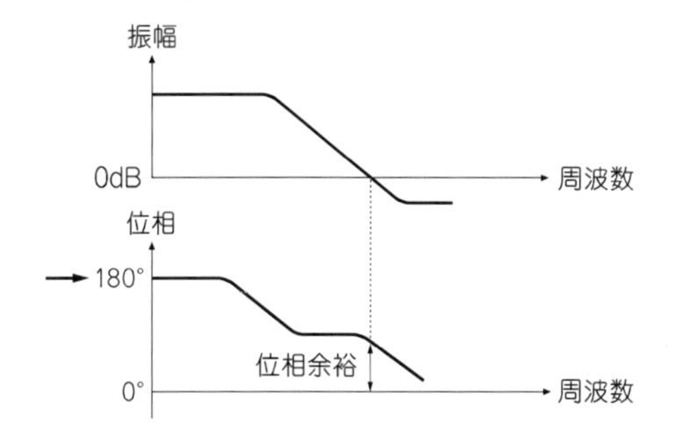

図3.42
位相余裕の意味
位相余裕とは，振幅が0dBとなったときに，位相が0°から何度離れているかということ．

します．

② SPICEでのシミュレーション結果のグラフは，横軸が周波数の対数となり，縦軸は振幅のデシベル表示と，位相（角度）の両方がプロットされます．**図3.42**の矢印のところ，位相の初期値が180°から始まっているかまず確認します（360°と表示される場合もある）．180°以下になっている場合は，周波数の下限を0.001Hzより数桁(けた)小さくしてから，AC解析を再実行し，位相値が180°になっているかどうか確認します．

③ ここで回路の安定性を調べます．v_{out}の振幅波形が0dBラインを切る周波数を調べます（**図3.42**の振幅のグラフ参照）．その周波数において，位相が，0°から何度離れているかという角度を，**位相余裕**（**マージン**）と呼び，それが最低45°必要，最低60°必要という具合に，半導体回路の設計を行っている各社内でそれぞれ基準があります．この位相余裕が小さいと，回路は発振してしまいます．一般的に60°は欲しいところです．

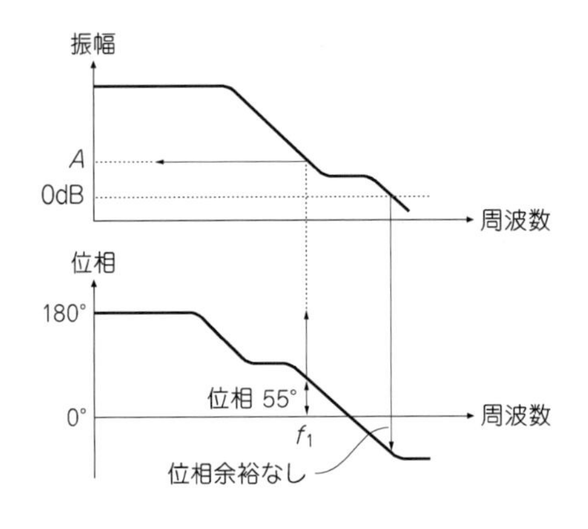

図3.43
ゲインAを得る方法
位相が55°のところの周波数をf_1とすると，f_1における振幅からゲインAを得る．

3.6.1　位相余裕が十分でないときの，位相補償の方法

位相余裕が十分でない場合には，まずC_Cを大きくし，それでも足りない場合は，C_Cに直列に抵抗R_Cを加える手順でいきます．

(1) **図3.43**は，$C_C=2\,\mathrm{pF}$の場合のAC解析結果です．位相余裕はマイナスの値でまったく足りない結果です．ここで位相が55°あるポイントの周波数f_1を**図3.43**の矢印に沿ってたどり，f_1でのゲインがAdBであるとします．dB値を実際の振幅値A_1に直し，C_Cを新しい値：$C_{C2}=C_C \cdot A_1$とします．新しいC_{C2}（以下の例では6.6pF）にてAC解析を再度実行し，そこで位相余裕が十分になったら終了です．

$$A=10.37\mathrm{dB}$$

$$A_1=10^{(10.37/20)}=3.3$$

$$C_{C2}=C_C \times A_1=2\,\mathrm{pF}\times 3.3=6.6\,\mathrm{pF}$$

(2) C_{C2}でも位相余裕が足りない場合は，R_Cを加えることにします．最初にR_Cを手計算で得るために，まず振幅0dB時の周波数f_tを得ます．C_{C2}でSPICEシミュレーションを実行した結果，振幅のグラフが，**図3.44(a)**のように0dBラインの下に「棚」がある形をしている場合は，振幅のグラフと0dBの直線がはっきりと交点をもつため，問題なくftを得ることができますが，**図3.44(b)**のように0dBラインの上に「棚」がある場合は，右端の拡大図にあるように，傾き−20dB/decadeの直線部を外挿して，0dBラインを横切る周波数ftを得ます．今の場合，$f_t=0.8\,\mathrm{MHz}$がグラフから得られたと仮定します．

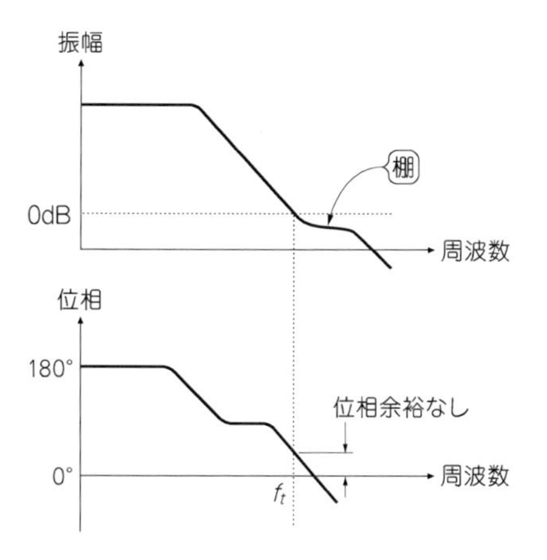

(a) 棚より低い周波数に0dBとの交差ポイントがある場合

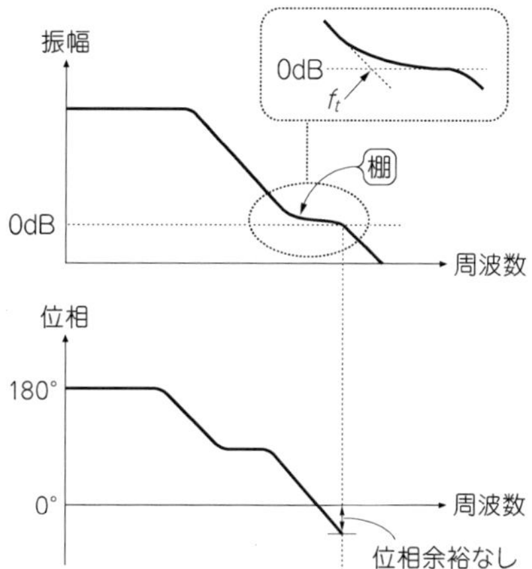

(b) 棚より高い周波数に0dBとの交差ポイントがある場合

図3.44 f_tを得る方法

(a)のように，振幅のカーブと0dBの交差ポイントが，「棚」より低い周波数側にあるときは，この交差ポイントの周波数がf_tとなる．(b)のように，「棚」が交差ポイントより低い周波数側にあるときは，0dBの直線と-20dB/decadeラインの外挿線との交差ポイントの周波数がf_tとなる．

M6のトランスコンダクタンスの逆数$1/g_{m6}$を手計算で求めます．式(3.1)から，

$$g_{mn}=\frac{\partial I_{DS}}{\partial V_{GS}}=\mu\cdot C_{ox}\cdot\frac{W}{L}\cdot(V_{GS}-V_{TH})=\frac{2\cdot I_{D(\mathrm{sat})}}{V_{GS}-V_{TH}} \tag{3.42}$$

$$\frac{1}{g_{m6}}=\frac{V_{GS}-V_{TH}}{2\cdot I_{D(\mathrm{sat})}}=\frac{1.09\mathrm{V}-0.9\mathrm{V}}{2\times2\mu\mathrm{A}}=45\mathrm{k}\Omega \tag{3.43}$$

さらに，次の式にてR_Cを求めます．式(3.25)より，

$$R_C=\frac{1}{g_{m6}}+\frac{1}{1.2\cdot2\pi\cdot f_t\cdot C_{C2}}$$

$$=\frac{1}{g_{m6}}+\frac{1}{1.2\cdot2\pi\cdot0.8\mathrm{MHz}\cdot6.6\mathrm{pF}}=45\mathrm{k}\Omega+25\mathrm{k}\Omega=70\mathrm{k}\Omega \tag{3.44}$$

式(3.44)中の1.2については，3.6.2節で説明します．

R_Cを回路図に加えて，AC解析を実行します．

R_Cを加えたことで，LHPがRHPへ変わっているはずです．位相のカーブは，**図3.45**(b)の点線部のように上へ盛り上がり（程度の差はあるが），位相余裕は十分大きくなっているはずです．

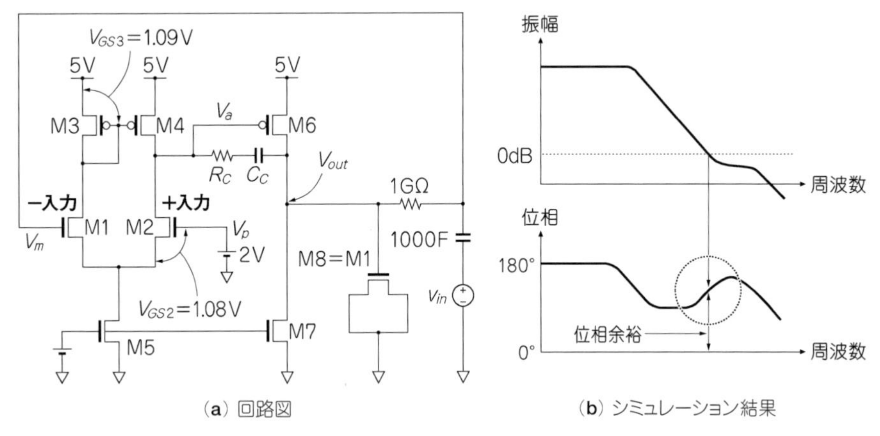

図3.45　R_CとC_Cを使用した位相補償のAC解析

3.6.2　理論的な裏付け

3.6.1節で求めた手順について理論的な説明をします．

(1) $C_C=2\text{pF}$の場合〔**図3.46(a)**〕，振幅の－20dB/decade直線部①は，3.5.1節(2)より式(3.45)で与えられます．

$$|v_{out}/v_{in}|=A_{DC}\cdot\frac{\omega_{P1}}{\omega}=\frac{g_{m1}}{C_C}\cdot\frac{1}{\omega} \tag{3.45}$$

$$A_{DC}=g_{m1}\,g_{m6}\,R_1 R_2 \tag{3.46}$$

(2) 同様に$C_{C2}=C_C\times A_1=6.6\,\text{pF}$の場合〔**図3.46(b)**〕，振幅の－20dB/decade直線部②は，式(3.47)で与えられます．

なお，A_{DC}は(1)の場合と同じです．

$$|v_{out}/v_{in}|'=A_{DC}\cdot\frac{\omega_{P1}'}{\omega}=\frac{g_{m1}}{A_1\cdot C_C}\cdot\frac{1}{\omega} \tag{3.47}$$

$|v_{out}/v_{in}|'=1$，つまりゲイン＝0dBの場合の周波数(角速度)は，式(3.47)のωをω_t'に代えて，次式で与えられます．

$$\omega_t'=\frac{g_{m1}}{A_1\cdot C_C} \tag{3.48}$$

これを，式(3.45)のωに代入してみると，

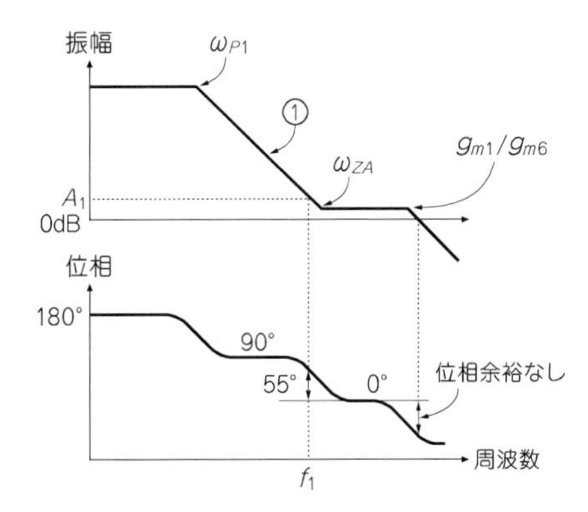

(a) C_C=2pFでSPICEシミュレーションした場合

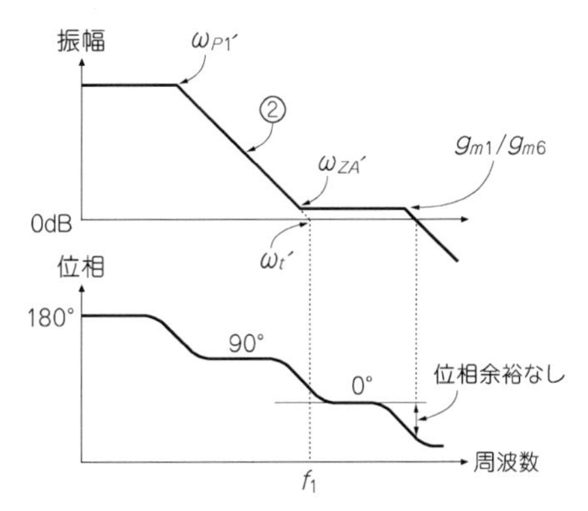

(b) C_{C2}=6.6pFでSPICEシミュレーションした場合

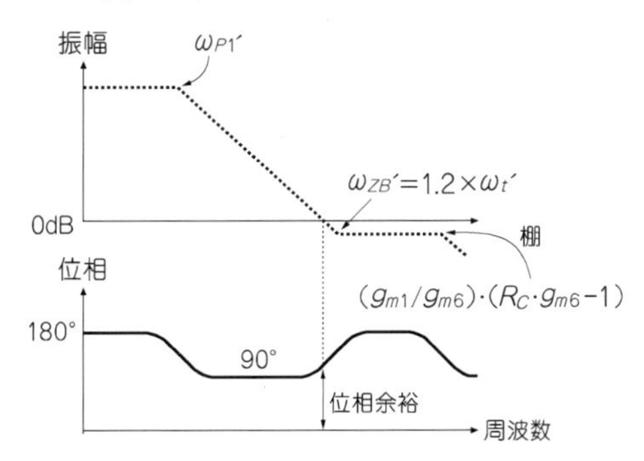

(c) C_{C2}にR_Cを加えてSPICEシミュレーションした場合

図3.46
位相補償の途中過程法
(**a**) $C_C=2\,\text{pF}$でまったく位相余裕がなく，(**b**) $C_C=6.6\,\text{pF}$に変更してもまだ位相余裕がなく，(**c**) R_Cを追加したらやっと位相余裕が確保できた場合．

$|v_{out}/v_{in}|=A_1$となります．

そもそも，**図3.46**(**a**)のグラフにおいて，周波数f_1での$|v_{out}/v_{in}|=A_1$であったわけですから，f_1は**図3.46**(**b**)のω_t'に相当する周波数($\omega_t'/2\pi$)と等しいことになります．したがって，

$$\omega_t'=2\pi\cdot f_1 \tag{3.49}$$

となります．

式(3.25)のC_Cを，$A_1\cdot C_C$で置き換えて，

$$\omega_{ZB}'=\frac{1}{A_1\cdot C_C\cdot\left(R_C-\dfrac{1}{g_{m6}}\right)} \tag{3.50}$$

ここで，ω_{ZB}'をω_t'の1.2倍のところにもってくるようにします．それを式にすると，

$$\omega_{ZB}' = 1.2 \times \omega_t' \tag{3.51}$$

これを式(3.50)に代入すると，

$$\frac{1}{A_1 \cdot C_C \cdot \left(R_C - \frac{1}{g_{m6}}\right)} = 1.2 \times \frac{g_{m1}}{A_1 \cdot C_C}$$

変形して，

$$R_C = \frac{1}{g_{m6}} + \frac{1}{1.2 \times g_{m1}}$$

さらに変形して，

$$R_C \cdot g_{m6} - 1 = \frac{g_{m6}}{1.2 \times g_{m1}}$$

$$\left(\frac{g_{m1}}{g_{m6}}\right) \cdot (R_C \cdot g_{m6} - 1) = \frac{1}{1.2} < 1 \tag{3.52}$$

式(3.50)のω_{ZB}'を式(3.47)のωに代入します．すると，

$$\left|\frac{v_{out}}{v_{in}}\right|' = g_{m1} \cdot \left(R_C - \frac{1}{g_{m6}}\right) \tag{3.53}$$

となり，この値は式(3.52)の左辺と等しくなります．

式(3.53)が示すところの$\omega = \omega_{ZB}'$における$|v_{out}/v_{in}|'$とは**図3.46(c)**の棚のところの振幅に等しいことになります．

式(3.52)と式(3.53)から$|v_{out}/v_{in}|' < 1$ですから，言い換えると，この棚はかならず0dB以下にくることになります．

さらに言い換えると，**図3.46**では，−20dB/decadeの直線と，0dBの水平ラインは，ω_{ZB}'より低い周波数のポイントω_t'で交点をもつことになります．この交点では，位相のカーブは，RHPゼロのせいで90°よりも少し上昇してきていますから，位相余裕は十分に取れるはずです．

第4章 CMOSデバイスの基礎知識

本章では，N型半導体，P型半導体から始まって，PN接合（ダイオード）や，MOSトランジスタがどう作られているのかを説明します．

4.1 自由電子とホール

シリコン原子が規則正しくならんでいるものをシリコン単結晶といいます．**図4.1**のように，中央に+4の電荷をもつシリコン原子核（Si^{4+}）があり，周囲の電子と強く結合しています．結合は点線で表しています．電子は一つあたり−1の電荷をもっており，本書では−1を◯で囲んで表します．一つの電子は2個のSi^{4+}によって共有されており（点線で結んである），これを**共有結合**と呼びます．

ここで大切なことは，**結晶の中は電気的に中性でなければいけない**ということです．これを強調するために，各図では，実際には存在しない「原子と原子の間の境界線」を細い線で示しました．境界線の内部（灰色のところ）では，Si^{4+}が1個と電子が4個あるため，電荷の合計は$(+4)+(-1)\times 4=0$になっています．

強い結合状態にある電子は低い確率ですが，大きなエネルギーを得て結合を

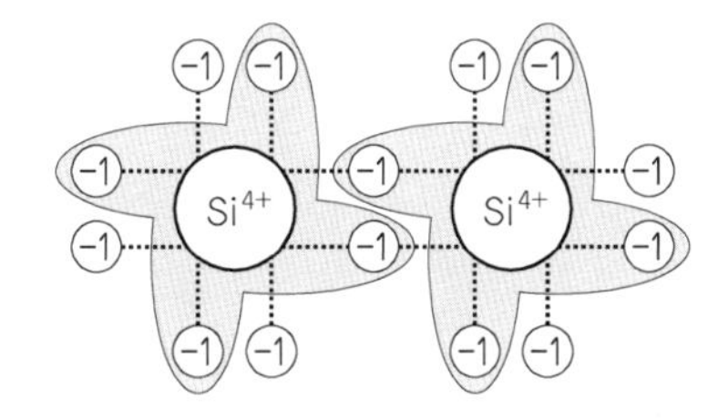

図4.1
シリコン結晶
シリコン原子は，原子核が+4の電荷をもち，共有結合でつながっている4個の電子の電荷と合計して総電荷がゼロになることで，結晶内部は中性に保たれている．

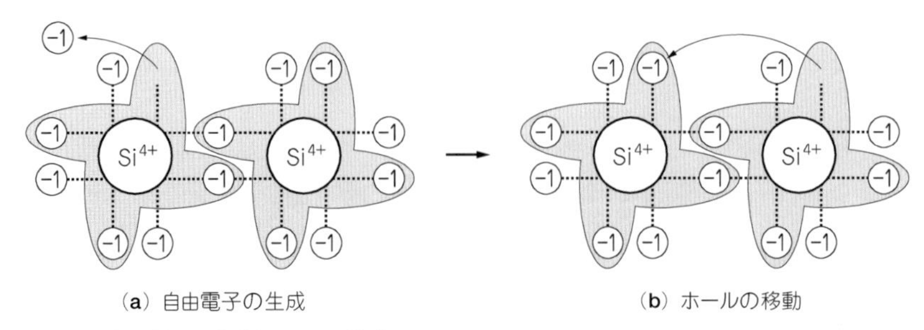

図4.2　自由電子の生成とホールの移動

(a)共有結合している電子が1個，結合が切れて自由電子となり，どこかへ行ってしまった場合，(b)空いた穴に，一つ右側のシリコン原子から共有結合を切った電子が1個移動してきたとすると，これは−1の電荷が右から左へと移動したことになり，言い換えると+1の電荷（=ホール）が左から右へと移動したことになる．

断ち切り，動き回る自由を得ることがあります〔**図4.2**(a)〕．これを**自由電子**と呼びます．

電子に逃げられた原子では，電荷の合計は，(+4)+(−1)×3=+1となってしまいます．いま仮に，電子が逃げたあとの「穴」に，右隣の原子から一つの電子が飛び込んできたとしましょう〔**図4.2**(b)〕．すると今度は，右隣の原子が+1の電荷をもつことになり，電子を受け入れた原子は，電荷の合計が0に戻ります．つまり一つの電子が「右から左へと」「穴から穴へのジャンプ」をしたことで，+1の電荷が逆に「左から右へと」移動したことになります．

このような+1の電荷の移動を，**仮想の＋1の電荷をもつ粒子**が移動したかのように考え，その仮想の粒子を**ホール**と呼び，本書では+1を□印で囲んで表します．

ホールの移動とは，現実には穴から穴へジャンプする電子の移動のことです．これと異なり**図4.2**(a)の自由電子は，行き先となる穴を探す必要はなく，まったく自由に結晶内部を動き回ります．このように同じ電子の移動でも，二つの異なるモードがあることを覚えておいてください．

① 自由電子の自由な移動

② 結合に束縛された電子が穴から穴へジャンプする移動

4.1.1　N型半導体とP型半導体

半導体のウエハは，いくつもの複雑な工程で構成されています．その中にIon Implantation工程（イオン・インプランテーション工程，通称：インプラ工程）

と呼ばれる工程が何か所かあります．

これは，リン(P)やボロン(B)などの原子を，シリコン・ウエハの決められた部分にイオン・ビームとして強制的に打ち込む工程であり，原子の種類によってP型のシリコン結晶，N型のシリコン結晶を作り分けることができます．

打ち込む原子の濃度(単位体積あたりの数)をコントロールすれば，「P型の度合いの強い結晶(p^+)」や「P型の度合いの弱い結晶(p^-)」を作り分けることができます．N型でも同様に，n^+とn^-を作り分けることが可能です．

さらに，P型の度合いの弱い結晶に，リン原子を濃く打ち込んでN型の結晶に変えることができます．同様にN型の度合いの弱い結晶にボロン原子を濃く打ち込んでP型の結晶へ変更することも可能です．

なお，インプラ工程で打ち込まれた原子は，よほどの高温(千数百℃以上)にならない限り，結晶内部を移動することはありません．**その位置は固定されています**．

ICを製造するウエハ工場は，生(なま)のウエハを他社から購入していますが，ウエハは，納入された時点ですでに弱いP型か弱いN型に処理されているのが普通です．これを，P基板のウエハ，N基板のウエハというように区別しており，基板をGNDレベルにするICを作るときはP基板ウエハを，基板をV_{DD}レベルにするICのときはN基板ウエハを使用します．

4.1.2　N型結晶は自由電子にあふれている

最初に，シリコン結晶中にリン(P)原子を打ち込んで，N型の結晶にする場合を説明します．リン原子の原子核P^{5+}は5+の電荷をもっているので，電気的に中性であるためには，$(+5)+(-1)\times 5=0$から，5個の電子と結合している必要があります．**図4.3**に示すように，5個の電子のうち4個はシリコン原子と同様に共有結合をしていますが，1個の電子だけはたいへん小さなエネルギーでP^{5+}と結合(細い点線で示す)をしています．

この結合は小さなエネルギーでつながっているため，室温でいとも簡単に切れて，電子は自由電子となります．このように1個の電子に逃げられたリン原子は，合計で$(+5)+(-1)\times 4=+1$の電荷をもつことになります．このようにリン原子は，電子を供出できるので，ドナー(donor：供出するもの)と呼ばれます．+1

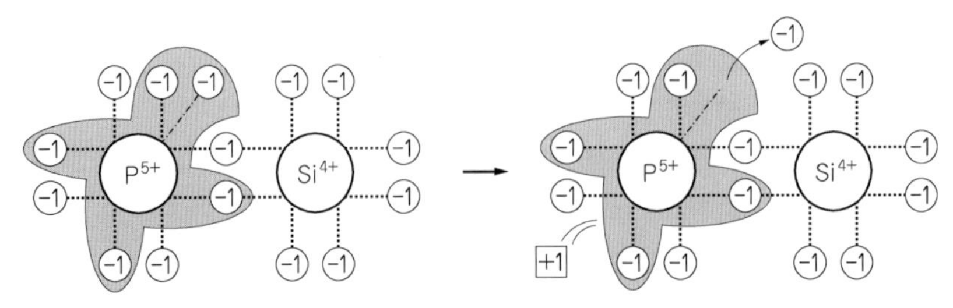

図4.3　N型結晶内での＋固定電荷と自由電子の生成
シリコン結晶内部にリン(P)のような5荷の原子を打ち込むと，+5の原子核と共有結合する電子は5個となる．このうちの1個が自由電子となってどこかへ移動してしまうと，後に残ったリン原子は，(+5)+(−4)=+1の電荷をもつ固定電荷(場所を移動できない電荷)になる．

の電荷をもっている状態ではドナー・イオンとも呼ばれます．本書では，ドナー・イオンのような移動できないプラス電荷を +1 のように四角で囲んで表します．

リン以外のドナーには，ヒ素(As)などがあります．

4.1.3　P型結晶はホールにあふれている

シリコン結晶中にボロン(B)原子を打ち込んで，P型の結晶を作る場合を説明します．ボロン原子の原子核 B^{3+} は3+の電荷をもっているので，電気的に中性であるためには，3個の電子と結合するだけで十分です．

すると**図4.4**に示すように，1か所，電子の穴があいてしまいます．前に，シリコン単結晶中で電子が穴から穴へとジャンプして移動するモード(ホールの移動に相当)があると説明しましたが，そのときの移動に要したエネルギーよりもはるかに小さなエネルギーで，ボロン原子のもつ「電子の穴」に向かって，近隣のシリコン原子から，電子がジャンプして移動することができます．移動後は，B^{3+} の電荷と4個の電子の電荷を合計して，ボロン原子は $(+3)+(-1)\times 4=-1$ の電荷をもつことになります．このようにボロン原子は，本来電子が足りないため外から電子の供出を受けます．それでアクセプタ(acceptor：受け入れるもの)と呼ばれます．−1の電荷をもっている状態ではアクセプタ・イオンとも呼ばれます．本書では，このアクセプタ・イオンのように移動できないマイナス電荷を −1 のように四角で囲んで表します．ボロン以外のアクセプタにはガリウム(Ga)などがあります．

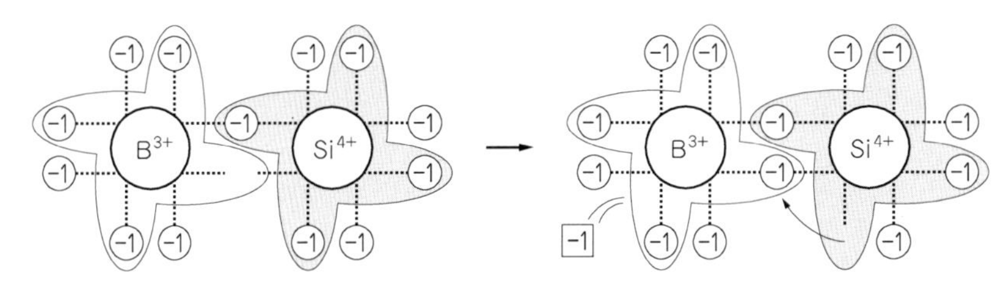

図4.4 P型結晶内での－固定電荷とホールの生成
シリコン結晶内部にボロン(B)のような3荷の原子を打ち込むと，+3の原子核と共有結合する電子は3個となり，穴が一つできる．この穴に電子が移動してくると，ボロン原子は，(+3)+(−4)=−1の電荷をもつ固定電荷(場所を移動できない電荷)なる．

ちなみに，ボロン原子へ電子を1個供出したシリコン原子は，今度は自分自身が電子の穴をもつことになり，この穴へ向かって近隣のシリコン原子から電子がジャンプしてくれば，いわゆるホールの移動が発生することになります．

以上を簡単にまとめると，

① シリコン結晶に，リン原子のようなドナー原子を多数打ち込むと，原子と同数の①自由電子と，②+1の固定電荷＝ドナー・イオン +1 がでる．これをN型の結晶と呼ぶ

② シリコン結晶に，ボロン原子のようなアクセプタ原子を多数打ち込むと，原子と同数の①ホールと，②−1の固定電荷＝アクセプタ・イオン −1 ができる．これをP型の結晶と呼ぶ

N型の結晶中には，多数の自由電子があり，P型の結晶中には，多数のホールがあることが分かりました．

それでは，N型の結晶中のホールの数や，P型の結晶中の自由電子の数はどうなっているのでしょうか．それを計算するには次の式を用います．

$$p \times n = n_i^2 \qquad (4.1)$$

pはホールの濃度，nは自由電子の濃度，n_iは温度に依存する定数で27℃(300K)にて1.18×10^{10}です．濃度の単位はいずれも[個/cm^3]です．

この式は，純粋なシリコン単結晶でも，P型やN型の結晶でも用いることができます．

一例として，シリコン結晶へリン原子を1×10^{16}[個/cm^3]打ち込んでN型結

晶を作った場合を考えます．

自由電子の数nはリン原子とほぼ同数なので$n = 1\times10^{16}$［個/cm^3］です．すると，ホールの数は，$p = n_i^2/n = (1.18\times10^{10})^2/1\times10^{16} = 13924$，$n/p \cong 7\times10^{11}$です．

この例の場合は，自由電子のほうがホールの7×10^{11}倍も多く存在することが分かります．

4.2　PN接合，空乏層，ダイオード

4.2.1　PN接合と空乏層を理解する

PN接合とは，P型の結晶とN型の結晶が接しているところです．そしてICの内部では，そのような場所は無数に存在しています．

N型側をP型より高い電圧にした場合は電流が流れず，規格値までの電圧に耐えることができます．

逆に，P型側をN型より高い電圧にすると，わずか0.3V～0.6Vで電流が流れます．このような現象は一部の回路ではたいへん便利なので，P型をN型よりも高い電圧にして電流を流す素子を，ダイオード（Diode）という名前で呼ぶこともあります．

PN接合を理論的に説明する場合は，P型の結晶とN型の結晶を別々に作って，それらを密着させるとどうなるかという方法がいちばん分かりやすいようです．本書でもその方法で説明します．ただし現実の製造工程では別の方法で実施しています．

図4.5（a）のようにP型の結晶とN型の結晶をそれぞれ別々に用意します．縦軸は，自由電子やホールの濃度を「対数目盛り」で表しているとします．横軸Xは，実際の寸法であり，X方向には自由電子やホールが均一に分布していることを示しています．

この例では意図的に，N型結晶のドナー原子の濃度を，P型結晶のアクセプタ原子の濃度よりも大きい場合を考えます．

さて，この二つの結晶をぴったりと密着させるとどうなるでしょうか〔**図4.5**（b）〕．

ホールの濃度は，P型のほうがN型よりも圧倒的に大きいので，濃度を均一に

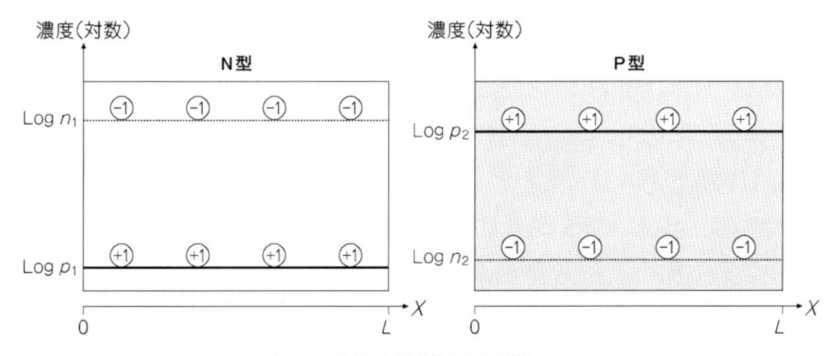

(a) P型結晶とN型結晶の接触前

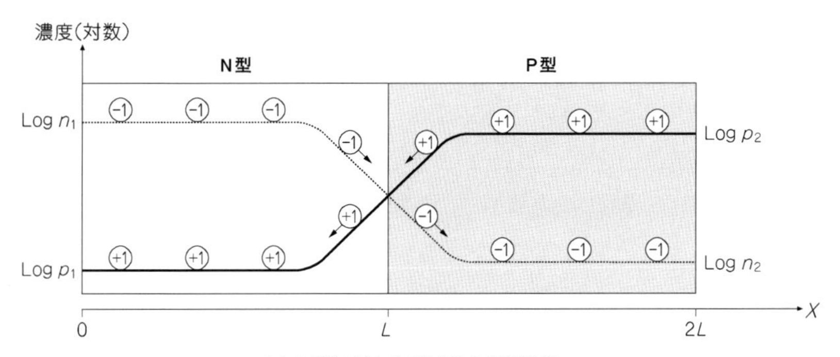

(b) P型結晶とN型結晶の密着直後

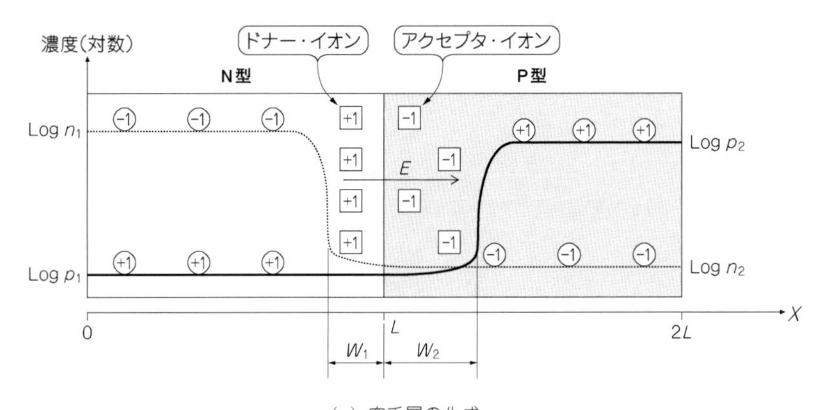

(c) 空乏層の生成

図4.5　PN 結合の生成

自由電子の多いN型結晶と，ホールの多いP型結晶を密着させると，自由電子もホールも濃度勾配ができて，電子は右にホールは左に移動する．すると接合面近辺には，自由電子もホールも少ない領域ができ，ここを空乏層という．PN接合には，移動できない＋固定電荷と移動できない－固定電荷が取り残されており，これらの間に電界が発生する．

しようとする力が働いて，P型からN型へ向かってホールの移動が起こります．このような濃度差による粒子の移動を**拡散**（diffusion）と呼びます．

自由電子についても同様にN型からP型に向かって拡散が起こります．

これらの拡散がある程度進むと〔**図4.5（c）**〕，境界近くのP型結晶では，ホールがN型のほうへ立ち去り，まわりにいなくなってしまったため，取り残されたボロン原子（アクセプタ・イオン）の[−1]電荷が意味のある存在として浮かび上がってきます．

一方，境界の反対側のN型結晶では，自由電子がP型のほうへ立ち去り，いなくなってしまったため，取り残されたリン原子（ドナー・イオン）の[+1]電荷が意味のある存在として浮かび上がってきます．

結果として，境界をはさみ，固定電荷[+1]から[−1]へ向かう大きな電界〔**図4.5（c）**のE〕が発生します．この電界の向きは，拡散しようとするホールをP型のほうへ押し戻し，同様に，拡散しようとする自由電子をN型のほうへ押し戻す方向です．つまり発生した電界がそれ以上の拡散を邪魔する形です．しかし，拡散が止まるわけではありません．

正確には，電子やホールの拡散による移動と，電界による移動が釣り合った状態になるということです．言い換えると，PN境界をはさんで，P型側ではホールの数が極端に少なく，その結果アクセプタ・イオンの[−1]電荷が浮かび上がった領域ができ，N型側では，自由電子の数が極端に少なく，その結果ドナー・イオンの[+1]電荷が浮かび上がった領域ができます．これらをあわせて**空乏層**（くうぼうそう）（depletion region）と呼びます．

実は第4章のこれまでの説明は，この空乏層の説明をするのが最大の目的だったのです．空乏層には，いくつかたいへん重要な要素があるので，順番に説明していきます．

（1）PN接合の空乏層は特殊な構造をもったコンデンサとして考えることができます．ただし回路設計の立場では，これは回路動作を遅くしてしまう「やっかいな」寄生容量のうちの一つです．一般的にコンデンサは，プラスとマイナスの電極の間に誘電体をはさんでいる構造をしていますが，空乏層の場合はこれとは異なった特殊な構造です．空乏層のN型側のドナー・イオン[+1]の領域全体がプラス電極で，P型側のアクセプタ・イオン[−1]の領域全体がマイナス電極になります．

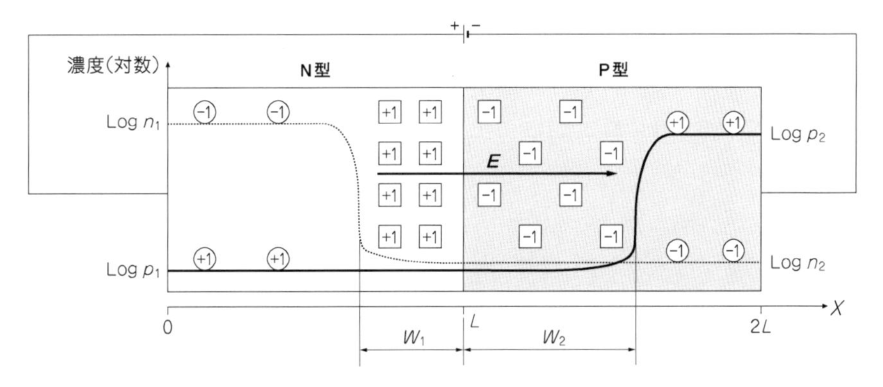

図4.6　PN接合に逆バイアスを印加した場合

空乏層には，移動できない＋固定電荷と−固定電荷があり，これらはコンデンサを形成している．PN接合に，N型のほうがP型よりも高い電位になるような電圧を外から印加すると，それはコンデンサの電極間の電圧を増加させるような結果となり，さらに多くの固定電荷がむき出しになり，＋固定電荷と−固定電荷の間の電界Eは印加電圧分だけ増加する．

そしてドナー・イオンの数とアクセプタ・イオンの数は等しくなければなりません．

(2) **図4.6**のように，N型側がP型よりも高い電圧になるよう（これを**逆バイアス**と呼ぶ），外で電源をつなぎ，電圧を0Vから次第に上昇させます．空乏層はコンデンサなので，電極間の電位差が上昇するには，電極に蓄積される電荷は増加しなければなりません．そのためには，空乏層のN型側もP型側も両方とも幅が太ることで，ドナー・イオンの電荷数とアクセプタ・イオンの電荷数を増加させます．つまり，**PN接合に逆バイアスをかけると，空乏層の幅は太ります**．そのときの空乏層内部の電界は，もとから存在していた電界に，外から印加した逆バイアスに相当する電界を足した値になります．

(3) P型側のアクセプタ・イオン濃度をN_A[個/cm^3]，N型側のドナー・イオン濃度をN_D[個/cm^3]とすると，コンデンサなので，プラス電極側の総電荷＝$N_D \times W_1$とマイナス電極側の総電荷＝$N_A \times W_2$は等しいことになります．

$$N_D \times W_1 = N_A \times W_2 \tag{4.2}$$

図4.6のように，n^+とp^-の接するPN接合を考えると，$N_D \gg N_A$となり，式(4.2)と照らし合わせると，$W_2 \gg W_1$となり，P型のほうに空乏層は長く伸びます．つまり，n^+とp^-の接合では，空乏層はp^-側へと長く伸びることになります．言い換えると，**空乏層の幅は，インプラ工程で打ち込んだ原子の濃度が薄いほうへ，**

より長く伸びることになります．

4.2.2　ダイオードの電流式

最後にダイオードについて簡単に説明します．PN接合は，P型側の電圧をN型よりも高くすると，0.3V～0.6Vで電流が流れます．すでに説明したように，PN接合では，P型からN型へ向かうホールの拡散と，N型からP型へ向かう自由電子の拡散が，これらの拡散を邪魔する方向（N型からP型へ）の大きな電界による自由電子，ホールの移動と釣り合っているため，一見して電流は流れていないように見えます．そこでP型側の電圧をわずかでもN型より高くすると，拡散を邪魔している電界の強度は下がるため，拡散の方が強くなり，ホールはP型からN型へと拡散し，自由電子はN型からP型へと拡散します．「電流」の向きに注目すると，いずれの拡散もP型からN型方向への電流となります．

P側の電位とN側の電位の差は，順方向バイアスと呼ばれ，V_{BE}と表します．"BE"とは，バイポーラ・トランジスタのベース（Base），エミッタ（Emitter）からきています．詳細は略しますが，NPN型のバイポーラ・トランジスタのベースはP型，エミッタはN型なのでV_{BE}という呼び方をしています．

順方向電圧V_{BE}でバイアスされたPN接合（ダイオード）の電流I_Dは次式で表します．

$$I_D = I_S \cdot \left(\exp \frac{q}{kT} V_{BE} - 1 \right) \tag{4.3}$$

I_Sは飽和電流と呼ばれ，PN接合の面積や接合温度に依存するパラメータです．

ちなみに，SPICEパラメータのI_Sはデフォルト値（default値）が1×10^{-14}［A］となっています．トランジスタのソース-ドレインがもつPN接合では，一般的にI_Sはこのように非常に小さな数値となります．

4.3　MOSトランジスタの構造と動作

4.3.1　NMOSトランジスタの構造

図4.7の上半分はNMOSトランジスタをチップ表面側から見た場合を示します．実際はトランジスタ上にはアルミ配線がありますが，ここでは省略しています．

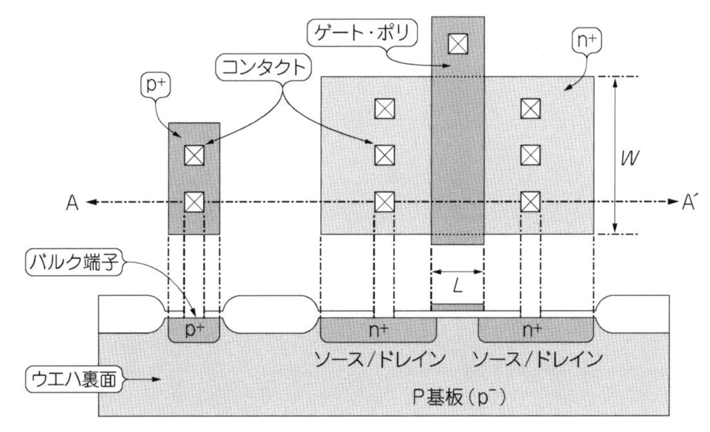

図4.7　NMOSトランジスタ構造
(上)上から見たところ,(下)断面図．NMOSトランジスタ構造を上から見ると，n^+の長方形の一部にゲート・ポリが上からオーバラップしたように見える．しかし断面図を見ると，実際はn^+領域は二つに分断されている．分断されたところが電流の流れる領域である．

左側の少し離れた長方形p^+はバルク(Bulk：基板)端子です．

図4.7の下半分は，カッターの刃を紙面に垂直に立ててNMOSトランジスタをカットした場合の断面を見たものです．白い部分はSiO_2膜(保護膜)で，膜圧の厚い部分と薄い部分があります．

ソースとドレインはいずれもn^+(強いN型の結晶)です．この二つの互いに離れたn^+の間を電流が流れます．ソースとドレインはまったく対称ですが，回路動作上，電圧の低い側をソースと呼びます．バルク端子は，p^+でできています．p^+とp^-(P基板)は電気的につながっていると考えて差し支えありませんから，バルク端子を0V(GND)にすると，P基板も0Vになります．

4.3.2　NMOSトランジスタの動作を理解する

NMOSトランジスタの動作を説明します．MOSトランジスタに電流を流すには，次の二つの条件が必要です．

① ゲート−ソース電圧V_{GS}を大きくして**反転層**を作り，トランジスタをONさせる．$V_{GS}=V_G-V_S$

② 反転層ができている状態で，ドレイン電圧V_Dをソース電圧V_Sより高くすると，ドレインからソースに向けて電流が流れる

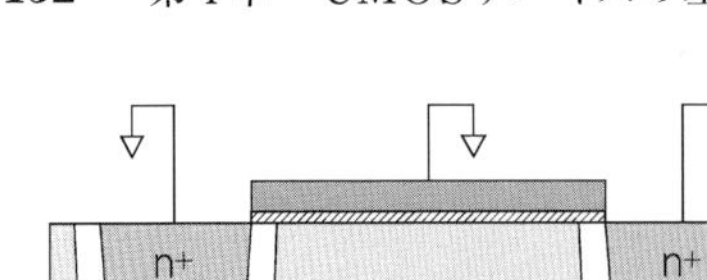

(a) ソース，ドレイン，ゲートのすべてが0Vのとき

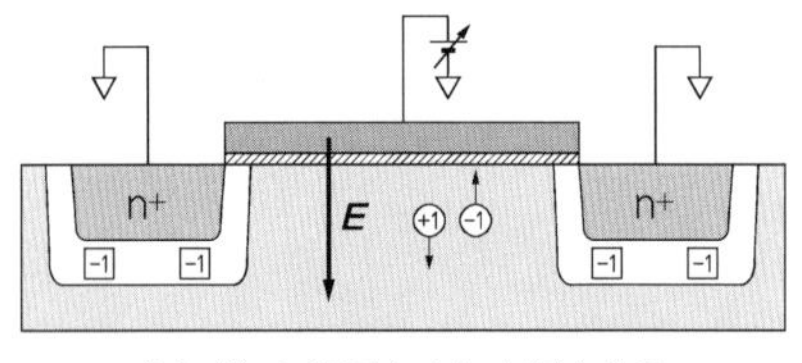

(b) ゲート電圧を少し上昇させる

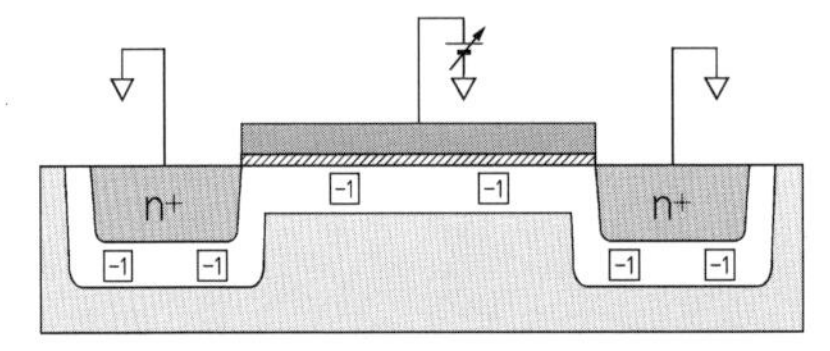

(c) さらにゲート電圧を上げると空乏層が発生

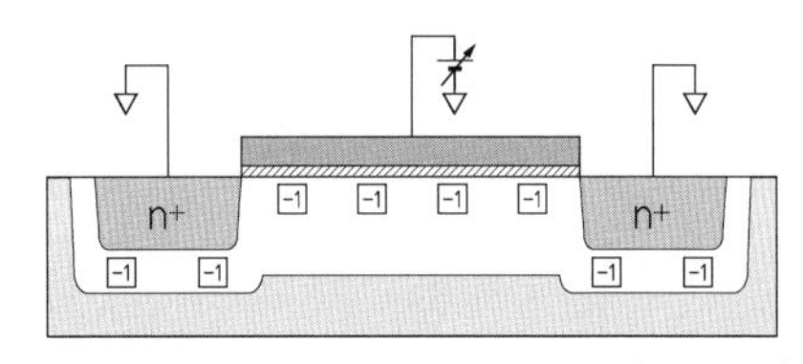

(d) さらにゲート電圧を上げると空乏層が下に延びる

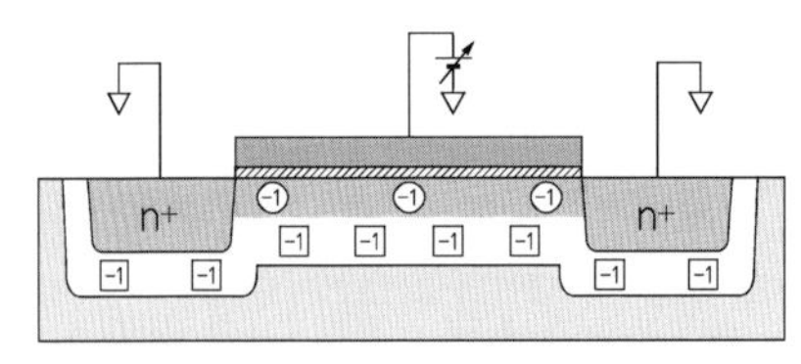

(e) さらにゲート電圧を上げると反転層が発生

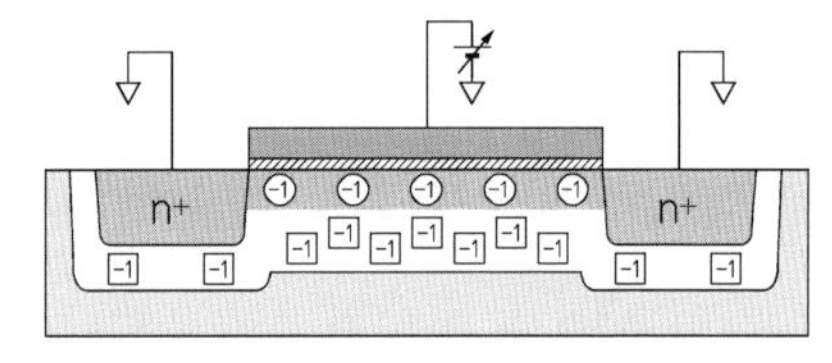

(f) さらにゲート電圧を上げると反転層の自由電子が増加

図4.8
NMOSトランジスタの反転層の生成まで
ポリ・ゲートの下のP基板は，最初はホールが電子より多い普通の状態だが，ゲート電圧を上げると，ホールは下方向へ追いやられ，－の固定電荷が現れる．さらにゲート電圧を上げると，ゲートの真下には電子の層（反転層）が現れる．ここで，ドレイン電圧を上げると，電子はドレイン方向に移動し，電流となる．

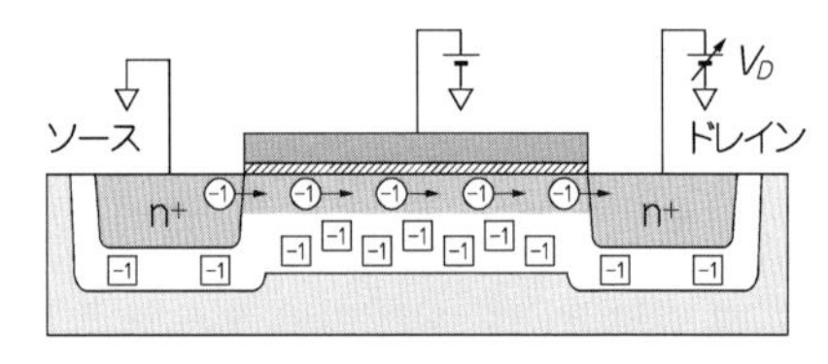

(g) ドレインに正の電圧を加えると，自由電子はドレインに向かって流れる

この詳細を順に説明します．以下の文章の(a)～(g)は，**図4.8**の(a)～(g)と対応しています．

(a) P基板（バルク），ソース，ドレイン，ゲートのすべてを0Vにします．ソースとドレインでは，n^+とp^-（P基板）の境界に空乏層があり，空乏層（白い部分）は濃度の薄いp^-側のほうへ長く伸びています．

(b) ゲート電圧だけを少しずつ上昇させていきます．P基板，ソース-ドレインはすべて0Vですから，縦方向の電界Eは，ゲートから出発してP基板に至るものや，ソースやドレインに至るものがあります．この縦の電界の向きは，P基板中のホールを下の方向へ追いやる向きです．

(c) さらにゲート電圧を上昇させると，ゲート酸化膜の直下のP型結晶中では，ホールが下のほうへ立ち去り，その濃度が減ってしまうため，取り残されたアクセプタ・イオンの [−1] 電荷が意味のある存在となってきます．すなわち，**空乏層**が形成されてきます．**このように空乏層はPN接合以外のところでも発生します**．これまで左右に分断されていたソースとドレインの空乏層（白い部分）は，ゲート酸化膜の下に新たにできた空乏層によって左右がつながります．ただし，空乏層がつながったからといって電流が流れるわけではありません．ゲート上のプラス電荷から出発した電界は，ゲート酸化膜を通り抜け，空乏層のアクセプタ・イオンの [−1] 電荷へと至ります．

(d) ゲート電圧をさらに上昇させると，空乏層は下に伸びます．

(e) ゲート電圧をさらに上昇させると，ゲート酸化膜の下に今度は**反転層**と呼ばれる**自由電子の層**がうっすらと現れます．反転層へ自由電子を供給したのは，自由電子の数には不自由しない n^+（ソースとドレイン）です．

(f) ゲート電圧をさらに上昇させると，反転層の自由電子の濃度も上昇します．そして反転層内の自由電子の濃度が，「ゲート電圧＝0V〔(a)のとき〕のP基板のホール濃度」と等しくなった点を反転層形成と定義しています．この反転層形成時の V_{GS} を**しきい値電圧**（$\boldsymbol{V_{THN}}$：**Threshold Voltage**）と呼んでいます．つまり $V_{GS}=V_{THN}$ です．V_{THN} の数値は，各社のプロセスにより異なりますが，6V耐圧のプロセスではおおよそ0.3～1.0Vの範囲です．本書では $V_{THN}=0.8$ ～0.9V を各所で使用していますが，これは本書が使用しているSPICEパラメータからもってきているだけのことです．

ゲート電圧をさらに上昇させると反転層は下に伸びます．反転層が十分形成されたところ，たとえば $V_{GS}=2$V のところで，V_{GS} をいったん固定してあとの説明を続けます．反転層は電流の通る道に相当するため**チャネル**（**水路**）とも呼ばれます．

なお，**反転層の形成＝トランジスタはON状態**ではありますが，ドレインとソースの電圧が等しいと電流は流れません．

(g) これまではもっぱら**縦方向の電界**が引き起こす現象に専念してきましたが，ここからは**横方向の電界**が加わります．これまで0Vに固定していた V_D を，徐々に上昇させます．するとドレインからソースに向けて横方向の電界が

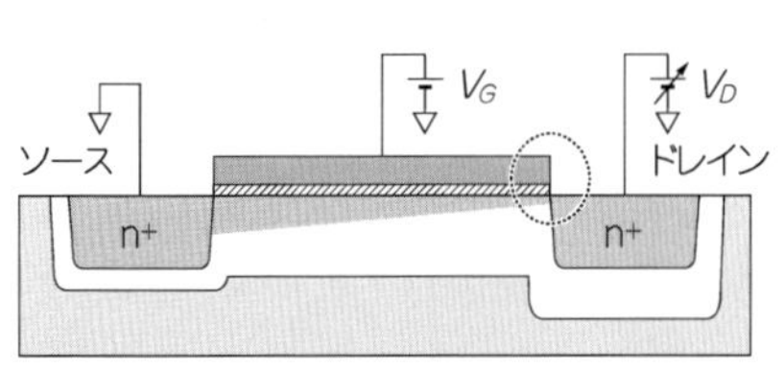

(a) 三極管領域

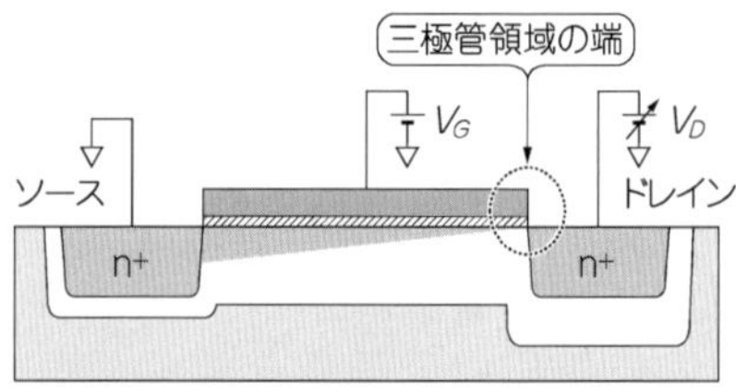

(b) 三極管領域と飽和領域の境界点

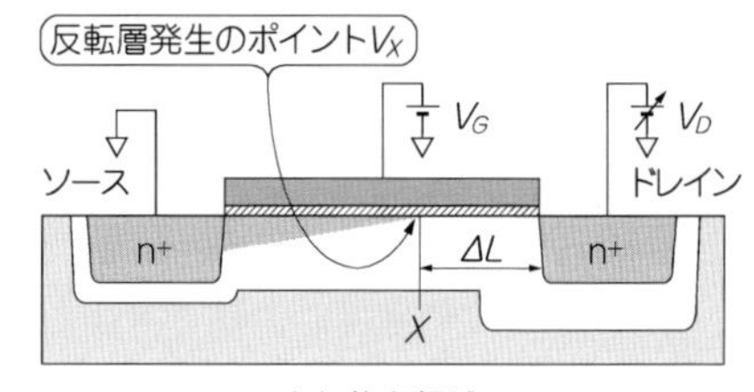

(c) 飽和領域

図4.9
NMOSトランジスタの三極管領域と飽和領域
反転層ができている状態でゲート－ソース電圧V_{GS}を固定し，ドレイン電圧を上昇させる．(**a**)ドレイン端で反転層に縦方向の厚みがある間は三極管領域といい，電流はドレイン電圧とともに飛躍的に増加する．(**b**)そのうちドレイン端で反転層の厚みはなくなり，(**c**)ドレイン側からソース側に向かって反転層はなくなっていく．この状態を飽和領域といい，ドレイン電圧の上昇に伴う電流の増加具合はゆっくりとなる．

発生し，この電界により自由電子はソースからドレインに向け，流れ始めます．「電流の向き」としては，逆に「ドレインからソースへ」となります．このようにソース端からドレイン端まで，反転層が「厚み」をもってつながっている状態を**三極管領域**（**Triode Region**）と呼び，この領域でのドレイン電流は次式で与えられ，V_Dを上昇させると電流は急激に増加します．

$$I_D=\mu_p \cdot C_{ox} \cdot \frac{W}{L} \cdot \left[(V_{GS}-V_{THN}) \cdot V_{DS}-\frac{1}{2} \cdot V_{DS}{}^2\right] \tag{4.4}$$

以下の文章の(**a**)～(**c**)は，**図4.9**の(**a**)～(**c**)と対応しています．

(**a**) V_Dが0Vであったときと異なり，ソース側とドレイン側では電界の状況に差がでてきます．「ソース側」の縦方向の電界は，ゲート上のプラス電荷から出発して，ソース(n^+)の中の自由電子や，ソース近くの反転層内の自由電子へと至り，この電界はドレイン電圧を上昇させても影響をほとんど受けません．一方「ドレイン近く」での縦の電界は，同じくゲート上のプラス電荷から出発して，ドレイン(n^+)の中の自由電子や，その近くの反転層内の自由電子に至ります．V_Dが上昇すると（V_Gが一定ですから）$V_{GD}=V_G-V_D$は減少し，縦方向の電界はそれまでよりも「弱く」なりますから，ドレイン側では反転層の厚みは次第に薄くなります．

(**b**) $V_{GD}=V_{THN}$となってドレイン側の反転層の厚みはとうとうゼロになります．

このときの反転層全体は**図4.9(b)**のように直角三角形に似た形になっています.

このの$V_{GD} = V_{THN}$の点は,**三極管領域の端**(はし)であり,**回路設計ではひんぱんに出てくる重要なポイント**です.「端」というわけは,このポイントは三極管領域と飽和領域(Saturation Region)の境界点だからです.

なお,三極管領域の端を表す式として,次の式(4.5),式(4.6),式(4.7)は同等なので,導出方法を示しておきます.

$$V_{GD} = V_{THN} \tag{4.5}$$

$$V_{GS} - V_{DS} = V_{THN} \tag{4.6}$$

$$V_{DS} = V_{GS} - V_{THN} \tag{4.7}$$

$$V_{GD} = V_G - V_D = (V_G - V_S) - (V_D - V_S) = V_{GS} - V_{DS} \tag{4.8}$$

「三極管領域の端」でのドレイン電流は$V_{DS} = V_{GS} - V_{THN}$を式(4.4)に代入し,$V_{DS}$を消去して求めます.

$$I_{D(\mathrm{sat})} = \frac{1}{2} \cdot \mu_n \cdot C_{ox} \cdot \frac{W}{L} \cdot (V_{GS} - V_{THN})^2 \tag{4.9}$$

この式がMOSトランジスタの電流を概算するときに,もっともよく用いる式です.$I_{D(\mathrm{sat})}$の「sat」は,飽和領域の下限を示しています.

(c)「三極管領域の端」よりもV_Dが高い領域は,**飽和領域**と呼び,I_Dの波形は**図4.10(b)**のように,水平に向けて寝てきます.V_Dを上昇させると,**図4.9(c)**のように反転層の右端(図:ポイントX)はソース側へ移動していきます.ポイントXからドレイン端までは空乏層です.自由電子は,ソースから出発して反転層の中を通り,空乏層の中は横方向の電界に引っ張られて通り抜け,ドレインへと飛び込みます.ポイントXでの電圧をV_Xとすると,ここが**反転層発生のポイント**ですから,$V_G - V_X = V_{THN}$が成り立ちます.

図4.10(b)のように,ドレイン電流I_Dの波形が,飽和領域で水平にならず,V_Dの増加とともに少しずつ増加する理由は,反転層(チャネル)の長さが短くなるため,式(4.9)のLが実際の寸法(ソース-ドレイン間の距離)よりも空乏層の横幅(ΔL)だけ減少しているからです.式(4.9)のLを($L - \Delta L$)で

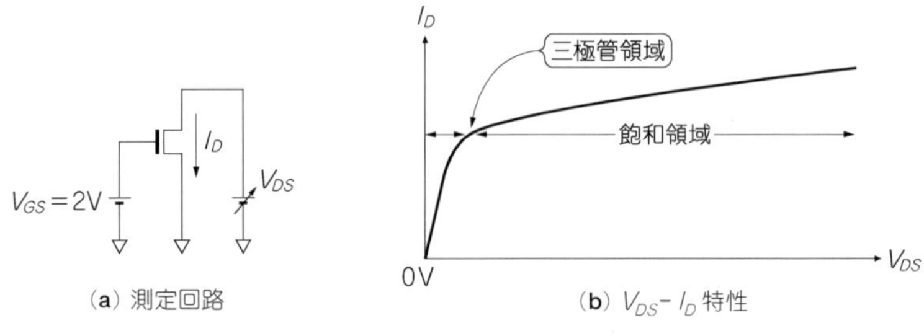

図4.10　NMOSトランジスタの $V_{DS}-I_D$ 測定回路と特性カーブ
ゲート–ソース電圧 $V_{GS}=2$ V に固定してドレイン電圧を上げていくと，電流は右のグラフのように変化する．電流が鋭く立ち上がるところを三極管領域，そのあとゆっくりと上がるところを飽和領域という．

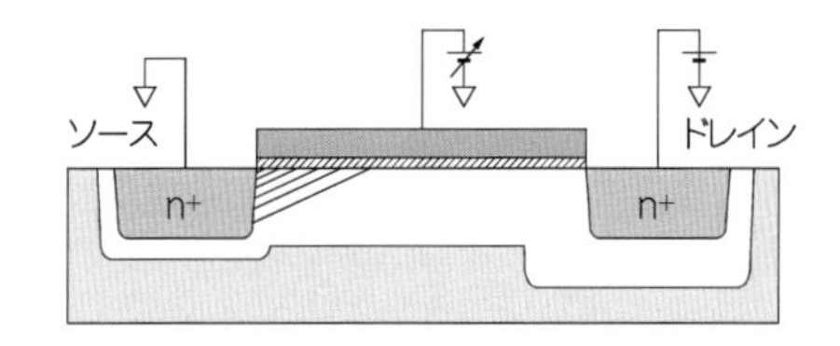

図4.11
ドレイン - ソース電圧 V_{DS} 一定でゲート - ソース電圧 V_{GS} を増加させた場合の反転層
反転層はソース端から三角形の形でだんだん大きくなる．反転層の右端はドレイン側へと移動していく．

置き換えると I_D が増加することが分かります．この現象を**チャネル長変調**と呼びます．

さて，飽和領域でのドレイン電流 I_D は，ドレイン電圧 V_D が増加しても I_D の増加が比較的小さいため，簡易的な「電流源」としてよく使われます．ただし電流源としては V_D にまったく依存しない水平な電流波形が理想ですから，その意味でチャネル長変調はたいへん好ましくない現象です．

この現象を弱めるいちばん簡単な方法は，回路設計時に L を大きな値に設計して，ΔL の L に対する相対的な効果を減らすのが有効です．

飽和領域の I_D は，三極管領域の端から，傾きをもった直線が伸びるような波形をしています〔**図4.10(b)**〕．この直線の傾きを，$I_{D(\mathrm{sat})}\cdot\lambda$ で表します．単位は Ω^{-1} です．

ここで λ（ラムダ）は**チャネル長変調パラメータ**といいます．

飽和領域での I_D は次の式になります．

$$I_D = I_{D(\mathrm{sat})} + V_{DS}\cdot(I_{D(\mathrm{sat})}\cdot\lambda) = I_{D(\mathrm{sat})}\cdot(1+\lambda\cdot V_{DS}) \qquad (4.10)$$

ただしこの式は，V_{DS} が $V_{GS}-V_{THN}$ にくらべて十分大きいことが条件です．

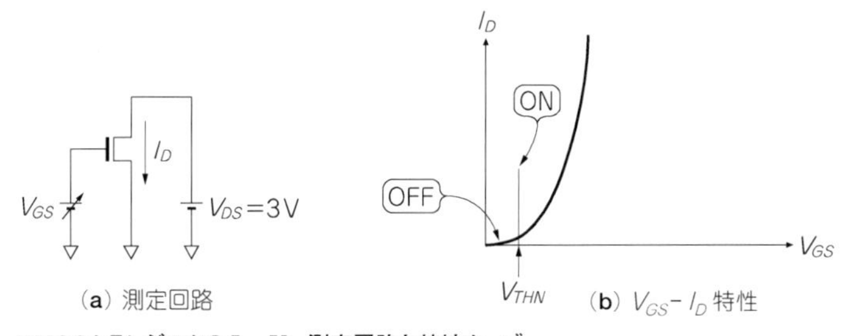

図4.12 NMOSトランジスタのI_D-V_{GS}測定回路と特性カーブ
ドレイン-ソース電圧$V_{DS}=3$Vに固定してゲート-ソース電圧V_{GS}を上げていくと，しきい値電圧V_{THN}を超えたあたりから電流は右のグラフのように放物線状に飛躍的に上昇する．

以上の(a)，(b)，(c)の説明では，まずV_{GS}をV_{THN}以上の値で固定し，それからV_Dを上昇させるという順番でMOSトランジスタを動作させました．

ここでは最後に，逆の手順で動作させた場合どのような波形が得られるかを示しておきます(**図4.11**)．

まずV_{DS}を3Vに固定し，それからV_{GS}を0Vから上昇させた場合，I_Dの波形は**図4.12**(b)のようになります．グラフの縦軸はI_D，横軸はV_{GS}です．V_{GS}を上昇させると，I_Dは$V_{GS}=V_{THN}$あたりから二次曲線$y=(x-a)^2$のように急激に増加します．これは式(4.9)が$(V_{GS}-V_{THN})^2$という項からできていることからも理解できると思います．

4.3.3 基板バイアス効果

MOSFETには4.3.2節で述べた「チャネル長変調」に加えて，もう一つ重要な特性があります．

これまでの説明ではNMOSトランジスタのソース電位を常に0Vに固定していましたが，実はソース電位が上昇すると，V_{THN}も若干上昇します．これを**基板バイアス効果**と呼びます．

以下の文章の(a)～(c)は，**図4.13**(a)～(c)に対応しています．

(a) **図4.13**(a)のように，V_{GS}を反転層が十分形成される程度の電圧に固定し，P基板に対するソースの電位$=V_{SB}$を0Vにします．このときゲートのチャージ電荷$Q_G=+12$，反転層と空乏層のチャージ電荷をそれぞれ$Q_N=-4$，$Q_B=-8$とします．$Q_G=-(Q_B+Q_N)$は常に成り立っています．

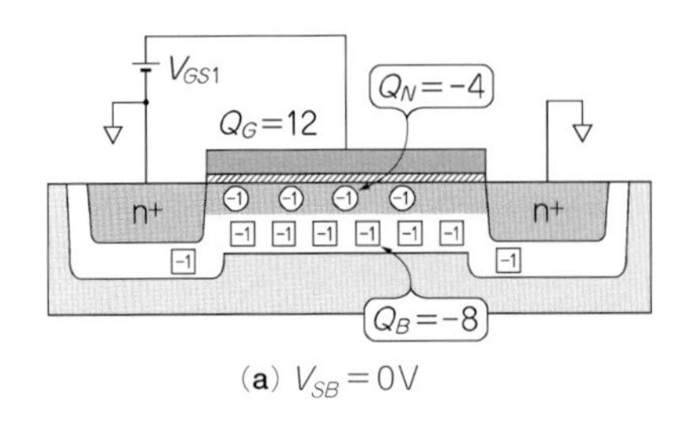

(a) $V_{SB}=0$V

(b) V_{SB}を上昇

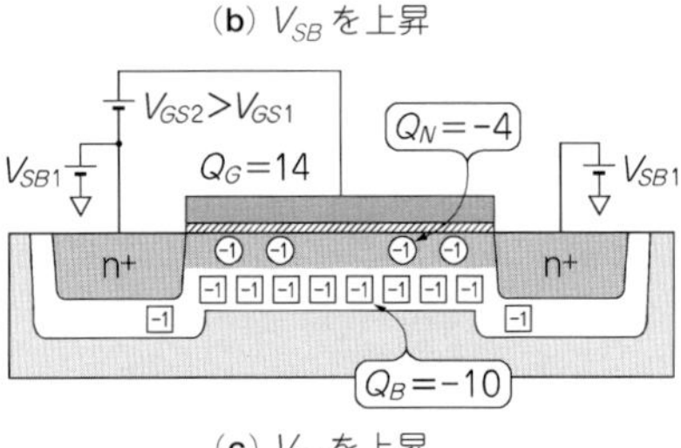

(c) V_{GS}を上昇

図4.13
基板バイアス効果の説明
NMOSトランジスタにおいてソースが0Vでなく正の電位をもつ場合は，反転層を形成するにあたり，ソースが0Vのときよりも高いV_{GS}が必要になる．これを基板バイアス効果という．

(b)　V_{GS1}は一定のまま，V_{SB}を上昇させると，ソース拡散n^+から下のP基板へと延びている空乏層，および反転層の下の空乏層の両方とも下方向に延びるため，空乏層のチャージ電荷は増加して$Q_B=-10$に変化したと仮定します．しかしV_{GS}は一定なので，$Q_G=+12$に変化はなしです．すると，$Q_N=-2$ということになります．つまり空乏層のチャージが増加した分，反転層のチャージが減少したことになります．反転層のチャージが減少すると電流値も減少します．

(c)　反転層のチャージを元の$Q_N=-4$に戻すには，V_{GS}を増加させて$Q_G=+14$とするしかありません．すなわち，V_{SB}が増加すると反転層チャージが減少してしまうため，V_{GS}をさらに増加させることで反転層チャージを回復させる必要があります．言い換えると，V_{THN}が増大したのと同じ意味になります．これが基板バイアス効果です．

4.3.4　PMOSトランジスタの構造

図4.14にPMOSトランジスタの断面図を示します．

ソースとドレインはいずれもp^+（強いP型の結晶）です．ソースとドレインはまったく対称ですが，回路動作上「電圧の高い側」がソースです．

P基板に対して，インプラ工程にてボロン原子を比較的深く打ち込み，Nウェル（N-Well）と呼ばれるn^-の領域を最初に作ります（Wellとは英語で「井戸」

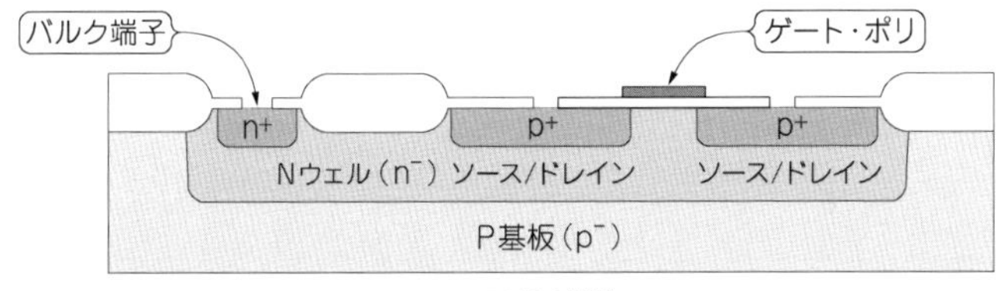

図4.14 PMOSトランジスタの断面図
P基板の中にNウェルと呼ばれるNタイプの層を作り，その中にソース・ドレインのp^+と，バルク端子のn^+を設ける．

の意味）．このNウェルが，PMOSトランジスタにとっての基板（バルク）となります．バルク端子は，Nウェルの中にn^+を作り，端子とします．n^+とNウェルは電気的にはつながっているので，バルク端子(n^+)をV_{DD}電位にすると，NウェルもV_{DD}になります．

4.3.5 PMOSトランジスタの動作

PMOSトランジスタの動作を説明する前に，注意すべきことが少しあります．

通常，Nウェルは，ICの電源電圧（V_{DD}）と同電位に設定されています．ソースとドレインの区別は，ソースの方が「高い」電圧です．以下の説明では，ソースとNウェルはV_{DD}と同電位に固定されていると理解してください．

PMOSトランジスタの動作の概念はNMOSトランジスタとほぼ同じですから，簡単な説明にとどめます．

以下の文章は，**図4.15**(**a**)～(**g**)に対応しています．

(**a**) Nウェル（バルク），ソース，ドレイン，ゲートのすべてをV_{DD}にします．ソースとドレインでは，p^+とn^-（Nウェル）の境界に空乏層（白い部分）があり，空乏層はNウェル側へ長く延びます．

(**b**) ゲート電圧を低下させると，ゲート酸化膜の直下のNウェルでは，自由電子が下のほうへ立ち去って濃度が減ってしまうため，(**c**)，(**d**) 取り残されたドナー・イオンの +1 電荷が意味のある存在となってきます．すなわち，「空乏層」が形成されてきます．

(**e**)，(**f**) ゲート電圧をさらに低下させると，ゲート酸化膜の下に今度は「反転層」と呼ばれる「ホール」の層が現れます．PMOSトランジスタの場合，反転層を流れる電流はホールです．

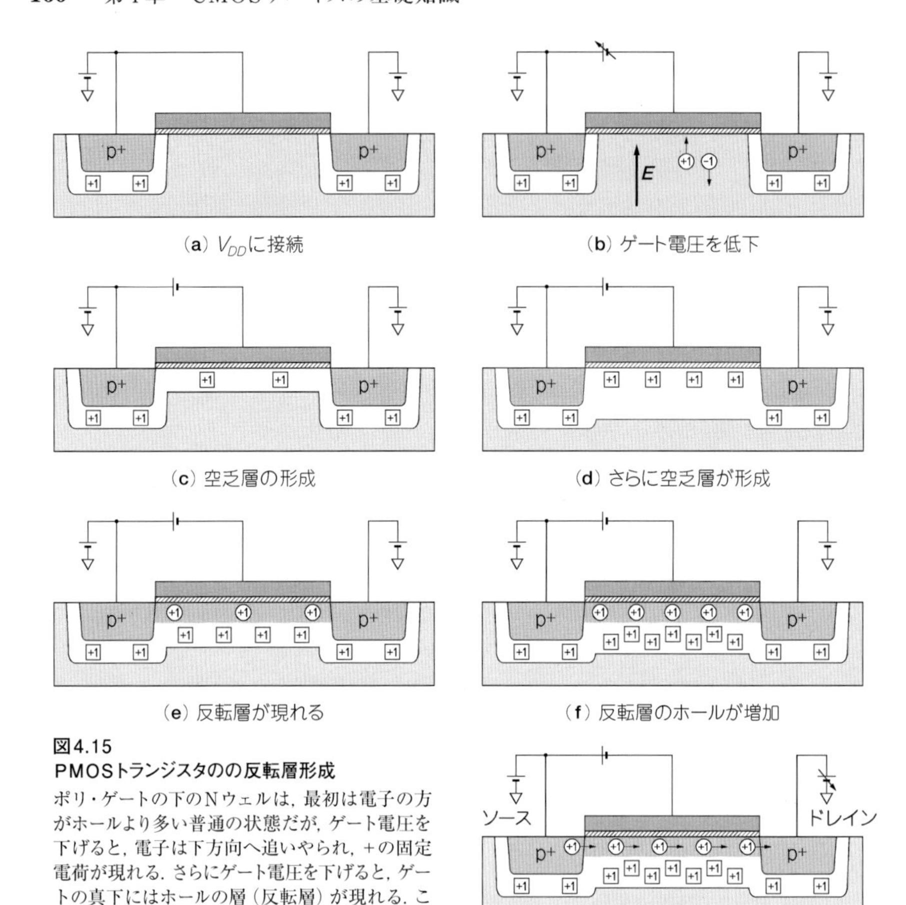

図4.15
PMOSトランジスタのの反転層形成
ポリ・ゲートの下のNウェルは，最初は電子の方がホールより多い普通の状態だが，ゲート電圧を下げると，電子は下方向へ追いやられ，+の固定電荷が現れる．さらにゲート電圧を下げると，ゲートの真下にはホールの層（反転層）が現れる．ここで，ドレイン電圧を下げると，ホールはドレイン方向に移動し，電流となる．

反転層が形成されたときのV_{GS}がPMOSトランジスタのV_{THN}です．

PMOSトランジスタの場合，$V_{GS} = V_G - V_S$ は負の数値となります．V_{THN}も同様です．

(**g**) 反転層が十分形成されたところでV_{GS}を固定し，これまでV_{DD}に固定していたV_Dを低下させます．するとホールがソースからドレインへ向けて流れます．ホールはプラス電荷ですから，電流の流れる方向もホールと同じ，ソースからドレインへ向けてとなります．

以下の動作はNMOSトランジスタと同じなので詳細な説明は省略します．

Appendix 半導体に関わる基本式の導出とLTspiceの使い方

本書では，これまでの章で，数式を使った説明を可能な限り省略していますが，基礎知識として必要と思われるものをAppendixとしてまとめました．トランジスタの寄生容量や出力抵抗の手計算による導出過程も参考として解説しています．さらに，シミュレーションのツールLTspiceの使い方を簡単にまとめました．

A.1　PN接合のビルトイン・ポテンシャルを導出する

半導体結晶内部の自由電子の濃度nとホールの濃度pは，以下の式(A.1)，式(A.2)で表されます．E_Fはフェルミ・エネルギーと呼ばれ，結晶内部における**電子の平均エネルギー**で，結晶が平衡状態にあれば，結晶内部の場所によらず一定値を保ちます．

図A.1のE_{FN}はN型半導体結晶内部におけるフェルミ・エネルギーE_Fを表し，

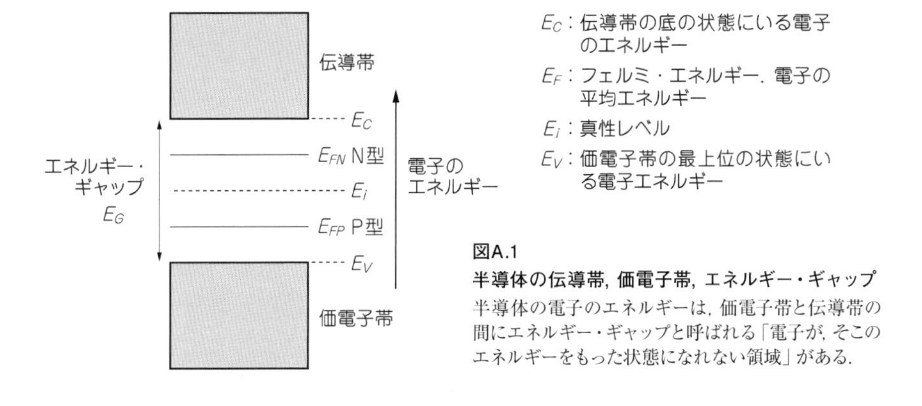

図A.1
半導体の伝導帯，価電子帯，エネルギー・ギャップ
半導体の電子のエネルギーは，価電子帯と伝導帯の間にエネルギー・ギャップと呼ばれる「電子が，そこのエネルギーをもった状態になれない領域」がある．

E_{FP}はP型半導体結晶内部におけるフェルミ・エネルギーE_Fを表します．

$$n = N_C \cdot \exp[-(E_C - E_F)/(kT)] \quad (A.1)$$

N_C：伝導帯（Conduction Band）の底に位置する電子の状態密度

E_C：伝導帯の底の状態にいる電子のエネルギー

$\exp[-(E_C - E_F)/(kT)]$：

E_Fのエネルギーをもつ電子が，エネルギーの山（$E_C - E_F$）を乗り越えて，伝導帯の底の状態の一つを得る確率．kはボルツマン定数で，1,38 × 10^{-23}［J/K］，Tは温度で単位はK

$$p = N_V \cdot \exp[-(E_F - E_V)/(kT)] \quad (A.2)$$

N_V：価電子帯（Valence Band）のてっぺんに位置する電子の状態密度

E_V：価電子帯のてっぺんの状態にいる電子のエネルギー

$\exp[-(E_F - E_V)/(kT)]$：

EVのエネルギーをもちながら結合に拘束されている電子が，エネルギーの山（$EF - EV$）を乗り越えて，EFのエネルギーをもつに至る確率

式（A.1）の意味は，n/N_Cの確率で電子は自由電子となれるということです．

式（A.2）の意味は，p/N_Vの確率で電子はシリコン原子核との結合に拘束された状態にあるということです．

アクセプタもドナーも入っていない純粋な結晶である真性半導体（Intrinsic Silicon）では，電子とホールの濃度は等しく，自由電子ができる確率とホールができる確率がほぼ等しいことから，電子の平均エネルギーE_Fは，E_CとE_Vのほぼ中間に位置します．この特別なE_Fを，E_i（真性レベル；Intrinsic Level）と呼びます．

$$E_i \cong \frac{E_C + E_V}{2} \quad (A.3)$$

真性半導体における電子の濃度はn_i，ホールの濃度はp_iで表します．n_i，p_iを真性キャリア濃度と定義します．真性半導体ではホールと電子の数は等しいので，$n_i = p_i$となります．

式（A.1）に，$n=p_i$，$E_F=E_i$を代入すると，

$$n_i=N_C\cdot\exp[-(E_C-E_i)/(kT)] \qquad (A.4)$$

式（A.2）に，$p=p_i$，$E_F=E_i$を代入すると，

$$p_i=N_V\cdot\exp[-(E_F-E_i)/(kT)] \qquad (A.5)$$

式（A.1），式（A.2）を，式（A.4），式（A.5）を用いて書き換えると，

$$n=n_i\cdot\exp[(E_F-E_i)/(kT)] \qquad (A.6)$$

$$p=n_i\cdot\exp[-(E_F-E_i)/(kT)] \qquad (A.7)$$

式（A.6）と式（A.7）をかけ合わせると，

$$n\cdot p={n_i}^2 \qquad (A.8)$$

この式は，真性半導体にとどまらず，N型半導体でもP型半導体でも成立する式です．n_iを真性キャリア濃度と定義します．

これまでEで表してきたのは**電子のエネルギー**なので，これを**電圧**の単位に変換するには，次式のように電子の電荷$-q$で割る必要があります．$q>0$です．

$$\phi_F=(E_F-E_i)/-q \qquad (A.9)$$

ϕ_Fはフェルミ・ポテンシャルといい，単位は[V]です．

さて，N型半導体では，自由電子の濃度nは，不純物（ドナー）濃度N_Dで近似できます．

$$n\cong N_D \qquad (A.10)$$

一方，P型半導体では，ホールの濃度pは，不純物（アクセプタ）濃度N_Aで近似できます．

$$p\cong N_A \qquad (A.11)$$

式（A.8），式（A.9），式（A.10），式（A.11）を，式（A.6），式（A.7）にあてはめると，

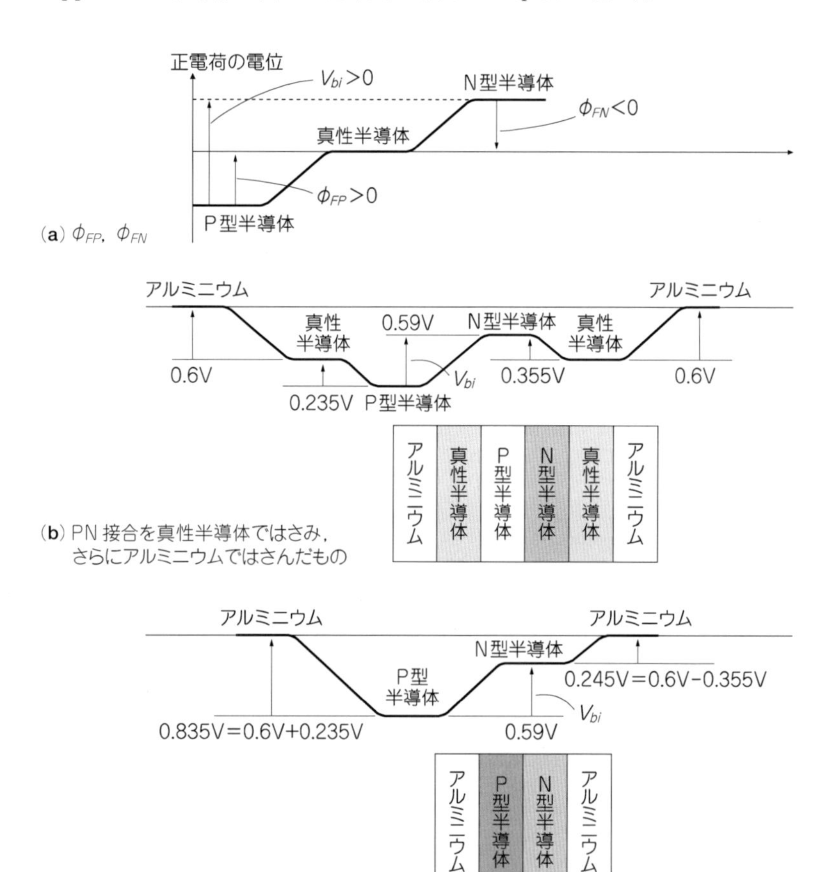

図A.2　PN接合のビルトイン・ポテンシャル
PN接合にはビルトイン・ポテンシャルという電位差(この例では0.59V)が常に存在するが，この電位差は電池のように使用することはできない．

▶ 真性半導体からP型半導体へ移動するときの電圧ドロップ $\phi(i\rightarrow p)$，正の電圧値

$$\phi(i\rightarrow p)=\phi_{Fp}=+\frac{kT}{q}\cdot\ln\frac{N_A}{n_i} \qquad (A.12)$$

▶ 真性半導体からN型半導体へ移動するときの電圧ドロップ $\phi(i\rightarrow n)$，負の電圧値

$$\phi(i\rightarrow n)=\phi_{Fn}=-\frac{kT}{q}\cdot\ln\frac{N_D}{n_i} \qquad (A.13)$$

ϕ_{FP} と ϕ_{FN} を**図A.2**(**a**)に示します．

式（A.12）－式（A.13）より

▶ N型半導体からP型半導体へ移動するときの電圧ドロップV_{bi}

$$V_{bi} = \phi(i \to p) - \phi(i \to n) = \phi(n \to p) = \phi_{FP} - \phi_{FN} = \frac{kT}{q} \cdot \ln \frac{N_D \cdot N_A}{n_i^2} \quad \text{(A.14)}$$

V_{bi}は正の電圧値で，ビルトイン・ポテンシャルと呼びます．

ビルトイン・ポテンシャルは，P型半導体と真性半導体の電位差$|\phi_{FP}|$と，N型半導体と真性半導体の電位差$|\phi_{FN}|$との合計で求めます．今，$|\phi_{FP}| = 0.235$V，$|\phi_{FN}| = 0.355$Vとすると，

$$V_{bi} = |\phi_{FP}| + |\phi_{FN}| = 0.59\text{V}$$

となります．**図A.2**（a），（b），（c）にビルトイン・ポテンシャルV_{bi}を示します．

さらに，真性半導体とアルミニウムの電位差を0.6Vとすると，**図A.2**（b）のようにPN接合の両側を真性半導体とアルミニウムで挟んだ場合の電位状態が求まります．**図A.2**（b）から真性半導体を抜き取り，PN接合の両側をアルミニウムのみで挟んだ場合では**図A.2**（c）のような電位状態になります．ここでは，コンタクト・メタルとしてアルミニウムが使用されていると仮定しています．アルミニウムの合金は，ICの内部で配線としてよく使われています．**図A.2**（b），（c）では左右二つのアルミニウムの電極間には電位差はないことが分かります．PN接合には一見して電池のように見えるビルトイン・ポテンシャルがありますが，配線のアルミニウムを接着させると，PN間の電位差は0Vになってしまうので，PN接合を電池のように使用できるわけではないことが分かります．

A.2　空乏層の電界，空乏層幅，空乏層容量（＝接合容量）の導出

A.2.1　空乏層の電極と空乏層幅

PNの階段接合を考えます（**図A.3**）．階段接合とは，4.2.1節で説明したような接合です．P側は濃度N_Aのアクセプタ・イオンが幅W_1で存在しているとし，N側は濃度N_Dのドナー・イオンが幅W_2で存在しているとします．右側のチャージと左側のチャージの合計はゼロであることから，

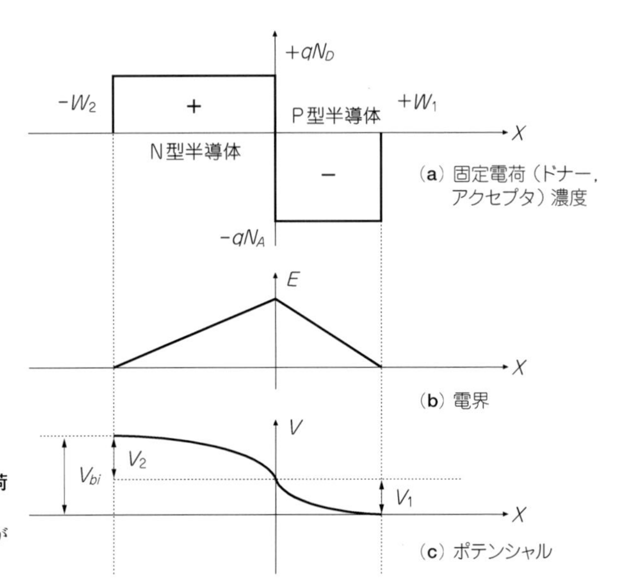

図A.3
階段型PN接合の固定電荷濃度，電界，ポテンシャル
PN接合の電界は，接合面がもっとも大きくなる．

$$W_1 \cdot N_A = W_2 \cdot N_D \tag{A.15}$$

となります．式を変形して，

$$W_2 = W_1 \cdot \frac{N_A}{N_D} \tag{A.16}$$

$0 < x < W_1$ でポアソン方程式をたてると，

$$\frac{dE}{dx} = \frac{p(x)}{\epsilon} = \frac{-qN_A}{\epsilon} \tag{A.17}$$

積分して，

$$E = \frac{-qN_A}{\epsilon} \cdot x + C_1$$

$x = W_1$ で $E = 0$ より，積分定数 C_1 が求まり，空乏層の電界が求まります．

$$E = \frac{-qN_A}{\epsilon} \cdot (x - W_1) = -\frac{dV}{dx}$$

さらに積分して，

$$V = \frac{qN_A}{2\epsilon} \cdot (x - W_1)^2 + C_2$$

図A.3（c）のポテンシャルのグラフにおいて，$x=W_1$ で $V=0$ とすると，積分定数 $C_2=0$ となります．そこで，$x=0$ で $V=V_1$ とすると，

$$V_1 = \frac{qN_A}{2\epsilon} \cdot {W_1}^2 \tag{A.18}$$

同様の計算を，**図A.3（c）**のグラフの $-W_2<x<0$ で行って，次の V_2 を求めます．

$$V_2 = \frac{qN_A}{2\epsilon} \cdot {W_2}^2 \tag{A.19}$$

次の式で表す（V_1+V_2）は，PN接合のP側とN側の電位差となります〔この式の変形には式（A.16）を用いている〕．

$$\begin{aligned} V_1+V_2 &= \frac{q}{2\epsilon} \cdot (N_A \cdot {W_1}^2 + N_D \cdot {W_2}^2) = \frac{q}{2\epsilon} \cdot \left(N_A \cdot {W_1}^2 + N_D \cdot {W_1}^2 \cdot \frac{{N_A}^2}{{N_D}^2}\right) \\ &= \frac{qN_A \cdot {W_1}^2}{2\epsilon} \cdot \left(1+\frac{N_A}{N_D}\right) \end{aligned} \tag{A.20}$$

（V_1+V_2）はA.1節のビルト・イン・ポテンシャル V_{bi} のことです．ここで，N型半導体側の電圧がP型半導体側より $V_{bi}+V_R$ だけ高くなるように，さらに新たな電圧 V_R を外からN型半導体側にのみ加えたと仮定します．ここで R は逆バイアス（Reverse Bias）からきています．すると，次のように，これまでの計算式中の（V_1+V_2）を（$V_{bi}+V_R$）で置き換えることができるのです．

$$V_1+V_2 = V_{bi}+V_R$$

式（A.20）から，空乏層幅 W_1 がP型半導体側について求まります．

$$W_1 = \left[\frac{2\epsilon \cdot (V_{bi}+V_R)}{qN_A \cdot \left(1+\dfrac{N_A}{N_D}\right)}\right]^{\frac{1}{2}} \tag{A.21}$$

式（A.16）より，

$$W_2 = \left[\frac{2\epsilon \cdot (V_{bi}+V_R)}{qN_D \cdot \left(1+\dfrac{N_D}{N_A}\right)}\right]^{\frac{1}{2}} \tag{A.22}$$

たとえば，NMOSトランジスタのソースやドレインのような n^+/p^- のPN接合の，P側の空乏層幅 W_1 は，$N_D \gg N_A$ により，式（A.21）から次のように，簡単に

できます．

$$W_1 = \left[\frac{2\epsilon \cdot (V_{bi} + V_R)}{qN_A} \right]^{\frac{1}{2}}$$

このときの空乏層電荷 Q は，

$$Q = -qN_A \cdot W_1 = -\sqrt{2\epsilon qN_A \cdot (V_{bi} + V_R)} \qquad (A.23)$$

A.2.2　空乏層容量 C_j を導出する

Q はPN接合の右側（あるいは左側）の電荷，V_R は空乏層に外から印加された電圧とすると，空乏層容量 C_j は，

$$C_j = \frac{dQ}{dV_R} = \frac{dQ}{dW_1} \cdot \frac{dW_1}{dV_R}$$

$dQ = A \cdot |-qN_A| \cdot dW_1$ を次のように変形します．A はPN接合の断面積です．

$$\frac{dQ}{dW_1} = AqN_A$$

式（A.21）を V_R で微分して，

$$\frac{dW_1}{dV_R} = \left[\frac{\epsilon}{2qN_A \cdot \left(1 + \frac{N_A}{N_D}\right) \cdot (V_{bi} + V_R)} \right]^{\frac{1}{2}}$$

以上の二つの式を C_j に代入すると，

$$C_j = A \left[\frac{q\epsilon \cdot N_A \cdot N_D}{2 \cdot (N_A + N_D) \cdot V_{bi}} \right]^{\frac{1}{2}} \cdot \frac{1}{\sqrt{1 + \frac{V_R}{V_{bi}}}}$$

$$C_j = \frac{C_{jo}}{\sqrt{1 + \frac{V_R}{V_{bi}}}} \qquad (A.24)$$

ここで，

$$C_{jo} = A \left[\frac{q\epsilon \cdot N_A \cdot N_D}{2 \cdot (N_A + N_D) \cdot V_{bi}} \right]^{\frac{1}{2}}$$

です．

A.3　基板バイアス効果(Body Effect)について

4.3.3節に示したように，基板バイアス効果とは，たとえばNMOSトランジスタの場合，ソース電位が0Vより高い電位になると，しきい値電圧V_{THN}も上昇するということです．ここではもう少し詳しく説明します．

一般のPN接合の空乏層チャージは，式(A.23)で与えられ，その際は接合に加わっている電圧を，ビルトイン電圧V_{bi}と，外部から印加した電圧V_Rとの合計($V_{bi}+V_R$)で表しました．同じように，P型半導体基板(電位=0V)とゲート酸化膜直下の(空乏層+反転層)との関係を**電界に誘引された一種のPN接合**と見なすと，この「一種のPN接合」に加わる電圧はゲート酸化膜直下の「反転層の電位」と，P型半導体基板の電位=0Vの差になります．ここでは説明を省略しますが,「反転層の電位」はソース電位V_Sと$2\cdot|\phi_{FP}|$の和である($V_S+2\cdot|\phi_{FP}|$)によって定義されます．この電圧が「一種のPN接合」に加わるわけですから，式(A.23)の($V_{bi}+V_R$)を($V_S+2\cdot|\phi_{FP}|$)で置き換えることができ,(空乏層+反転層)チャージQ_{BS}は式(A.25)となります．一方ソース電位V_S=0Vの場合の(空乏層+反転層)チャージQ_{BO}は，式(A.26)になります．

$$Q_{BS}=-\sqrt{2\epsilon qN_A\cdot(V_S+2\cdot|\phi_{FP}|)} \qquad (A.25)$$

$$Q_{BO}=-\sqrt{2\epsilon qN_A\cdot(2\cdot|\phi_{FP}|)} \qquad (A.26)$$

説明は省略しますが，しきい値電圧V_{THN}は次の式で定義されています．V_{FB}はフラット・バンド電圧といいます．V_{FB}についても説明は省略します．式(A.25)を用いて，

$$\begin{aligned} V_{THN(V_S>0\mathrm{V})} &= V_{FB}+2\cdot|\phi_{FP}|-\frac{Q_{BS}}{C_{OX}} \\ &= V_{FB}+2\cdot|\phi_{FP}|+\frac{\sqrt{2\epsilon qN_A\cdot(V_S+2\cdot|\phi_{FP}|)}}{C_{OX}} \end{aligned} \qquad (A.27)$$

式(A.27)に$V_S=0$Vを代入すると，次の式(A.28)が求まります．

$$\begin{aligned} V_{THN(V_S=0\mathrm{V})} &= V_{FB}+2\cdot|\phi_{FP}|-\frac{Q_{BO}}{C_{OX}} \\ &= V_{FB}+2\cdot|\phi_{FP}|+\frac{\sqrt{2\epsilon qN_A\cdot(2\cdot|\phi_{FP}|)}}{C_{OX}} \end{aligned} \qquad (A.28)$$

ここで，ボディ効果定数γを次のように定義します．

$$\gamma = \frac{\sqrt{2\epsilon q N_A}}{C_{OX}}$$

すると，式（A.27）は，γを使って式（A.29）のように表すことができます．

$$V_{THN(V_S>0\mathrm{V})} = V_{THN(V_S=0\mathrm{V})} + \gamma \cdot \left(\sqrt{V_S + 2\cdot|\phi_{FP}|} - \sqrt{2\cdot|\phi_{FP}|}\right) \tag{A.29}$$

実際の数字を入れてみると，ボディ効果定数γは次のような数値になります．$N_A = 10^{16}$[cm^{-3}]，$C_{OX} = 1.76$[fF/(μm)^2]とした場合，

$$\gamma = \frac{\sqrt{2\epsilon q N_A}}{C_{OX}}$$

$$= \frac{\sqrt{2\times 1.04\times 10^{-12}[\mathrm{F/cm}]\times 1.602\times 10^{-19}[\mathrm{F\cdot V}]\times 10^{16}[\mathrm{cm^{-3}}]}}{1.76\,[\mathrm{fF/(\mu m)^2}]} = 0.33$$

ここでボディ効果トランスコンダクタンスをg_{mb}，トランスコンダクタンスをg_mとします．

$\frac{-\partial I_D}{\partial V_{THN}} = -g_m$ですから，$g_{mb} = \frac{\partial I_D}{\partial V_S}$は，式（A.29）を用いて，次のように表すことができます．

$$g_{mb} = \frac{\partial I_D}{\partial V_S} = \frac{-\partial I_D}{\partial V_{THN}} \cdot \frac{\partial V_{THN}}{\partial V_S} = -g_m \cdot \gamma \cdot \frac{1}{2\sqrt{V_S + 2\cdot|\phi_{FP}|}} \tag{A.30}$$

式（A.30）を導出する際には，次の式を使用しました．

$$\frac{\partial V_{THN}}{\partial V_S} = \gamma \cdot \frac{1}{2\sqrt{V_S + 2\cdot|\phi_{FP}|}} \tag{A.31}$$

具体的な数値を出してみると，$V_S = 2$V，$|\phi_{FP}| = 0.35$Vとして，

$$\frac{\partial V_{THN}}{\partial V_S} = \gamma \cdot \frac{1}{2\sqrt{V_S + 2\cdot|\phi_{FP}|}} = 0.33 \times \frac{1}{2\sqrt{2 + 2\times 0.35}} = 0.1$$

なお，g_{mb}とg_mは以下の関係をもちます．

$$g_{mb} = -g_m \cdot \frac{\partial V_{THN}}{\partial V_S} \qquad (A.32)$$

A.4　MOSトランジスタの電流の式を導出する

電流の式を導出するにあたり，基本となる式は，以下の式(A.33)と式(A.34)の二つです．

電子やホールの速度vは，印加される電界Eと移動度μの積で求めます．

$$v = \mu \cdot E \qquad (A.33)$$

図A.4を参考にしてください．MOSトランジスタの反転層について，(横方向の単位の長さ)と(チャネルの縦方向の深さ)と(紙面に垂直な方向の単位の長さ)を掛けた体積内に存在する電荷量Q_dに電荷の移動速度をかけて，電流を求めます．

$$I = Q_d \cdot v \qquad (A.34)$$

式(A.34)に式(A.33)を代入して，

$$I = Q_d \cdot \mu \cdot E$$

変形して，

$$E = \frac{I}{\mu \cdot Q_d} \qquad (A.35)$$

電界の定義より，

$$E = -\frac{dV}{dx} \qquad (A.36)$$

二つの式からEを消して，

$$I \cdot dx = -\mu \cdot Q_d \cdot dV \qquad (A.37)$$

ソースの電位を基準(0V)として，チャネルの横方向に沿って移動すると，電位Vのところで反転層にかかっている電圧は($V_{GS} - V$)なので，反転層の電荷量は，次の式で求まります．

$$Q_d = -C_{OX} \cdot W \cdot (V_{GS} - V - V_{TH}) \qquad (A.38)$$

式（A.37）に代入して，

$$I \cdot dx = \mu \cdot C_{OX} \cdot W \cdot (V_{GS} - V - V_{TH}) \cdot dV \qquad (A.39)$$

両辺を，チャネル全体について積分します．左辺は変数xがないので$0 < x < L$について積分し，右辺では変数がチャネルに沿った電位Vなので，ソースの0Vから，ドレインV_{DS}まで積分します．

$$I \cdot \int_0^L dx = \mu \cdot C_{OX} \cdot W \int_0^{V_{DS}} (V_{GS} - V - V_{TH}) \cdot dV$$

$$I \cdot L = \mu \cdot C_{OX} \cdot W \cdot \left[(V_{GS} - V_{TH}) \cdot V_{DS} - \frac{1}{2} {V_{DS}}^2 \right]$$

すなわち，三極管領域での電流の式が求まります．

$$I = \mu \cdot C_{OX} \cdot \frac{W}{L} \cdot \left[(V_{GS} - V_{TH}) \cdot V_{DS} - \frac{1}{2} {V_{DS}}^2 \right] \qquad (A.40)$$

$V_{GD} = V_{GS} - V_{DS} = V_{TH}$から，$V_{DS} = V_{GS} - V_{TH}$を求めて，これを式（A.40）に代入して，三極管領域と飽和領域の境界点の電流を得ます．

$$I = \frac{1}{2} \cdot \mu \cdot C_{OX} \cdot \frac{W}{L} \cdot (V_{GS} - V_{TH})^2 \qquad (A.41)$$

A.5　チャネルが形成されているときのゲート-ソース間容量C_{GS}の導出

ゲート上の電荷Q_Gは，反転層の電荷Q_dと電荷量は同じで符号が逆なので（**図A.4**），

$$Q_G = -Q_d \qquad (A.42)$$

反転層の電荷は，ソースを基準（0V）とした電位Vの関数なので，ソースから反転層の端から$V = V_{GS} - V_{THN}$まで積分すると，

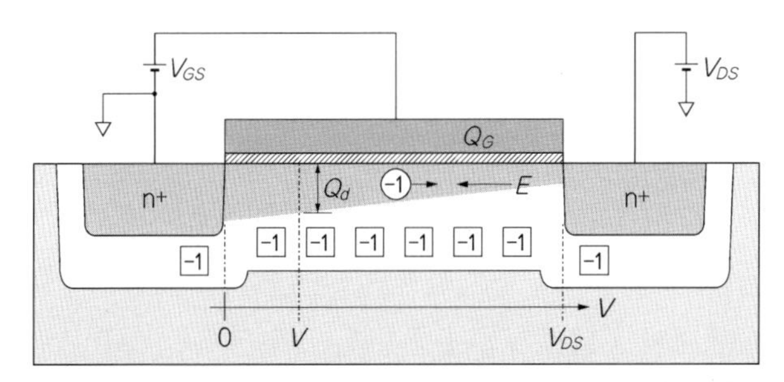

図A.4　NMOSトランジスタに電流が流れている状態でのポテンシャル(V)と電荷量(Q_d)

$$Q_G = \int_0^{V_{GS}-V_{TH}} -Q_d \cdot dx \tag{A.43}$$

式(A.37)を次のように変形します．これを式(A.43)に代入し，式(A.38)，式(A.41)を代入していきます．

$$dx = -\frac{\mu \cdot Q_d}{I} \cdot dV$$

$$Q_G = \int_0^{V_{GS}-V_{TH}} -Q_d \cdot \frac{\mu \cdot Q_d}{I} \cdot dV = \frac{\mu}{I}\int_0^{V_{GS}-V_{TH}} Q_d^2 \cdot dV$$

$$= \frac{\mu}{I}\int_0^{V_{GS}-V_{TH}} (C_{OX} \cdot W)^2 \cdot (V_{GS}-V_{TH}-V)^2 \cdot dV$$

$$= \frac{\mu}{I}(C_{OX} \cdot W)^2 \cdot \frac{1}{3} \cdot (V_{GS}-V_{TH})^3$$

$$= \frac{\mu}{\frac{1}{2} \cdot \mu \cdot C_{OX} \cdot \frac{W}{L} \cdot (V_{GS}-V_{TH})^2} \cdot (C_{OX} \cdot W)^2 \cdot \frac{1}{3} \cdot (V_{GS}-V_{TH})^3$$

$$= \frac{2}{3} \cdot C_{OX} \cdot W \cdot L \cdot (V_{GS}-V_{TH}) \tag{A.44}$$

V_{GS}で微分します．

$$C_{GS} = \frac{dQ_G}{dV_{GS}} = \frac{2}{3} \cdot C_{OX} \cdot W \cdot L \tag{A.45}$$

この式はA.8節で使用します．

A.6　バンドギャップ電圧はどうして1.2Vになるのか

シリコンのバンドギャップ・エネルギーE_gは$E_g = E_C - E_V = 1.205$[eV]です．

$$V_{BG} = V_{BE1} + K \cdot \varDelta V_{BE} \qquad (A.46)$$

バンドギャップ回路（**図1.38**）によって式（A.46）を実現し，温度依存が最小になるようにした場合，なぜV_{BG}がかならずE_gに近い1.2Vあたりになるのか不思議に感じる人も多いと思います．ここでは，その理由を説明します．

まず，ダイオードの電流の式にでてくるパラメータI_Sは次の式で表されます．

$$I_S = B \cdot T^{4+m} \cdot \exp[-E_g/(kT)] \qquad (A.47)$$

$$m \cong -2/3$$

また，バンドギャップ回路内のPNPトランジスタ（V_{BE1}側）に流れる電流をI_1とすると，

$$I_1 = A \cdot T^{\alpha} \qquad (A.48)$$

αはバンドギャップ回路で使用する抵抗の温度係数に依存しますが，仮に温度に依存しない抵抗の場合は，$\alpha \cong 1$となります．

なお，AとBは，温度に依存しないパラメータです．

以上のパラメータm，α，A，Bには特に名前はありません．

$$V_{BE1} = V_t \cdot \ln(I_1/I_S) \qquad (A.49)$$

式（A.49）に，式（A.47），式（A.49）を代入すると，

$$V_{BE1} = V_t \cdot \ln[(A \cdot T^{\alpha})/I_S] = V_t \cdot [\ln(A \cdot B^{-1} \cdot T^{\alpha-4-m}) - E_g/(kT)]$$

最後の項は，$-V_t \cdot E_g/(kT) = -\dfrac{k}{q} \cdot T \cdot E_g/(kT) = \dfrac{E_g}{-q} = 1.205$[V]，$\varDelta V_{BE} = V_{BE1} - V_{BE2} = V_t \cdot \ln(I_1/I_S) - V_t \cdot \ln[I_1/(N \cdot I_S)] = V_t \cdot \ln N$より，式（A.46）は以下のように変形できます．$N$は任意の整数で，**図1.38**の回路では$N=8$です．

$$V_{BG} = V_{BE1} + K \cdot \varDelta V_{BE} = V_{BE1} + K \cdot \ln N \cdot V_t = V_{BE1} + K' \cdot V_t$$

$$= 1.205[\mathrm{V}] + V_t \cdot \{(K' + \ln A - \ln B) + (\alpha - 4 - \mathrm{m}) \cdot \ln T\}$$

温度Tに対して，V_{BG}は**図1.42**のように上に凸の曲線になるので，温度T_0にて，V_{BG}の温度に対する傾きはゼロになると考えて，

$$\left(\frac{\partial V_{BG}}{\partial T}\right)_{T=T_0}=\frac{V_{t0}}{T_0}\cdot\{(K'+\ln A-\ln B)+(\alpha-4-m)\cdot\ln T_0\}+V_{t0}\cdot(\alpha-4-m)\cdot\frac{1}{T_0}=0$$

$$(K'+\ln A+\ln B)+(\alpha-4-m)\cdot(\ln T_0+1)=0$$

$$\begin{aligned}V_{BG}&=1.205\text{V}+V_t\cdot\{-(\alpha-4-\text{m})\cdot(\ln T_0+1)+(\alpha-4-m)\cdot\ln T_0\}\\&=1.205\text{V}+V_t\cdot(\text{m}+4-\alpha)\cong 1.205\text{V}+26\text{mV}\cdot(-\frac{2}{3}+4-1)\\&=1.205\text{V}+61\text{mV}=1.26\text{V}\end{aligned}\qquad(\text{A}.50)$$

これで，バンドギャップ電圧が約1.26Vになることが証明できました．なお以上の計算過程では，以下の2式を使用しました．

$$V_t=\frac{k}{q}\cdot T$$

$$\frac{\partial V_t}{\partial T}=\frac{k}{q}=\frac{V_t}{T}$$

A.7　PWM制御昇圧DC-DCコンバータのSPICEシミュレーション

これまで説明してきたOPアンプなどを利用して，リチウム・イオン電池の標準電圧3.6Vから10Vへ昇圧するDC-DCコンバータのシミュレーションをします（**図A.5**）．外付けのMOSFETとダイオードは，LTspiceに組み込みのマクロセルを使用します．**PWM**（Pulse Width Modulation）とは，簡単にいうと，外付けMOSFETをON/OFFさせるディジタル信号のデューティ比を調整することです．シミュレーションではCPUの負荷が重くなりすぎないように，一部の回路を電圧源E_1～E_3で簡略化しています（**図A.5**）．

OTAとは，Operation Trans-conductance Amplifierの略で，入力電圧V_{inp}とV_{inm}の差に比例した電流**図A.6**(**b**)が出力されます．

PWMCOMPは，**図A.7**(**b**)のOPAMPの差動回路に40/4のPMOSトランジ

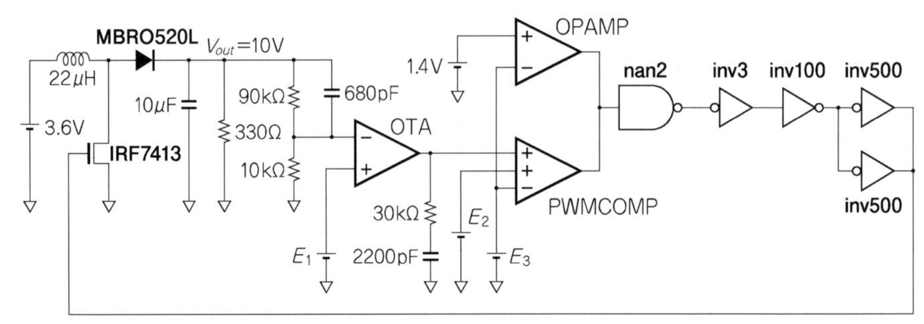

図A.5　PWM制御DC-DCコンバータの回路（一例）

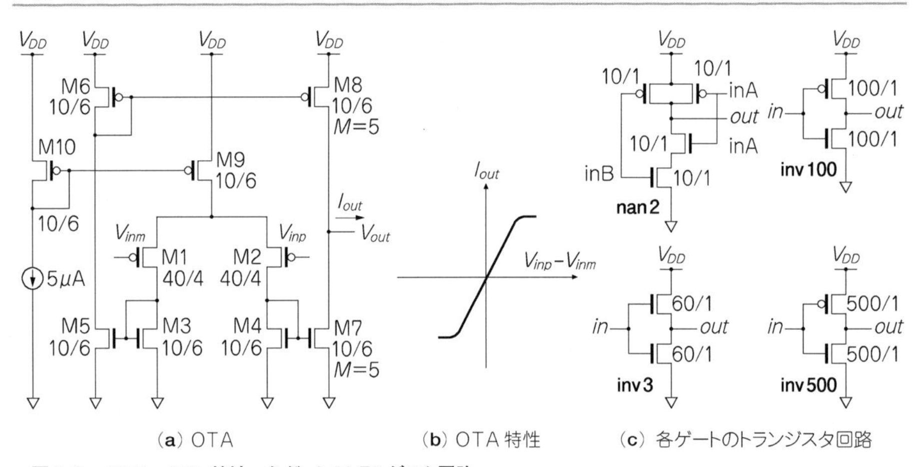

図A.6　OTA，OTA特性，各ゲートのトランジスタ回路

OTAは差動入力の電圧差に比例した電流I_{out}を作る回路.

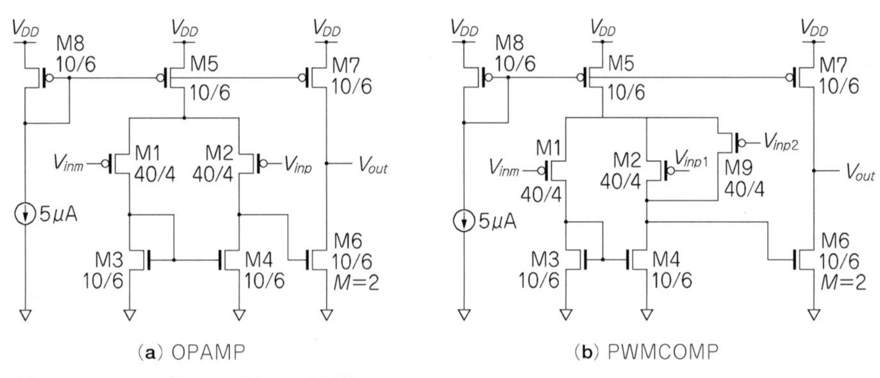

図A.7　OPアンプとPWMCOMPの回路

表A.1　DC-DCコンバータ・シミュレーションE_1，E_2，E_3の内容

項　目	記　号	E_1	E_2	E_3
初期電圧	$V_{initial}$ [V]	0	0	0
立ち上がり後の電圧	V_{on} [V]	1.0	1.5	1.5
遅延時間	T_{delay} [s]	0	0	0
立ち上がり時間	T_{rise} [s]	2m	2m	0.71n
立ち下がり時間	T_{fall} [s]	2m	2m	0.71n
ON時間	T_{on} [s]	1m	1m	10n
周期	T_{period} [s]	1	1	1.43μ
サイクル数	N_{cycle}	1	1	5000

スタを一つ追加しただけの回路です．＋入力が一つ増えただけと考えてください．**表A.1**に電圧源E_1，E_2，E_3の内容を示します．

A.8　トランスコンダクタンスg_m，寄生容量，出力抵抗の手計算での導出方法

最初に，計算に必要な各種パラメータを列記します（以下，①～⑥）．場合によっては，自分の使用しているSPICEパラメータから数値を拾わざるを得ない場合もあるので，関連したSPICEパラメータ名も記しておきます（**図A.8**，**図A.9**）．SPICEパラメータは，参考文献(5)を参照してください．

① 酸化膜厚 TOX：$t_{OX}=200\text{Å}=200\times10^{-10}$[m]

② 酸化膜容量（単位面積あたり）

$$C_{OX}=\frac{k_{OX}\cdot\epsilon_O}{t_{OX}}=\frac{3.97\times8.854\times10^{-12}\,[\mathrm{F/m}]}{200\times10^{-10}\,[\mathrm{m}]}=\frac{35.1\times10^{-12}\,[\mathrm{F/m}]}{200\times10^{-10}\,[\mathrm{m}]}$$

$$=1.76\,[\mathrm{fF}/(\mu\mathrm{m})^2]$$

③ ゲート－ソース，ゲート－ドレイン・オーバラップ容量（単位長あたり）

CGSO, CGDO：$C_{GSO}=C_{GSO}=200\times10^{-12}$[F/m]$=0.2$[fF/μm]

④ Trans-conductance Parameter：KP_n，KP_p

KP_nとKP_pは以下のように定義します．g_mの導出に使用します．

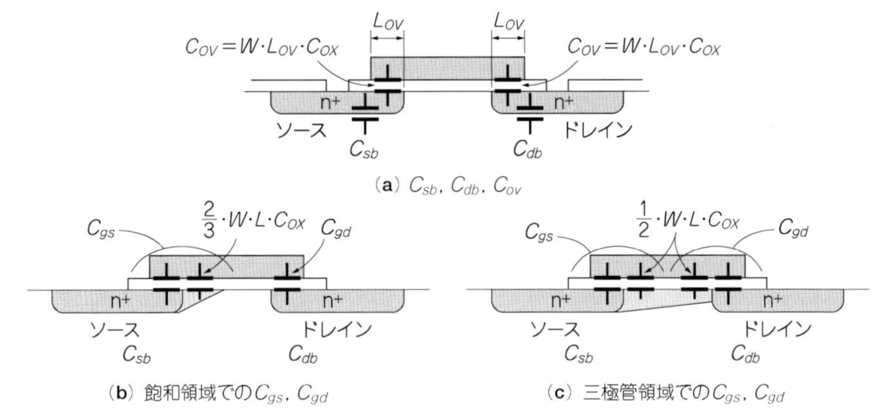

図A.8 寄生容量

C_{sb}, C_{db}：ソース-ドレインとP基板間の空乏層容量
C_{ov}：ポリ・ゲートとソース-ドレイン間の酸化膜容量
飽和領域(b)では，C_{gs}にのみゲート/反転層間の酸化膜容量が加わる．三極管領域(c)では，C_{gs}, C_{ds}の両方に等しい量のゲート/反転層間の酸化膜容量が加わる．

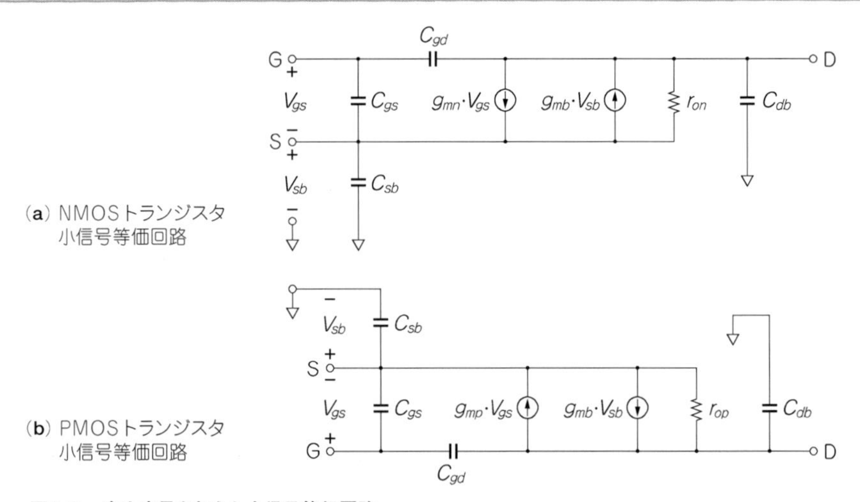

図A.9 寄生容量を加えた小信号等価回路

$$KP_n = \mu_n \cdot C_{OX} = 120\ [\mu\mathrm{A/V^2}]$$

$$KP_p = \mu_p \cdot C_{OX} = 40\ [\mu\mathrm{A/V^2}]$$

$$g_m = \sqrt{2 \cdot KP \cdot \frac{W}{L} \cdot I_D}$$

⑤ 接合容量（空乏層容量）

単位面積あたり　：$C_{DB(\mathrm{AREA})} = \dfrac{C_J}{[1+(V_{DB}/V_{bi})]^{MJ}}$

単位周辺長あたり：$C_{DB(\mathrm{SW})} = \dfrac{C_{JSW}}{[1+(V_{DB}/V_{bi(\mathrm{SW})})]^{MJSW}}$

接合容量に関する以下のパラメータは，計算を簡単にするためNMOSトランジスタ，PMOSトランジスタ共通とします．

$C_J = 400\times10^{-6}\,[\mathrm{F/m^2}] = 0.4\,[\mathrm{fF/(\mu m)^2}]$

$C_{JSW} = 300\times10^{-12}\,[\mathrm{F/m}] = 0.3\,[\mathrm{fF/\mu m}]$

$MJ = MJSW = 0.5$

PB：$V_{bi} = 1\mathrm{V}$

PBSW：$V_{bi(\mathrm{SW})} = 1\mathrm{V}$

⑥ チャネル長変調パラメータλ

NMOSトランジスタとPMOSトランジスタのどちらも0.01[1/V]とします．

$$\lambda = \frac{1}{r_o\cdot I_D}$$

ここから，**図1.26（a）**のOPアンプ1回路の各トランジスタのパラメータを手計算で求めます．ここで求めたパラメータは**図3.21（a），（b）**の回路の小信号解析に使用しています．

（i）M1，M2（NMOS $W/L = 20/4$，$V_D = 3.91\mathrm{V}$，$I_D = 1\,\mu\mathrm{A}$，**図A.10**）
　ドレイン面積＝80$(\mu\mathrm{m})^2$，ドレイン周辺長＝48μm

$$g_{m1} = \sqrt{2\cdot KP_n\cdot\frac{W}{L}\cdot I_D} = \sqrt{2\cdot 120\,[\mu\mathrm{A/V^2}]\cdot\frac{20\mu}{4\mu}\cdot 1\mu} = 35\,[\mu\mathrm{A/V}]$$

$$C_{GSM1} = \frac{2}{3}\cdot W\cdot L\cdot C_{OX} + C_{GSO}\cdot W$$

$$= \frac{2}{3}\cdot 20\mu\cdot 4\mu\cdot 1.76\,[\mathrm{fF/(\mu m)^2}] + 0.2\,[\mathrm{fF/\mu m}]\cdot 20\mu$$

$$= 93.3\,[\mathrm{fF}] + 4\,[\mathrm{fF}] = 97.3\,[\mathrm{fF}]$$

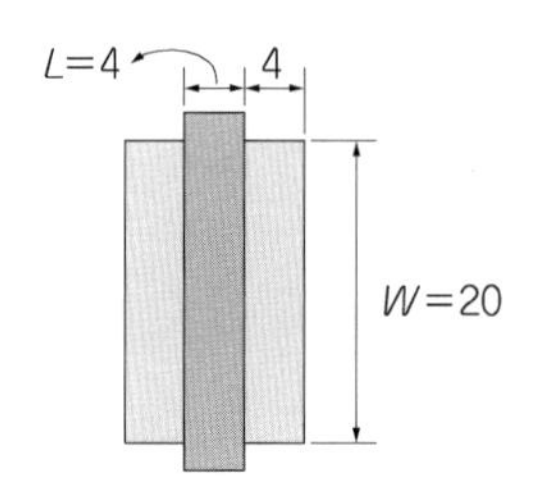

図A.10　トランジスタ・レイアウト $W/L = 20/4$

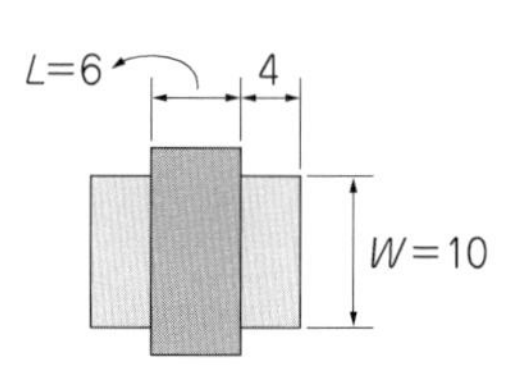

図A.11　トランジスタ・レイアウト $W/L = 10/6$

$$C_{GDM1} = C_{GDO} \cdot W = 0.2\,[\text{fF}/\mu\text{m}] \cdot 20\mu = 4\,[\text{fF}]$$

$$C_{DB(\text{AREA})} = \frac{C_J}{[1+(V_{DB}/V_{bi})]^{MJ}} = \frac{0.4}{\sqrt{1+(3.91\text{V}/1\text{V})}} = 0.18\,[\text{fF}/(\mu\text{m})^2]$$

$$C_{DBM1(\text{AREA})} = 0.18 \times 80 = 14.4\,[\text{fF}]$$

$$C_{DB(\text{SW})} = \frac{C_{JSW}}{[1+(V_{DB}/V_{bi(\text{SW})})]^{MJSW}} = \frac{0.3}{\sqrt{1+(3.91\text{V}/1\text{V})}} = 0.13\,[\text{fF}/\mu\text{m}]$$

$$C_{DBM1(\text{SW})} = 0.13 \times 48 = 6.2\,[\text{fF}]$$

$$C_{DBM1} = C_{DBM1(\text{AREA})} + C_{DBM1(\text{SW})} = 14.4 + 6.2 = 20.6\,[\text{fF}]$$

（ii）M7（NMOS $W/L = 10/6$，$V_D = 2\text{V}$，$I_D = 2\,\mu\text{A}$，**図A.11**）
ドレイン面積$=40\,(\mu\text{m})^2$，ドレイン周辺長$=28\,\mu\text{m}$

$$C_{DB(\text{AREA})} = \frac{C_J}{[1+(V_{DB}/V_{bi})]^{MJ}} = \frac{0.4}{\sqrt{1+(2\text{V}/1\text{V})}} = 0.23\,[\text{fF}/(\mu\text{m})^2]$$

$$C_{DBM7(\text{AREA})} = 0.23 \times 40 = 9.2\,[\text{fF}]$$

$$C_{DB(\text{SW})} = \frac{C_{JSW}}{[1+(V_{DB}/V_{bi(\text{SW})})]^{MJSW}} = \frac{0.3}{\sqrt{1+(2\text{V}/1\text{V})}} = 0.17\,[\text{fF}/\mu\text{m}]$$

$$C_{DBM7(\text{SW})} = 0.17 \times 28 = 4.8\,[\text{fF}]$$

$$C_{DBM7} = C_{DBM7(\text{AREA})} + C_{DBM7(\text{SW})} = 9.2 + 4.8 = 14\,[\text{fF}]$$

$$C_{GDM7} = C_{GDO} \cdot W = 0.2\,[\text{fF}/\mu\text{m}] \cdot 10\,\mu = 2\,[\text{fF}]$$

(iii) M4（PMOS $W/L=10/6$，$V_{DB}=5\text{V}-3.91\text{V}=1.09\text{V}$，$I_D=1\mu\text{A}$）
ドレイン面積$=40(\mu\text{m})^2$，ドレイン周辺長$28\mu\text{m}$

$$g_{m4}=\sqrt{2\cdot KP_p\cdot\frac{W}{L}\cdot I_D}=\sqrt{2\cdot 40[\mu\text{A/V}^2]\cdot\frac{10\mu}{6\mu}\cdot 1\mu}=11.5[\mu\text{A/V}]$$

$$C_{DB(\text{AREA})}=\frac{C_J}{[1+(V_{DB}/V_{bi})]^{MJ}}=\frac{0.4}{\sqrt{1+(1.09\text{V}/1\text{V})}}=0.28[\text{fF}/(\mu\text{m})^2]$$

$$C_{DBM4(\text{AREA})}=0.28\times 40=11.2[\text{fF}]$$

$$C_{DB(\text{SW})}=\frac{C_{JSW}}{[1+(V_{DB}/V_{bi(\text{SW})})]^{MJSW}}=\frac{0.3}{\sqrt{1+(1.09\text{V}/1\text{V})}}=0.21[\text{fF}/\mu\text{m}]$$

$$C_{DBM4(\text{SW})}=0.21\times 28=5.9[\text{fF}]$$

$$C_{DBM4}=C_{DBM4(\text{AREA})}+C_{DBM4(\text{SW})}=11.2+5.9=17.1[\text{fF}]$$

$$C_{GDM4}=C_{GDO}\cdot W=0.2[\text{fF}/\mu\text{m}]\cdot 10\,\mu=2[\text{fF}]$$

(iv) M6（PMOS $W/L=10/6$，$M=2$，$V_{DB}=5\text{V}-2\text{V}=3\text{V}$，$I_D=2\mu\text{A}$）
ドレイン面積$=40(\mu\text{m})^2$，ドレイン周辺長$28\mu\text{m}$

$$g_{m6}=\sqrt{2\cdot KP_p\cdot\frac{W}{L}\cdot I_D}=\sqrt{2\cdot 40[\mu\text{A/V}^2]\cdot\frac{20\mu}{6\mu}\cdot 2\mu}=23.1[\mu\text{A/V}]$$

$$\begin{aligned}C_{GSM6}&=\frac{2}{3}\cdot W\cdot L\cdot C_{OX}+C_{GSO}\cdot W\\&=\frac{2}{3}\cdot 10\mu\cdot 6\mu\cdot 1.76[\text{fF}/(\mu\text{m})^2]+0.2[\text{fF}/\mu\text{m}]\cdot 10\mu\\&=70[\text{fF}]+2[\text{fF}]=72[\text{fF}]\end{aligned}$$

$$C_{GSM6(M=2)}=72\times 2=144[\text{fF}]$$

$$C_{DB(\text{AREA})}=\frac{C_J}{[1+(V_{DB}/V_{bi})]^{MJ}}=\frac{0.4}{\sqrt{1+(3\text{V}/1\text{V})}}=0.2[\text{fF}/(\mu\text{m})^2]$$

$$C_{DBM6(\text{AREA})}=0.2\times 40=8[\text{fF}]$$

$$C_{DB(\mathrm{SW})} = \frac{C_{JSW}}{[1+(V_{DB}/V_{bi(\mathrm{SW})})]^{MJSW}} = \frac{0.3}{\sqrt{1+(3\mathrm{V}/1\mathrm{V})}} = 0.15\,[\mathrm{fF}/\mu\mathrm{m}]$$

$$C_{DBM6(\mathrm{SW})} = 0.15 \times 28 = 4.2\,[\mathrm{fF}]$$

$$C_{DBM6} = C_{DBM6(\mathrm{AREA})} + C_{DBM6(\mathrm{SW})} = 8 + 4.2 = 12.2\,[\mathrm{fF}]$$

$$C_{DBM6(M=2)} = 12.2 \times 2 = 24.4\,[\mathrm{fF}]$$

$$C_{GDM6(M=2)} = C_{GDO} \cdot W \cdot 2 = 0.2\,[\mathrm{fF}/\mu\mathrm{m}] \cdot 10\mu \cdot 2 = 4\,[\mathrm{fF}]$$

（v）寄生容量合計：C_1，C_2

$$C_1 = C_{DBM2} + \{C_{DBM4} + C_{GDM4}\} + C_{GSM6}$$
$$= 20.6 + (17.1 + 2) + 144 = 184\,[\mathrm{fF}]$$

$$C_2 = (C_{DBM6} + C_{GDM6}) + (C_{DBM7} + C_{GDM7}) + C_{GSM1} \times 2$$
$$= (24.4 + 4) + (14 + 2) + 97.3 \times 2 = 239\,[\mathrm{fF}]$$

$C_{GSM1} \times 2$となっている理由は，出力をこれと同じOPアンプの入力に接続していると仮定しているからです．

次に，出力抵抗を求めます．

(vi) R_1は，M2とM4の出力抵抗を並列にしたものだから，

$$\frac{1}{R_1} = \frac{1}{r_{OM2}} + \frac{1}{r_{OM4}} + \gamma \cdot I_{DM2} + \gamma \cdot I_{DM4} = 0.01 \times 1\mu \times 2 = 0.02\mu\,[\mathrm{A/V}]$$

$$R_1 = 50\,\mathrm{M\Omega}$$

(vii) R_2は，M6とM7の出力抵抗を並列にしたものだから，

$$\frac{1}{R_2} = \frac{1}{r_{OM6}} + \frac{1}{r_{OM7}} + \gamma \cdot I_{DM6} + \gamma \cdot I_{DM7} = 0.01 \times 2\mu \times 2 = 0.04\mu\,[\mathrm{A/V}]$$

$$R_2 = 25\,\mathrm{M\Omega}$$

A.9　LTspiceの設定方法

Lspiceについては，参考文献(7)を参照してください．

A.9.1　SPICE MODELの設定

http://cmosedu.com/cmos1/cmosedu_models.txt
からチャネル長が1μmのNMOSトランジスタとPMOSトランジスタのモデルN_1uとP_1uのモデル記述部分をコピーして，すでにインストールしてあるLTspiceのディレクトリの¥lib¥cmpの下のstandard.mosファイル中のどこにでもよいので，ペーストします．

A.9.2　LTspiceにおける設定

LTspiceのlib¥symのディレクトリに4端子のシンボルnmos4とpmos4があります．nmos4を開いて，シンボル・アトリビュートのNMOSトランジスタをn_1uに変更します．同様に，pmos4を開いて，シンボル・アトリビュートのPMOSトランジスタをp_1uに変更します．

以上で終了です．

A.9.3　DC解析の設定方法

① 回路図中に，かならず一つはDC電源(電圧源または電流源)を置きます．ここでは，DC電圧源V1(5V)があるとします．電圧源のシンボルの上にカーソルを置いて右クリックすると次のようなウィンドウが出てきます．

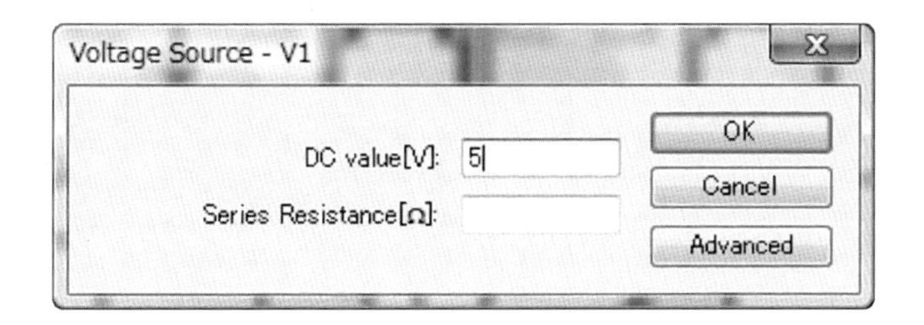

② LTspiceウィンドウのプルダウン・メニューSimulateのいちばん下に，Edit Simulation Cmdというメニューがあり，これをクリックすると，シミュレーション内容を示すウィンドウが出てきます．この例では，V1を0Vから5Vまで0.1V刻みでシミュレーションするというDC解析(DC sweep)を指定しています．

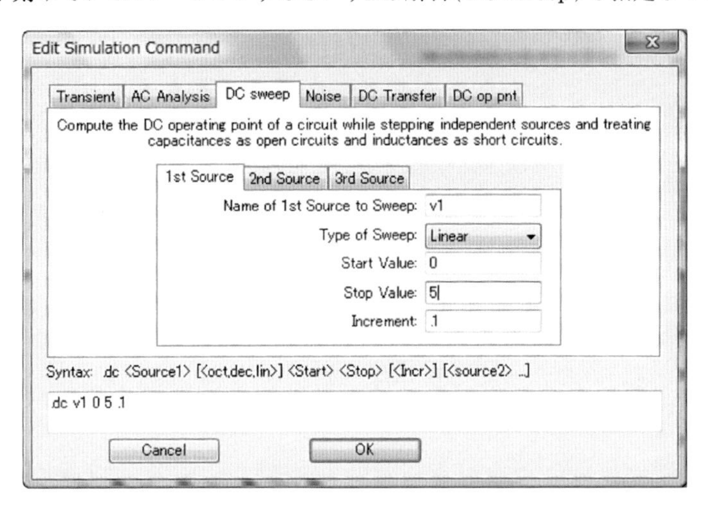

③ TR(トランジェント＝過渡)解析の設定方法

(i) 回路図中の電源(電圧源または電流源)の中で，かならず一つはパルス波とかサイン波などの「時間で変化する電源」に設定します．ここでは，電圧源V1にパルス波の設定をしています．

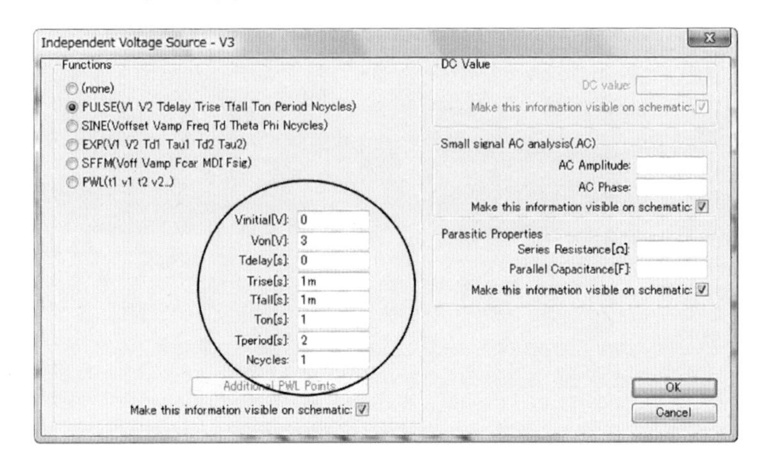

(ii) 過渡解析(Transient)の設定を，プルダウン・メニューSimulateのいちばん下の,Edit Simulation Cmdというメニューで行います．ここでは,STOP時間＝1m[sec]，時間の刻み幅の最大値＝1μ[sec]に設定してあります．

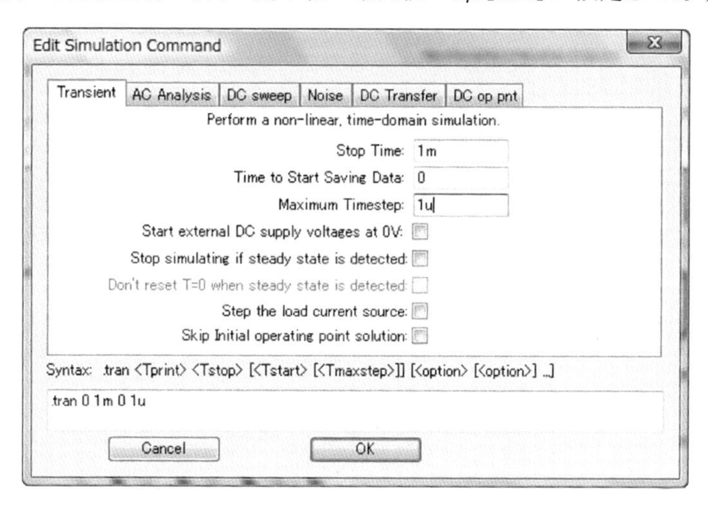

A.9.4　AC(小信号)解析の設定方法

① 回路図中の電源(電圧源または電流源)の中で，かならず一つはAC電源に設定します．ここでは，電圧源V2をAC電源とし，振幅＝1，位相＝0と設定をしています．

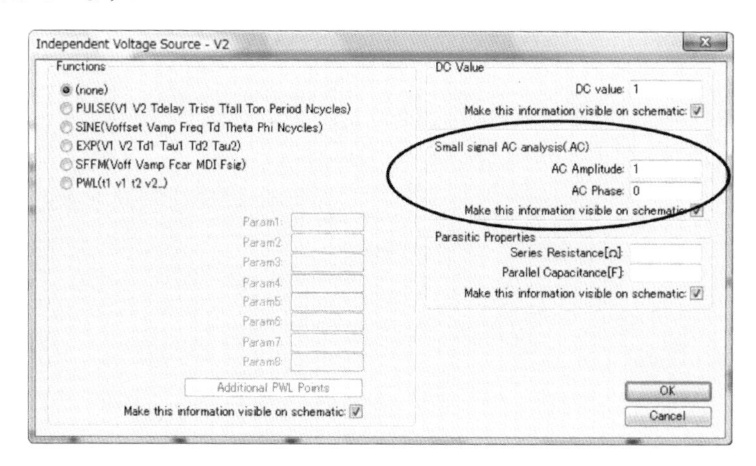

② 小信号解析(AC)の設定を，プルダウン・メニューSimulateのいちばん下のEdit Simulation Cmdというメニューで行います．ここでは，Start周波数＝0.001［Hz］，Stop周波数＝1G［Hz］，刻み幅＝1Decadeあたり10個に設定してあります．

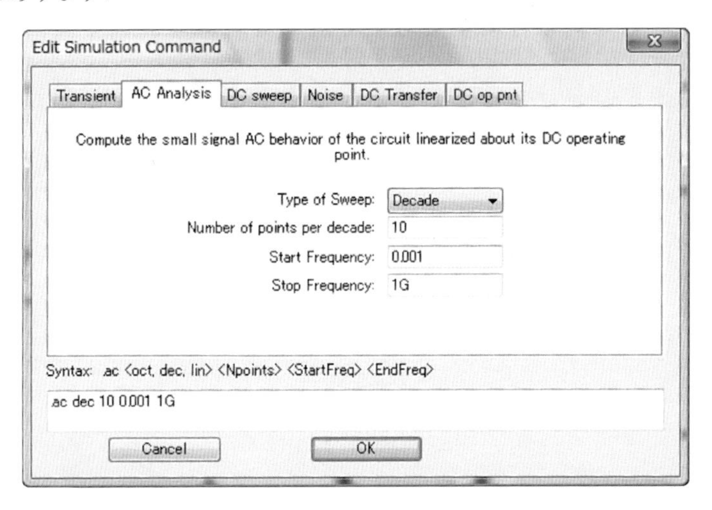

A.9.5　温度解析

温度のみ変化させたい場合は，DC解析を使います。ここでは，−40℃から120℃までを10℃刻みでシミュレーションしています．

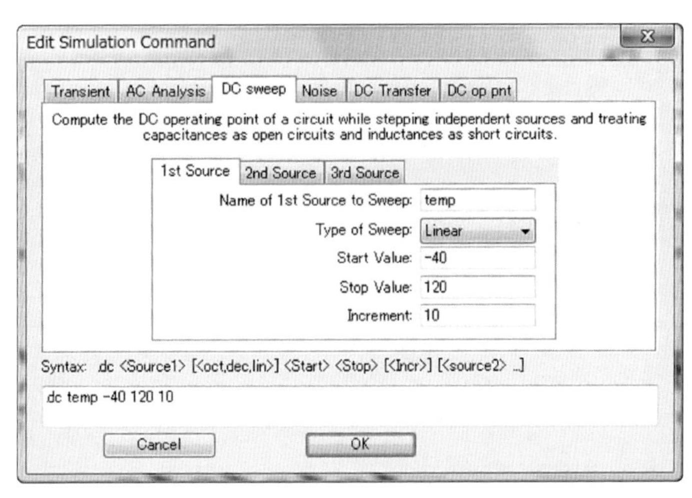

参考文献

(1) P.R.Gray and R.G Meyer, "*Analysis and Design of Analog Integrated Circuits*", 1977.

(2) L.A.Glasser and D.W.Dobberpuhl, "*The Design and Analysis of VLSI Circuits*", 1985.

(3) D.A.Johns and Ken Martin, "*Analog Integrated Circuit Design*", 1997.

(4) Behzad Razavi, "*Design of Analog CMOS Integrated Circuits*", 2001.

(5) R.J.Baker, "*CMOS Circuit Design, Layout, and Simulation*" Second Edition, 2005.

(6) Yannis Tsividis, "*Operation and Modeling of The MOS Transistor*", 1999.

(7) 神崎康宏；電子回路シミュレータLTspice入門編，2009年，CQ出版社．

索　引

か・カ行

さ・サ行

ま・マ行

ら・ラ行

わ・ワ行

< 著者略歴 >

泰地 増樹（たいじ・ますき）

1955 年生まれ
日本ディジタルイクイップメント（株）研究開発センター LSI 設計部
日本モトローラ（株）半導体事業部　ロジック設計課
オン・セミコンダクター（株）東京設計部
東光（株）半導体事業部〔現：旭化成東光パワーデバイス（株）〕
を経て，現在テクノ MT 勤務

CMOS アナログ／ディジタル IC 設計の基礎 ［オンデマンド版］

2010 年 3 月 15 日　初版発行
2021 年 3 月 1 日　オンデマンド版発行

著　者　泰 地 増 樹
発行人　小 澤 拓 治
発行所　CQ 出版株式会社
〒 112-8619　東京都文京区千石 4-29-1
電話　編集　03-5395-212
　　　販売　03-5395-214
振替　00100-7-1066

ISBN978-4-7898-5282-1

乱丁・落丁本はご面倒でも小社宛てにお送りください．
送料小社負担にてお取り替えいたします．
本体価格は表紙に表示してあります．

DTP　近藤企画
本文イラスト　神崎 真理子
表紙デザイン　西澤 賢一郎

印刷・製本　大日本印刷株式会社
Printed in Japa